前 言

　　本書中所討論的共融 (服務) 機器人是當前智慧 (服務) 機器人的簡稱。共融機器人的自然互動主要是針對機器人與人共融的應用場景下,實現機器人與人、機器人與環境、機器人之間自然的互動共融。從共融服務機器人實際應用的角度而言,機器人與人之間的自然互動能力是其關鍵核心技術之一。機器人與人之間的自然互動能力主要涉及人機對話能力、對於人的多模態情感感知能力、人機協作能力等方面。為了實現智慧服務機器人①高效的情感感知能力,需要在人機互動的過程中讓機器人具備強大的多模態互動資訊的情感辨識能力。這是實現高效智慧化機器人與人對話的核心關鍵技術之一。

　　本書由淺入深地探討了如下幾個熱點研究內容:多模態情感資訊的特徵表示、特徵融合、多模態互動資訊的情感分類。針對自然互動的多模態資訊的情感分析是涉及自然語言處理、電腦視覺、機器學習、模式辨識、演算法、機器人智慧系統、人機互動等方面相互融合的綜合性研究領域,近年來筆者所在的清華大學電腦科學與技術系智慧技術與系統國家重點實驗室研究團隊,針對共融機器人的自然互動的多模態資訊情感分析方面開展了大量有開創性的研究與應用工作,特別是在以深度學習模型為基礎的人臉情感特徵辨識、多模態情感資訊的學習表示、多模態情感特徵的融合、模態資訊缺失情況下的多模態情感分析的堅固性等方面取得了一定的研究成果,相關成果也陸續發表在近年來人工智慧領域的頂級國際會議 ACL、AAAI、ACM MM 和知名國際期刊 Pattern Recognition、Knowledge based Systems、Expert Systems with Applications 等上。為了能夠系統地呈現學術界和筆者團隊近年來在共融機器人自然互動領域多模態情感分析方面的最新成果,本書特別地系統化地整理了相關工作成果內容,以完整系統論述的形式將其呈現在讀者面前。

---

① 此處智慧服務機器人包括實體服務機器人、線上虛擬 (軟) 機器人、智慧客服等系統或者產品形態。

　　筆者的研究團隊後續將即時整理和歸納複習相關的最新成果，以圖書的形式分享給讀者。本書既可以作為智慧型機器人自然互動、智慧問答 (客服)、自然語言處理、人機互動等領域的教材，也可以作為智慧型機器人、自然語言處理、人機互動等方面系統與產品研發重要的理論方法參考書。

　　由於共融型智慧型機器人的自然互動是一個嶄新的快速發展的研究領域，受限於筆者的學識，書中錯誤和不足之處在所難免，筆者衷心希望讀者提出寶貴的意見和建議，意見和建議可發送至 bai1j@tup.tsinghua.edu.cn。

　　最後感謝清華大學電腦科學與技術系智慧技術與系統國家重點實驗室的趙康、陳小飛、趙少傑、仇元喆、李曉騰等同學對於書稿整理所付出的艱辛努力，以及余文夢、楊鎧成、鄒紀雲、袁子麒、毛惠生、李煒、張寶政、劉一賀等同學在相關研究方向上不斷持續地合作創新。沒有各位團隊成員的努力，本書無法以系統化的形式呈現在讀者面前。

作者於清華園

目 錄

第三篇　單模態資訊的情感分析

第四篇　跨模態資訊的情感分析

第五篇　多模態資訊的情感分析

15　以多工學習為基礎的多模態情感分析模型

16　以自監督學習為基礎的多工多模態情感分析模型

17　以交叉模組和變數相關性為基礎的多工學習

18　以互斥損失函數為基礎的多工機制研究

第六篇　多模態情感分析平臺及應用

21 多模態情感分析實驗平臺簡介

第一篇

概述

1

多模態情感分析概述

　　情感分析也被稱為觀點挖掘，目的是從資料中分析出人物的情感傾向或者觀點態度。其在諸多行業領域具有廣泛的應用，包括對話生成、推薦系統等[1]。對於每一種資訊，都有不同的物理載體形態或者表示形式，我們稱此為模態。隨著網路社交媒體的高速發展，從網際網路初期的純文字郵件、貼吧、討論區等文字類評論，到後來的圖片、短視訊等富含視訊和音訊的媒體，不同類型的資訊逐漸覆蓋了整個網際網路，與人們的情感表達息息相關。因此，多模態這一概念應運而生。使用者豐富的評價資訊也充實了各大平臺上對於商品、作品等物件的評價資訊量。所以，不論是商家還是使用者都能根據對應的帶有情感的評價更加便捷準確地獲得自己想知道的資訊。

1.1　多模態情感分析相關研究概述

　　早期，受限於資訊處理能力和資料模態形式的單一化，情感分析主要聚焦在文字、視覺等單模態資料的分析和處理中。隨著資訊技術的持續性發展，以深度學習為代表的學習型模型不斷更新著自然語言處理、音訊分析、電腦視覺辨識等諸多領域的性能指標。在此過程中，單模態內容的情感分析能力也取得了顯著提升[2-3]。另外，隨著行動網際網路的不斷普及，以抖音和快手為代表的各種短視訊應用逐漸興起，傳統的文字內容已難以滿足人們的日常需求，更

多人開始熱衷於利用短視訊記錄和分享生活中的點點滴滴。而短視訊資料是一類典型的多模態資料，其中包含影像序列、語音和語言文字三種單模態資料。相類似的，在實際應用場景中，一台服務機器人在真實環境下與被服務物件—「人」的互動也是一類典型的多模態資訊互動。如圖 1.1 所示，一段視訊經過轉換和提取後，可以很方便地得到其中的音訊和文字資訊。這些變化使部分研究者逐漸意識到單模態內容具有天然的資訊局限性，有些情況下僅依賴單模態資訊難以判別人物的真實情感。例如，同一句話在不同的語音語調和表情動作下會傳遞出不同的情感傾向。在這種情況下，如何有效地融合不同模態資料進行綜合情感分析成為一類亟待解決的問題[4]。由此，多模態情感分析 (multimodal sentiment analysis, MSA) 應運而生。需要強調的是，本書所研究的多模態資訊由人臉圖片序列及對應的音訊和文字 3 種單模態資訊組成。

(a) 視訊模態　　　　　　　　　(b) 音訊模態　　　　　　　　(c) 文字模態

圖 1.1　多模態資料範例

與單模態情感分析不同的是，多模態情感分析需要同時處理文字、音訊和視訊 3 種形式差異較大的資料。若只是將各單模態情感分析的結果進行簡單結合，例如，採用三者投票的策略，會使得各模態資料之間的互補性沒有被充分挖掘，實踐中效果不佳。因此，多模態情感分析的重點在於如何充分挖掘不同模態之間的互補性，擴大融合過程的效果增益。另外，考慮到這 3 種模態資料都有時序性特點，所以在建模分析過程中，需要同時考慮兩種維度關係：同一模態內不同時間段之間的關係和同一時間段內不同模態之間的關係。以此為基礎，現有研究將多模態學習拆解為 5 個子問題，分別是多模態的轉譯 (translation)、對齊 (alignment)、表示 (representation)、融合 (fusion) 和協作 (co-learning)[5]。其中，轉譯、對齊和協作 3 個問題與多模態資料的自身特點高度相關，不在本書的研究討論範圍之內。

　　表示學習 (representation learning，又稱表徵學習) 的目的在於從各個單模態資料中得到互補性強的學習型表示。此過程是多模態情感分析中非常重要的一環，表示的品質對後期的融合和分類效果均會產生重要影響。Bengio 等認為，一個好的表示應該同時具備多個屬性，包括平滑性、時空連貫性、稀疏性、自然聚集性等 [6]。其中，平滑性指相似程度越高的表示所得到的結果也應該是越相似的，這也是目前學習型演算法的一個基本假設；時空連貫性指在時間維度上相鄰的資料得到的表示在空間維度上也應該是相鄰的，即後一時刻資料的表示應該是前一時刻資料的表示在空間上疊加一個小幅度偏移的結果；稀疏性指對一個給定的觀察資料，其產生的表示應該在多數維度空間上接近零值，僅在少數特徵維度上發揮作用，等於特徵選擇的結果；自然聚集性指類別一致的資料表示在空間上應該是聚集在一處的。此外，在多模態學習中，由於不同模態資料在結構和內容上差異都很大，所以除了考慮上述屬性之外，還應該考慮不同模態之間的一致性和差異性。針對同一種情感類別，不同的單模態表示之間應該保留一定的相似性，又因為各個單模態資料所表達的情感類別不總是一致的，所以不同的單模態表示之間還應該具備一定的差異性。

　　表示融合 (representation fusion) 的目的在於充分利用不同模態表示之間的互補性，得到一個資訊含量豐富的緊湊型表示。此過程最能表現多模態學習的優勢，也是相關研究中的熱點問題。經過近幾年的發展，從簡單的橫向和縱向拼接 [7]，到以張量和注意力機制為基礎的複雜融合機制 [4, 8-10]，研究者們設計出了形形色色的表示融合結構，也取得了不錯的實驗效果。

　　綜合考慮上述兩個子問題，圖 1.2 所展示的模型框架是一類非常典型的多模態情感分析方法 [4, 8]。在此框架中，由於各個單模態表示學習子網路之間互不干擾且融合過程在模型的後半部分，所以本書稱其為獨立表示的後期融合框架。為了使得多模態融合具備充分性和有效性，需要各單模態子網路學到的表示特徵具備足夠的互補性。在多模態場景下，資訊含量豐富的模態表示應包含兩方面資訊：模態一致性資訊和模態差異性資訊 [11]。其中，模態一致性資訊指所有模態共同突出的特徵，強調不同模態資料中的共通性；模態差異性資訊指各單模態獨有的特徵，強調不同模態資料中的差異性。由於本書僅考慮以深度學習

為基礎的學習型演算法,因此,為了引導多模態模型學到兼顧這兩類資訊的單模態表示,有必要結合學習型演算法的特點進行方法研究和設計。一般情況下,學習型演算法包含前向引導和後向引導兩個子過程。前向引導利用模型的框架結構,對輸入資料按照預設方式進行轉換,得到最終的輸出結果;後向引導則透過深度學習的反向傳播過程,促使模型參數朝著預先定義的最佳化目標前進。從另一個層面考慮,後向引導的最終目的也是為了修正前向引導過程的有效性。現有的研究都致力於設計各種精巧的表示和融合結構,更加注重模型的前向引導,卻忽略了後向引導的作用。考慮後向引導過程,現有的多模態情感分析模型都在統一的多模態標注的監督下進行學習和訓練。由於不同的單模態表示學習子結構有共同的最佳化目標,這使得這些子結構更容易捕捉到模態一致性資訊。但是,透過多模態資料進行標注的結果並不總是等於各個單模態資訊所指向的情感類別。因此,統一的多模態標注不利於各單模態子結構學到符合自身情感性質的差異化資訊。

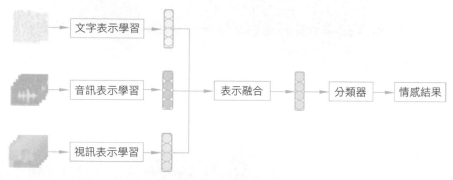

圖 1.2 一種典型的多模態情感分析框架

在多模態學習的基礎上,人們直觀地想把來自所有可用模態的資訊進行整理,並在整理資訊的基礎上建構學習模型。在理想情況下,學習後的模型要為特定任務指出不同模態上的相對重點,這種學習思想就是多模態的融合。多模態融合在現有的多模態技術中無處不在,包括早期和晚期融合[12-13]、混合融合[14]、模型整合[15],以及最近的以深度神經網路為基礎的聯合訓練方法[16-18]。這些方法都將元素(或中間元素)融合在一起並共同建模以做出決策。由於聚合操

作的類型，這樣的方法被稱為加性方法。但是這些融合方法最近逐漸陷入瓶頸。主要有兩大原因：第一點是多模態資料集自身就具有一定的模糊性，情感是人為定義出來的，相同標籤下的資料可能相似度並不高，這導致機器很難根據訓練集訓練出一個擬合度高的模型；第二點是因為不同模態資料間的差異性也很大，以文字、音訊、視訊模態為例，如何將 3 個模態的特徵不失資訊地融合起來成為一大難題。

1.2　模態缺失相關研究概述

　　此外，已有的多模態情感分析模型往往以學習模態間為基礎的聯合表示，這類方法已經在多模態情感基準資料集上取得了令人印象深刻的性能。然而，真實場景中的使用者即時資料往往更加複雜。首先，各個模態序列長度隨著模態的採樣器採樣頻率的不同而變化，這將導致模態特徵非對齊特性。如圖 1.3 所示，説話者表達一個單字資訊往往對應著一段視訊幀和音訊波形，不同的模態特徵往往具有不同的序列長度。

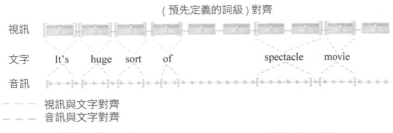

圖 1.3　文字、音視訊模態序列特徵非對齊特性

　　另外，如圖 1.4 所示，許多不可避免的因素，如使用者生成的視訊中的轉譯錯誤、語言的口頭表述、超字典詞、背景雜訊、感測器故障等，可能會導致模態特徵提取器故障，進而導致模態特徵的隨機缺失問題。如何解決多模態即時資料中潛在的非對齊、特徵缺失問題成為將現有模型應用到工業界真實場景的核心挑戰。

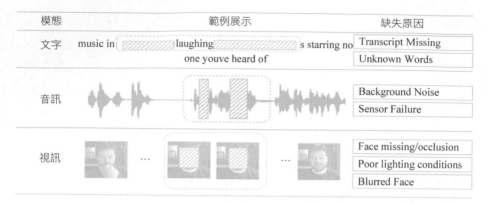

圖 1.4 可能引發模態隨機缺失的因素

以此為基礎,本書將進一步討論非對齊含隨機特徵缺失的多模態情感分類問題,設計並實現以特徵重構為基礎的深度學習模型,提升模型對特徵隨機缺失的堅固性;同時,本書介紹了一個多功能多模態情感分析展示平臺 M-SENA。使用該平臺完成模型訓練、參數保存、模型分析,並進行點對點即時視訊資料測試、評價。一方面,本書提出了針對含有隨機特徵缺失的多模態情感分類問題的方法,在一定程度上提升了模型表示學習堅固性;另一方面,M-SENA 可以直觀地展示各種模型對於即時資料的性能、分類依據,有利於研究人員進一步研究分析模型。

1.3 本章小結

本章首先對多模態情感分析進行了整體說明性介紹,並對多模態學習研究中的兩個關鍵問題:多模態表示學習與多模態表示融合展開了詳細介紹,隨後,以上述兩個子問題為基礎,分析了現有多模態學習策略的優缺點。針對現有多模態學習策略存在的不足,本書將探究如何有效利用多模態之間的一致性和差異性表示進行模態情感分析任務。除此之外,本書對以深度學習為基礎的多模態情感分析進行了系統性介紹,探討了不同演算法的應用與優劣,並精選了情感分析的案例,對相關演算法進行了效果展示,希望讀者得到進一步的啟發。

2

多模態機器學習概述

　　近年來，由於深度學習的快速發展，機器學習領域也隨之取得了重大進展。追溯到 2010 年左右，使用全連接深度神經網路 (DNN) 和深度自動編碼器 (DAE) 的大規模自動語音辨識 (ASR) 的準確性大幅度提高。在電腦視覺 (CV) 中，使用深度卷積神經網路 (CNN) 模型在大規模影像分類任務和大規模物件辨識任務中取得了一系列突破。在自然語言處理 (NLP) 中，以循環神經網路 (RNN) 為基礎的語義槽填充方法 [19] 在口語理解方面也達到了新的水準。在機器翻譯中，以 RNN 編碼器一解碼器模型與注意力機制模型等序列對序列模型 [20] 為基礎，也產生了卓越的效果。

　　儘管在視覺、語音和語言處理方面取得了進步，但人工智慧的許多研究問題不止涉及一種模態，例如，用於理解人類交際意圖的智慧個人助理 (IPA)，該任務不僅涉及口語，還涉及結合肢體及影像語言的配合 [21]。因此，研究多模態的建模和學習方法具有廣泛的意義。

　　本章對多模態機器學習的智慧模型和學習方法進行了技術整體說明。為了提供一個系統化的概述，從多模態表示學習與多模態融合角度入手，詳細闡述了近年來多模態機器學習的研究方法現狀。

2.1 多模態表示學習概述

多模態資料的表示學習是多模態機器學習的核心問題。在機器學習領域中，單模態表示的發展已經獲得了廣泛的研究。目前大多數影像是透過使用神經結構 (如卷積神經網路) 來學習表示的 [22]。在音訊領域，有用於語音辨識的資料驅動深度神經網路 [23] 和用於語言分析的循環神經網路 [24]，它們已經取代了梅爾頻率倒譜系數 (MFCC) 等聲學特徵。在自然語言處理過程中，利用單字上下文的嵌入 [25] 來學習文字特徵的表示，已經取代了最初依賴的統計文件中的單字出現次數的表示形式。然而，表示多種模態的資料帶來許多困難，例如：如何合併來自不同來源的資料；如何處理不同程度的雜訊；以及如何處理遺失的資料。良好的表示對於機器學習模型的性能非常重要。以在單模態表示方面大量的研究工作為基礎，近年來，多模態表示學習方法依據表示學習前後的對應關係可劃分為兩種：聯合型表示 (joint representation) 和協作型表示 (coordinated representation)[5]。

2.1.1 聯合型表示學習

聯合型表示學習將 3 個單模態的原始表示聯合建模後得到一個統一的多模態表示。其實質是將表示學習和表示融合兩個階段合併成一個過程。在這種結構中，各個模態之間的關係並不對等，通常會根據其對結果的貢獻程度劃分為主模態和輔助模態。由於文字內容含有的資訊更加豐富，因此在多模態任務中，文字模態經常被視為主模態，而音訊和視訊模態被視為輔助模態。在 2019 年，Wang 等 [26] 提出了一種以回歸注意力為基礎的變分編碼網路，其本質是利用音訊和視訊的表示去微調文字詞向量表示，為了控制調整的幅度大小，作者還引入了線性門控單元生成調整的權重。隨後，Rahman 等 [27] 將此思想借用到了文字預訓練語言模型中，取得了很好的實驗效果。

2.1.2 協作型表示學習

協作型表示學習將各個單模態資料同等對待，各模態資料會根據其自身特

點被映射到不同的特徵空間中。但在對單模態資料進行建模過程中，也經常會考慮其他模態資料對當前模態學習過程的影響。在本節中，依據此影響的有無可將協作型表示進一步劃分為強協作型表示和弱協作型表示，後者也可被稱為獨立型表示。

　　由於所有的單模態資訊都是時序型態資料，因此，大量強協作型表示學習的研究工作便利用不同模態資料之間的時序一致性建構連結模型。2018 年，Zadeh 等 [9] 利用 3 個長短期記憶網路 (LSTM)[28] 分別模擬不同模態資料之間的時序依賴關係，然後在詞等級的時間視窗中將不同模態資訊進行疊加，得到當前時間段內的多模態融合資訊，並結合時序注意力機制模擬多模態融合資訊的時序依賴關係，但這種模型需要輸入詞等級對齊的多模態資料，對資料內容有更高的要求。2019 年，一種以自注意力機制為基礎的時序模型 Transformer[29] 其時效性更高，效果更佳，在 NLP 中取得了廣泛應用。Tsai 等 [30] 第一次將此模型引入多模態學習中，透過將模態 A 設為 Transformer 中的查詢 (query) 向量，模態 B 設為關鍵字 (key) 和值 (value) 向量，從而建構了由模態 A 到模態 B 的跨模態注意力機制。大量實驗表示，這種模型在對齊和非對齊的多模態資料上都能取得遠超之前模型的預測效果。

　　弱協作型表示學習是一種簡單且應用廣泛的學習範式。由於在單模態學習過程中沒有考慮其他模態資訊的影響，所以這種學習範式實質上是三個基礎的單模態表示學習模型。模組化的設計優勢使得其可以充分參考各個單模態領域的研究成果。在文字表示學習模型中，早期的研究人員一般在 word2vec 或者 Gloves 的詞向量基礎上再結合 LSTM 等時序模型生成對應的句子表示。近兩年來，以 BERT[31] 為代表的大規模預訓練語言模型逐漸取代了早期結構，在文字表示學習中佔據了主導地位。

　　在音訊和視訊的表示學習模型中，如果直接將其特定領域中的表示學習模型應用到多模態表示學習結構中，會引發兩個問題：一是整個模型結構過於龐雜，而現有的多模態資料集規模都較小，難以對如此複雜的網路進行充分訓練；二是相對於文字資料，音訊和視訊資料的預測準確率容易受到環境等非主觀因素的干擾，不利於直接學到與實際任務相關的表示特徵。因此，現有的研究均

是採用「預取出特徵 + 再次學習」 的結構建構音訊和視訊表示學習模型。在實踐過程中，結合音訊和視訊單模態資料分析領域相對成熟的特徵取出工具，從中取出出與特定任務高度相關的音訊和視訊特徵，組成原始的特徵集。進一步地，結合使用時序模型和多層感知機模型得到音訊和視訊的學習型表示。

2.2 多模態表示融合概述

多模態融合是多模態機器學習研究最多的方面之一，也是多模態學習中最基本的一個子問題，其目的在於充分挖掘多個模態資料之間的互補性，進一步提升預測結果的堅固性。2003 年，在多模態任務中，研究人員就已經驗證了多種模態融合後的表示可以有效地提升模型的堅固性 [32]。根據多模態融合在模型中所處的階段，可以將其劃分為前期融合、中期融合、後期融合和末期融合。

前期融合在資料登錄階段便將各單模態原始特徵進行結合；中期融合在學習單模態表示過程中實現了跨模態的融合過程；後期融合在學到各單模態表示之後再緊接著進行融合；末期融合則是在得到各單模態分析結果後再進行結果的整理。此外，在模型中也可以同時結合多個階段的融合方式，這種方式被稱為混合型融合。

2.2.1 前期融合

前期融合指將多個獨立的資料集融合成一個單一的特徵向量，然後輸入機器學習分類器中。由於多模態資料的前期融合往往無法充分利用多個模態資料間的互補性，且前期融合的原始資料通常包含大量的容錯資訊，因此，多模態前期融合方法常常與特徵提取方法相結合，以剔除容錯資訊，如主成分分析 (PCA)、最大相關最小容錯演算法 (mRMR)、自動解碼器 (Autoencoders) 等。

2.2.2 中期融合

中期融合指將不同的模態資料先轉換為高維特徵表達，再用模型的中間層進行融合。以神經網路為例，中期融合首先利用神經網路將原始資料轉換成高

維特徵表達，然後獲取不同模態資料在高維空間上的共通性。中期融合方法的一大優勢是可以靈活地選擇融合的位置。

2.2.3 後期融合

後期融合指在學到各單模態表示之後再進行融合，特徵拼接是一種簡單且有效的後期融合方法，透過將多個單模態特徵拼接在一起，直接擴大了用於後續任務的特徵規模。但是這種方式將各個模態特徵獨立看待，忽略了模態間的動態互動性特徵。2017 年，Zadeh 等 [4] 提出了一種張量融合網路 (tensor fusion network, TFN)，透過對特徵進行多維叉積運算來捕捉模態之間的連結性特徵。但這種高階的張量運算會使得融合後的特徵規模成幾何倍率增加，導致產生了很多特徵容錯，同時增加了後續任務的運算銷耗。

2018 年，Liu 等 [8] 在 TFN 的基礎上提出了一種低階的張量融合 (low-rank multimodal fusion, LMF) 模型，此方法引入 3 個模態特異性因數，在二階空間中進行融合運算，大幅降低了融合後的表示特徵數量，有效解決了 TFN 中的特徵容錯和運算銷耗大的問題。進一步地，2020 年，Sahay 等 [33] 將這種融合方法擴充到了以 Transformer 為基礎的模型架構中，也取得了不錯的效果。但是這類以張量操作為基礎的融合方法解釋性較差，不能得出各單模態表示對融合後特徵的貢獻度。於是，Zadeh 等 [10] 提出了一種動態融合圖結構模型。這種結構採用了分層的融合方式，在兩兩融合的基礎上再進行三者融合，並引入學習型權重用於指代不同單模態特徵對融合後特徵的貢獻度。隨後，也有些研究人員以上述工作為基礎設計了更加複雜的多模態融合結構。

2.2.4 末期融合

末期融合指使用平均、投票方案、以通道雜訊和訊號方差為基礎的加權或學習模型等融合機制進行融合。它允許對每個模態使用不同的模型，因為不同的預測器可以更好地建模每個單獨的模態，從而允許更大的靈活性。此外，當一個或多個模態缺失時，它使預測變得更容易，甚至在沒有平行資料可用時允許進行訓練。

2.3 本章小結

　　本章分別對多模態機器學習中的多模態表示與多模態融合的相關研究進行了整體說明性的介紹，並詳細分析了每種方法的優缺點。如今，主流的學習型演算法包括前向引導和後向引導兩個過程，前向引導透過預先定義的模型結構約束輸入資料朝著預設目標方向轉變，後向引導透過最佳化目標驅動更新模型的參數。在上述研究工作中，期望利用各個單模態表示學習結構獲取餘態差異性資訊，模態融合結構獲取餘態一致性資訊。不難看出，這些工作都只考慮了前向引導的過程，而忽略了後向引導的設計。後向引導的核心在於最佳化目標的設計，前述工作只含有多模態等級的損失最佳化，但是多模態等級的監督值卻並不總是適用於單模態表示的學習過程，從而易於引導表示學習模型學到更多的模態一致性資訊，而不利於學到模態差異性資訊。針對上述多模態表示和多模態融合方法存在的不足，本書將探究如何有效利用多工學習機制，在多模態等級最佳化目標之外增加額外的單模態等級的最佳化目標，引導模型學到模態差異性資訊。模型受多個最佳化目標的引導，是一種典型的多工學習範式。

3

多工學習機制概述

　　多工學習 (multi-task learning, MTL) 是機器學習的一個分支，它透過一個共用的模型同時學習多個任務。這種結構可以結合不同任務的特點，透過共用模型參數的方式提高模型的堅固性和學習效果 [34]。MTL 具有提高資料效率、透過共用表示減少過擬合、利用輔助資訊快速學習等優點。在多模態情感分析中，MTL 可以用來將 3 個模態更好地融合起來。一般情況下，多個任務之間的底層網路參數存在一定的聯繫，而頂層互相獨立。在訓練過程中，底層的全部或者部分參數受到多個任務的共同最佳化，以此達到多個任務聯合訓練的目的。根據底層參數共用方式的差異，可將其劃分為硬共用 (hard sharing) 和軟共用 (soft sharing)。前者的底層參數完全共用，而後者的底層參數部分共用。

3.1　在電腦視覺中的多工架構

　　在單任務設定中，電腦視覺架構的許多重大發展都集中在新的網路元件和連接上，以改進最佳化並提取更有意義的特徵，如批次處理歸一化 [35]、殘差網路 [36] 和擠壓、激勵塊 [37]。相比之下，許多用於電腦視覺的多工系統結構專注於將網路劃分為特定於任務的共用元件，以一種允許透過共用和任務之間的資訊流進行泛化的方式，同時最小化負傳遞。

在圖 3.1 中，基本特徵提取器由一系列卷積層組成，這些層在所有任務之間共用，提取的特徵作為輸入到特定任務的輸出頭。

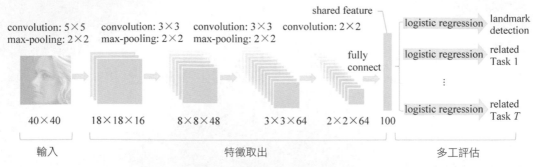

圖 3.1 TCDCN 的架構[38]

許多工作[38-42] 提出的架構是共用主幹的變形。Zhang 等[39] 是這些著作中最早開展相關工作的團隊，其論文介紹了任務約束深度卷積網路 (TCDCN)，其架構如圖 3.1 所示。作者提出透過共同學習頭部姿態估計和面部屬性推斷來提高人臉地標檢測任務的性能。多工網路串聯 (MNC)[40] 的架構與 TCDCN 類似，但有一個重要的區別：每個特定任務分支的輸出被附加到下一個特定任務分支的輸入，形成了層層疊疊的資訊流。

在圖 3.2 中，每個任務都有一個獨立的網路，但十字繡單元將來自不同任務網路的平行層的資訊線性組合。

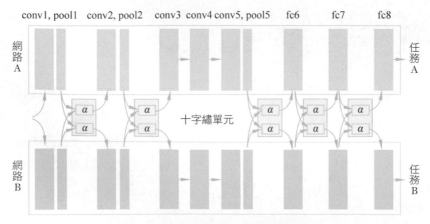

圖 3.2 Cross-Stitch 網路架構[43]

在相關研究中，並非所有用於電腦視覺的 MTL 架構都包含具有特定任務輸出分支或模組的共用全域特徵提取器。有些工作採取了一種單獨的方法[43-45]。這些架構不是單一共用提取器，而是為每個任務提供單獨的網路，在任務網路中的平行處理層之間具有資訊流。圖 3.2 的 Cross-Stitch 網路架構[43]描述了這個想法。Cross-Stitch 網路架構由每個任務的單一網路組成，但每一層的輸入是每個任務網路的前一層輸出的線性組合。每個線性組合的權重都是學習的，並且是針對特定任務的，這樣每一層都可以選擇從哪些任務中利用資訊。

3.2　在自然語言處理中的多工架構

自然語言處理很自然地適用於 MTL，所以人們可以就給定的一段文字提出大量相關問題，以及現代 NLP 技術中經常使用的與任務無關的表示。近年來，NLP 神經架構的發展經歷了幾個階段，傳統的前饋架構演變為循環模型，循環模型被以注意力為基礎的架構所取代。這些階段反映在這些 NLP 架構對 MTL 的應用中。還應該指出的是，許多 NLP 技術可以被視為多工，因為它們建構了與任務無關的一般表示 (如詞嵌入)，並且在這種解釋下，對多工 NLP 的討論將包括大量更廣為人知的方法是通用 NLP 技術。在這裡，為了實用性起見，本書將討論限制為主要包括同時明確學習多個任務的技術，以實現同時執行這些任務的最終目標。

早期的工作都使用傳統的前饋 (非以注意力為基礎的) 架構來處理多工 NLP[46-48]。許多這些架構與早期的電腦視覺共用架構具有結構相似性：一個共用的全域特徵提取器，後跟特定於任務的輸出分支。然而，在這種情況下，特徵是單字表示。Collobert 和 Weston[48] 使用共用查閱資料表層來學習詞表示，其中每個詞向量的參數直接透過梯度下降學習。架構的其餘部分是特定於任務的，由卷積、最大池化、連接層和 Softmax 輸出組成。

現代循環神經網路的引入為 NLP 產生了一個多工 NLP 的新模型家族，引入了新的循環架構[49-51]。序列到序列學習[20] 適用於 Luong 等[50] 的 MTL。在這項工作中，作者探索了用於多工 seq2seq 模型的參數共用方案的 3 種變形，他

們將其命名為一對多、多對一和多對多。在一對多模式中，編碼器是所有任務共用的，解碼器是特定於任務的。這對於處理需要不同格式輸出的任務很有用，例如將一段文字翻譯成多種目的語言。在多對一中，編碼器是特定於任務的，而解碼器是共用的。這與通常的參數共用方案相反，在這種方案中，較早的層是共用的，並提供給特定於任務的分支。當任務集需要以相同格式輸出時，例如，影像字幕和機器翻譯為相同的目的語言時，多對一變形是適用的。最後，作者探索了多對多的變形，其中有多個共用的或特定於任務的編碼器和解碼器。

到目前為止，上述討論的所有 NLP 架構中，每個任務對應的子架構都是對稱的。特別是，每個任務的輸出分支出現在每個任務的最大網路深度，這意味著對每個任務特定特徵的監督發生在相同的深度。相關研究工作[52-54]建議在早期層監督「低級」任務，以便為這些任務學習的特徵可以用於更高級別的任務。透過這樣做，可以形成一個明確的任務層次結構，並為來自一個任務的資訊提供了一種直接的方式來幫助另一個任務的解決方案。這可以用於迭代推理和特徵組合的範本稱為串聯資訊，範例如圖 3.3 所示，較低等級的任務在較早的層受到監督。

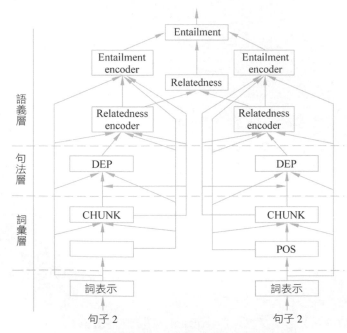

圖 3.3 串聯資訊的各個層中的各種任務監督

　　儘管 Transformers 的雙向編碼器表示 (BERT)[31] 很受歡迎，但是 MTL 文字編碼方法的應用很少。Liu 等 [55] 透過將共用的 BERT 嵌入層增加到架構中，擴充了文獻 [47] 的工作。整體網路架構與文獻 [47] 非常相似，唯一的區別是在原來的架構中的輸入嵌入向量之後增加了 BERT 上下文嵌入層。這種名為 MT-DNN 的新 MTL 架構實現了 SOTA 性能在 GLUE 任務 [56]，相關成果發表時完成了 9 項任務中的 8 項。

3.3　在多模態學習中的多工架構

　　多模態學習是 MTL 背後許多激勵原則的有趣擴充：跨領域共用表示減少過擬合併提高資料效率。在多工單模態情況下，表示在多個任務中共用，但在單一模態中共用。然而，在多工多模態的情況下，表示是跨任務和跨模態共用的，這提供了另一個抽象層，透過這個抽象層，學習到的表示必須泛化。這表示，多工多模態學習可能會增強 MTL 已經呈現出的優勢。

　　Nguyen 和 Okatani[57] 透過使用密集的共同注意力層 [58] 引入了一種共用視覺和語言任務的架構，其中任務被組織成一個層次結構，而低級任務在早期的層中受到監督。這為視覺問答開發了密集的共同注意力層，特別是用於整合視覺和語言資訊。該方法對每個任務的層進行搜索，以了解任務層次結構。Akhtar 等 [59] 的架構處理視覺、音訊和文字輸入，以對人類說話者視訊中的情感進行分類，其使用雙向門控循環單元 (gated recurrent units,GRU) 層及每對模態的成對注意力機制進行學習包含所有輸入模態的共用表示。

　　這些工作 [57, 59] 專注於一組任務，所有這些任務都共用相同的固定的一組模態。相反，另外一些工作 [60-61] 專注於建構一個通用的多模態多工模型，其中一個模型可以處理不同輸入域的多個任務。引入的架構 [61] 由一個輸入編碼器、一個 I/O 混頻器和一個自回歸解碼器組成。這 3 個區塊中的每一個都由卷積、注意力層和稀疏的專家混合層組成。作者還證明了任務之間的大量共用可以顯著提高具有有限訓練資料的學習任務的性能。Pramanik 等 [60] 並沒有使用各種深度學習模式中的聚合機制，而是引入了一種名為 OmniNet 的架構，該架構具有

時空快取機制,可以跨資料的空間維度和時間維度學習依賴關係。圖 3.4 顯示了一個 OmniNet 架構。每個模態都有一個單獨的網路來處理輸入,聚合的輸出由一個稱為中央神經處理器的編碼器—解碼器處理。然後,CNP 的輸出被傳遞給幾個特定於任務的輸出頭。CNP 具有空間快取和時間快取的編碼器—解碼器架構。OmniNet 在 POS 標籤、影像字幕、視覺問題回答和視訊活動辨識方面達到了與 SOTA 方法匹敵的性能。最近,Lu 等 [62] 引入了一個多工模型,可以同時處理 12 個不同的資料集,被命名為 12-in-1。他們的模型在 12 個任務中的 11個任務上實現了優於對應的單任務模型的性能,並且使用多工訓練作為訓練前步驟取得了在 7 個任務上最好的性能。該系統結構以 ViLBERT 模型 [62] 為基礎,並使用動態任務排程、課程學習和超參數啟發式等混合方法進行訓練。

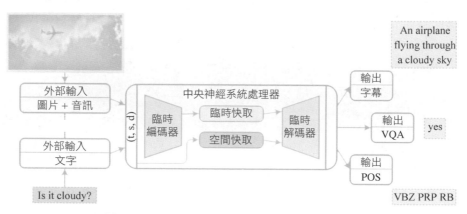

圖 3.4 Pramanik 提出的 OmniNet 架構 [57]

MTL 是一種近年來開始重新流行的機器學習方法,它將多個相關的單任務部分或者全部的參數共用訓練,在擴大資料集規模、緩解資料稀疏問題的同時增加訓練模型對於每個單任務的泛化能力。具體而言,本章中的 MTL 子任務就是針對各個單模態分支的情感分類學習。與傳統的 MTL 不同,以多工多模態情感分類為基礎的各個子任務訓練資料是完全相同的,只有單模態的標籤各不相同。而正因為這些差異,使得前文提到的兩個瓶頸問題獲得了理想的解決:首先對於資料集模態表示不一致的問題,透過增加單獨模態的標籤雖然沒有解決差異性,但是從另一個角度講,對原有單任務資料進行了二次細分,這使得細

分後的同質資料之間的差異性縮小了，有利於機器進行更好的監督學習；其次，對於特徵融合困難的問題，子任務分支的出現使得每一次迭代學習的過程中，單模態特徵能夠更好地保持自身的特點，從而擴大了模態特徵之間的差異性。這樣融合的特徵就能夠發揮其應有的作用。

3.4　本章小結

　　本章探究了機器學習中的一個重要分支——MTL。主要從電腦視覺以及自然語言處理兩個領域展開整體說明性介紹，最後詳細介紹了在多模態學習中的多工架構，並分析了現有研究方法的優缺點。現階段社會對於情感傾向資訊的判斷需求日益提升。前人提出了多種方法，但是效果都不理想，這是因為現有多模態情感分類任務存在著瓶頸問題需要解決，針對當下多模態學習的瓶頸，本書提出了將多工機制結合到多模態情感分類的方法。

　　近年來，多模態情感分析任務的研究受到學術界和工業界的廣泛關注。本篇主要圍繞多模態表示學習和多模態表示融合兩個方面對當前多模態情感分析方法進行了系統化介紹。

　　如何合併來自不同來源的資料、如何處理不同程度的雜訊、如何處理遺失的資料及良好的表示對於機器學習模型的性能非常重要。近年來，多模態表示學習方法依據表示學習前後的對應關係可劃分為兩種：聯合型表示和協作型表示。在多模態表示學習分類中，弱協作型表示是本書主要研究的一類表示學習方法。

　　在獲得各單模態表示後，緊接著就是進行表示融合，即將多個單模態表示融合成一個多模態表示。研究人員就已經驗證了多種模態融合後的表示可以有效地提升模型的堅固性。根據多模態融合在模型中所處的階段，可以將其劃分為前期融合、中期融合、後期融合和末期融合。

　　最後分別對多模態機器學習中的多模態表示與多模態融合的相關研究進行了整體說明性介紹，並詳細分析了每種方法的優缺點。針對多模態表示和多模

態融合方法存在的不足，本書將探究如何有效利用多工學習機制，在多模態等級最佳化目標之外增加額外的單模態等級的最佳化目標，引導模型學到模態差異性資訊。

　　本書內容整體結構分別從單模態資訊的情感分析、跨模態資訊的情感分析和多模態資訊的情感分析 3 個層次上依次系統化地論述智慧型機器人自然互動中的情感分析問題。本書的第二篇從情感分析所使用的資料集開始討論，分別重點介紹了常用的公開的多模態情感分析資料集，以及如何建構一個多模態多標籤的中文多模態情感分析資料集，並且深入探討了以主動學習為基礎的多模態情感分析資料的自動標定。在本書第三篇，分別介紹了文字、語音、圖片 3 種不同模態下的情感分析方法，進一步突出每種模態所適用的方法特點。第四篇，在單模態情感分析的基礎上，重點介紹了跨模態情感分析方法，並進一步最佳化跨模態演算法的穩定性。第五篇，在跨模態情感分析的基礎上，進一步探討了多模態情感分析方法，透過先進的方法深入研究了各種多模態情感分析模型，透過多工、自監督等方法實現多模態情感分析模型的性能堅固性。第六篇，在上述研究工作的基礎上呈現了筆者透過開放共用的方式提供的多模態情感分析演示平臺，為開展本領域研究工作的相關人員提供重要的平臺支撐。本書還介紹了多模態機器學習方法在醫學領域的延展性應用，為解決更多的實際問題，提供了一種思路。

第二篇

多模態情感分析資料集與前置處理

　　本篇主要內容介紹分為 3 方面：第一，對現有的多模態情感分析資料集進行了整理概述，並分析現有資料集普遍存在的問題；第二，由於現有多模態情感分析資料集沒有獨立的單模態情感標注，並且暫無說話人語言為中文的多模態情感分析資料集，因此，本篇建構了一個多模態多標籤的中文多模態情感分析資料集以彌補現有資料集中存在的不足；第三，本篇將以此資料集建構多模態和單模態情感分析任務為基礎的聯合學習模型，驗證單模態子任務的引入是否能夠輔助模型學到更有效的特徵表示，進而提升多模態學習效果。

4

多模態情感分析資料集簡介

　　深度學習 (deep learning) 自 2006 年被 Geoffrey Hinton 正式提出以來 [63]，不斷地更新各個領域辨識分析任務的性能，如今已經成為最受歡迎的資料分析和預測方法。在其成功的背後，離不開大量標準資料集的貢獻。尤其是在有監督的學習範式中，人工標注的高品質資料可以幫助研究者將精力集中於演算法研究過程。近幾年發展起來的多模態情感分析演算法基本都是以深度學習為基礎的研究工作，所以其快速發展同樣離不開資料集的貢獻。因此，本章對該領域的標準資料集進行了簡要概述。公開的多模態情感分析資料集的基本資訊整理表如表 4.1 所示，需要強調的是，本章僅統計了同時包含文字、音訊和視訊 3 種模態資訊的多模態情感分析資料集。基準資料集訓練、驗證、測試集劃分如表 4.2 所示。

表 4.1 公開的多模態情感分析資料集的基本資訊整理表

資料集名稱	資料集規模	說話人語言	單模態標籤	多模態標籤	發佈年份
CMU-MOSI	2199	英文	無	有	2016
CMU-MOSEI	23453	英文	無	有	2018
IEMOCAP	10000	英文	無	有	2008
MELD	13708	英文	無	有	2019

表 4.2 基準資料集訓練設定表

資料集	訓練集	驗證集	測試集	總計
CMU-MOSI	1284	229	686	2199
CMU-MOSEI	16326	1871	4659	22856
IEMOCAP	3441	849	1241	5531
MELD	9989	1109	2610	13708

4.1 CMU-MOSI

　　CMU-MOSI 資料集 [64] 是目前多模態情感分析任務中使用最廣泛的基準線資料集之一。該資料集由 YouTube 上 93 個影評視訊中的 2199 個短視訊片段組成，每個片段從兩分鐘到五分鐘不等，並被剪輯為多個小片段樣本。視訊中的人物均在 20~30 歲，其中有 41 位女性和 48 位男性，且視訊中的人，均採用英文進行表達。該資料集僅考慮兩類情緒：積極和消極。這些視訊的標注由來自亞馬遜眾包平臺 (Amazon Mechanical Turk,AMT) 的 5 個標注者進行標注並取平均值，然後，將情緒極性得分大於或等於 0 的那些視為積極，將其他的視為消極。每個視訊片段都被標記為從 -3(強負) 到 3(強正)。該資料集的情感標注不是觀看者的感受，而是標注視訊中的評論者的情感傾向。

4.2 CMU-MOSEI

　　CMU-MOSEI 資料集 [10] 是 CMU-MOSI 的高級版本，也是多模態情感分析中最常用的資料集。相比 CMU-MOSI，它具有更多的話語、更多的樣本、說話人和主題。CMU-MOSEI 資料集收集的資料來自 YouTube 的獨白視訊，並且去掉了包含過多人物的視訊。它包含 22856 個附帶註釋的視訊，來自 5000 個視訊、1000 個不同的演講者和 250 個不同的主題，總時長達到 65h。資料集既有情感

標注又有情緒標注。情感標注是對每句話的 7 種分類的情感標注，此外作者還提供了 2/5/7 分類的標注。情緒標注包含高興、悲傷、生氣、恐懼、厭惡、驚訝 6 個方面。

4.3 IEMOCAP

IEMOCAP 資料集[65]包含以下標籤：憤怒、開心、悲傷、中性、興奮、沮喪、恐懼、驚奇等。為了與現有的最新技術進行比較。本書使用以下規則對資料集進一步劃分。

(1) 將開心和興奮類別合併為開心類別。因此，本書採取了包含開心、憤怒、悲傷和中性 4 種情緒。

(2) 將 IEMOCAP 資料集前 4 節作為訓練集，最後一節作為測試集。

(3) 本書在訓練集中對驗證集的劃分比例是 8 2，同時本書將一個對話集作為一個訓練批次。

4.4 MELD

MELD 多模態 EmotionLines 資料集[66](the multimodal emotionLines dataset) 是對 EmotionLines 資料集的擴充和增強。其中包含電視連續劇 Friends 中的約 13 000 句話語。每個對話中的每句話都被註釋為 7 個情緒類別之一：憤怒 (anger)、厭惡 (disgust)、悲傷 (sadness)、喜悦 (joy)、驚訝 (surprise)、恐懼 (fear) 或中性 (neutral)。得到的訓練集、驗證集和測試集分別包含 1039、114 和 280 個對話片段。

4.5 本章小結

從表 4.1 中可以看出，現有的多模態情感分析資料集種類豐富，說話人語言也不侷限於英文，尤其是近幾年的資料集在規模和品質上都遠超早期。然而，目前的資料集中仍然存在兩個問題：第一，現階段暫無說話人語言為中文的多模態情感分析資料集，不利於中文情感分析研究的發展；第二，上述資料集中標籤類別涵蓋了多模態情感、情緒和屬性類別，但是這些標籤都是針對多模態內容，在單模態維度上沒有任何情感或者屬性標注。為了支撐本書的研究工作，在後續研究中，本書將引入一個同時帶有單模態情感標注和多模態情感統一標注的中文資料集，以彌補現有資料集中存在的不足。

5

多模態多標籤情感分析
資料集建構

5.1　概述

　　現有的多模態情感資料集中均含有統一的多模態情感標注，沒有獨立的單模態情感標注。因此，本章將先建構一個多模態多標籤的中文多模態情感分析資料集，對於每個多模態片段，同時包含一個多模態和 3 個單模態情感標籤。然後，建構有監督的多工多模態情感分析框架，在框架中引入 3 個主流的融合結構，透過對比實驗充分驗證單模態子任務對多模態主任務的輔助作用。

5.2　多模態多標籤的中文情感分析資料集製作

　　本節建構了中文的多模態情感分析資料集 (chinese single- and multi- modal sentiment analysis dataset, SIMS)。除了說話人語言上的差異，相比其他資料集，SIMS 資料集中除含有多模態情感標注外，還包含獨立的單模態情感標注，如圖 5.1 所示。在後續內容中將詳細介紹此資料集的收集和標注過程。

多模態：負向 (其他資料集)

文字：正向
音訊：弱正向
視訊：負向 (SIMS 資料集)
多模態：負向

也太意想不到了吧
It is too unexpected

圖 5.1　SIMS 資料集與現有多模態資料集之間的差異

5.2.1 資料收集和標注

1. 資料收集

與單模態資料相比，多模態資料具有更高的收集要求。由於多模態情感分析主要研究說話人的情感，因此，一個最基本的要求是說話人的臉部和聲音必須同時在視訊畫面中出現並且持續一段時間。為了獲取的視訊片段盡可能接近日常生活，本章主要從電影、電視劇和生活類綜藝節目中獲取資料原材料。然後，結合視訊剪輯工具 Adobe Premiere Pro[①]對原素材進行逐幀剪輯，這是一個非常耗時但是足夠準確的過程。此外，在收集過程中，以下三條準則被嚴格恪守。

(1) 說話人語言為普通話，並且過濾掉帶有地方口音的視訊片段。

(2) 視訊片段的長度應在 1~10s。

(3) 視訊片段中有且僅有當前說話人的臉部出現。

最終，收集了 60 個原視訊、2281 個有效視訊片段。SIMS 具有豐富的人物背景，較大的年齡範圍及高品質的資料內容，其詳細的統計資訊如表 5.1 所示[②]。之後，使用 FFmpeg 工具[③]從視訊中分離出純音訊資料，再以人工方式對其進行語音轉譯獲取對應的文字資訊。

表 5.1 SIMS 資料集資訊統計表

項目	數量		數量	數量
原視訊總數	60	獨立說話人總數		474
有效片段總數	2281	片段平均時長（秒）		3.67
男性	1500	片段中平均字數		15
女性	781			

---

① https://www.adobe.com/products/premiere.html 。

② 已諮詢過相關律師，僅用於學術目的的短視訊資料集的製作和分發符合相關法律規定。

③ https://www.ffmpeg.org 。

2. 資料標注

在此部分，經過一定訓練的 5 位獨立標注者被邀請對每個視訊片段進行多重情感標注。由於每個視訊片段都需要包含一個多模態和 3 個單模態情感標注，因此，如何避免其他模態資訊對當前待標注模態的資訊干擾，是此過程著重考慮的一個問題。為了盡可能避免這種干擾現象，每位標注者被要求按照「文字 →音訊→無聲視訊→多模態」的順序進行標注，並且在完成一種模態的情感標注後需要間隔一段時間才能進行另一種模態的標注。

然後，每位標注者給所有資料指定三分類情感標籤：消極 (-1)、中性 (0)、積極 (1)。與現有資料集 [10, 67] 類似，為了使 SIMS 能夠同時用於情感回歸和分類任務，將 5 個標注值的均值作為最終的標注結果。於是，標注結果值在區間 [-1, 1]，分類和回歸標籤之間的對應關係如表 5.2 所示。

表 5.2　SIMS 資料集中分類標籤和回歸標籤對應關係表

分 類 標 籤	回 歸 標 籤	分 類 標 籤	回 歸 標 籤
強消極情感	-1.0,-0.8	弱積極情感	0.2,0.4,0.6
弱消極情感	-0.6,-0.4,-0.2	強積極情感	0.8,1.0
中性情感	0.0		

5.2.2　統計和分析

首先，分析 SIMS 資料集不同模態中情感類別的分佈傾向性，統計結果如圖 5.2(a) 所示。從圖中可以看出，SIMS 資料集的情感更多地偏向消極，這可能是因為 SIMS 中的視訊素材主要來自電影等表演性影視作品，而這種作品中往往會有更多的消極表達，以此突出演員的表演能力。

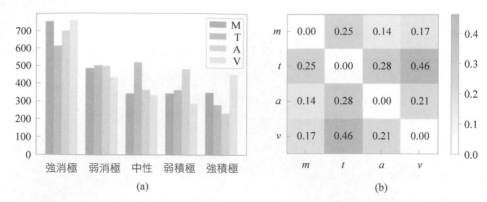

圖 5.2 標注結果統計長條圖和不同模態情感標籤差異對比

其次，為了驗證本章的初始動機—統一的多模態標籤並不是時刻適用於單模態資料。此處繪製了不同模態情感標籤之間的差異性混淆矩陣，如圖 5.2(b) 所示。圖中的數值表示兩個模態標籤之間的差異性大小，值越大意味著情感差異性越大，其計算公式如下：

$$D_{ij} = \frac{1}{N} \sum_{n=1}^{N} (A_i^n - A_j^n)^2 \tag{5.1}$$

其中，$i, j \in \{m, t, a, v\}$；N 是樣本數量；A_i^n 表示模態 i 中的第 n 個標籤值。

從圖 5.2 中可以看出，在音訊和多模態之間的情感差異性最小 (0.14)，而文字和視訊之間的差異性最大 (0.46)。這是因為音訊資訊中本身包含文字內容，更接近多模態資訊，但是文字和無聲視訊之間並不存在直接聯繫。可見，圖 5.2 得到的觀察結果是符合經驗預期的，也側面印證了資料標注過程的可靠性。

至此，完成了 SIMS 資料集的建構工作，為後續工作奠定了資料基礎。因此，第 6 章將以此為基礎，資料集建構多模態和單模態情感分析任務的聯合學習模型，驗證單模態子任務的引入是否能夠輔助模型學到更有效的特徵表示，進而提升多模態學習效果。

5.3 本章小結

　　現有的多模態情感資料集中均僅含有統一的多模態情感標注，沒有獨立的單模態情感標注，並且缺少中文多模態情感分析資料集。因此，本章建構了一個多模態多標籤的中文多模態情感分析資料集，對於每一個多模態片段，同時包含一個多模態和 3 個單模態情感標籤；然後，建構有監督的多工多模態情感分析框架，在框架中引入 3 個主流的融合結構，透過對比實驗充分驗證單模態子任務對多模態主任務的輔助作用，進一步驗證建構多模態多標籤的中文多模態情感分析資料集的有效性。

6

以主動學習為基礎的多模態情感分析資料的自動標定

6.1 相關工作

6.1.1 資料標注

1. 資料標注的意義

史丹佛大學教授李飛飛等借助 AMT 完成了圖片分類標注資料集 ImageNet，改變了人工智慧領域中研究者的認知。在以往的人工智慧研究中，研究者總是認為更好的決策演算法是提高人工智慧模型準確率的核心，但是 ImageNet 的出現使得資料在人工智慧中的地位顯著提升。正是近些年來研究者們在不同的領域中整合並標注出了巨量的資料集，才有了如今人工智慧領域的繁榮。資料標注 [68] 是對未處理的初級資料，包括語音、圖片、文字、視訊等進行加工處理，並轉換為機器可辨識資訊的過程。原始資料一般透過資料採集獲得，隨後的資料標注相當於對資料進行加工，然後輸送到人工智慧演算法和模型裡完成呼叫 [69]。資料標注產業主要是根據使用者或企業的需求，對影像、聲音、文字等物件進行不同方式的標注 [70]，從而為人工智慧演算法提供大量的訓練資料以供機器學習使用 [71]。

2. 資料標注的分類

為了滿足機器學習研究的需要，科學研究人員對不同場景下的資料進行了

收集和標注。以往獲取標注資料集的資料標注方法主要分為專家標注和眾包標注。專家註釋資料集是由一些在特定領域有豐富經驗的工作者來進行資料標注工作，如醫學影像領域、情感分析領域等。這種標注方法可以使得研究人員獲得含有很少的雜訊樣本的高品質資料集，但是對於研究人員和經驗豐富的工作者來說，這是相對耗時的。多模態情緒和情感分析資料集，如 IEMOCAP、CH-SIMS 等，都是由專家標注的。而另一種眾包標注方法則是將資料標注任務外包給線上的非專業人員，如著名的 AMT，還有 Figure-eight、CrowdFlower、Mighty AI 等初創型標注平臺，多模態情感分析資料集 CMU-MOSI 和 CMU-MOSEI 為眾包標注。這種方法也通常被應用於相對簡單的資料標注任務，如命名實體辨識、自動駕駛、圖片分類等，這些任務可以由非專業人員以較高的品質完成。但眾包標注需要花費大量金錢，且由於標注者的經驗和標注準確率不如專家，所以獲得的樣本品質不如專家標注方法。為了提升眾包標注的準確率，研究者們設計了一些降噪方法，多數投票和透過正確標注對工人進行標注品質評價等方法，來確保資料標注的準確性。

對於不同的任務，資料標注也可以分為分類標注、標框標注、區域標注、描點標注和其他標注等。分類標注為給資料歸類的標注方式，如影像分類等。標框標注為從影像中選取需要的部分，常見的任務為命名實體辨識等。區域標注與標框標注相比要求更加精確 [72]，而且邊緣可以是柔性的，並僅限於影像標注，其主要的應用場景包括自動駕駛中的道路辨識和地圖辨識等。描點標注即為選擇圖片中的特定關鍵點，如人體器官標注、人體骨骼標注等。

本章介紹一種用於多模態情感分析的自動資料標注方法，這種方法可以透過資料自動標注來降低人工標注成本。

6.1.2　主動學習

主動學習，也被稱為查詢學習或最優實驗設計，是人工智慧和機器學習研究範圍內的一個子領域。由耶魯大學教授 Angluin 為減少人工標注成本而提出 [73]。主動學習主要透過人工標注者不斷地對少量資料進行標注，從而完善資料集的整體分佈，使資料集中的標注樣本成為對模型訓練最有價值的樣本。

1. 主動學習過程與分類

主動學習訓練過程的範例如圖 6.1 所示，透過迭代訓練分類器和抽樣來完成。在每個主動學習的迭代訓練輪次中，首先透過當前已有的有標注樣本對機器學習模型進行訓練，獲得了一個充分訓練的分類器模型。隨後這個模型將所有未標注樣本進行預測，並將模型預測結果和部分神經網路層的特徵交給篩選器模型。主動學習方法中的篩選器模型透過對應的篩選演算法，選擇一批未標注的樣本，供人類標注者進行標注。這部分被標注後的附帶標注的樣本被增加到下一個訓練週期的有標籤資料集中。其餘未標記的樣本組成下一個週期的未標記資料集。然後，繼續下一個主動學習循環，直到整個流程達到特定的終止條件。

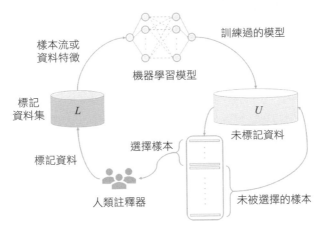

圖 6.1 主動學習訓練過程的範例

主動學習的最終目標，是希望挑選最能改進分類器性能的樣本，也就是最有資訊量的樣本。但由於在未標注樣本被標注前，其含有的資訊量無法準確估計，所以主動學習的篩選策略便是制定資訊量評價準則，以供篩選模型挑選出最值得標注的部分樣本。

如圖 6.1 所示，機器學習模型透過標記資料集 L 進行訓練後，對未標注資料集 U 中的樣本進行特徵生成和機率預測。生成的結果交由選擇模型透過演算法選擇部分樣本進行人工標注並放入標記資料集中。其他未被選擇的未標注樣

本將被放回未標注資料集 U 中。

主動學習方法從整體的角度可以分為以串流輸入 (stream) 為基礎的主動學習方法和以池輸入 (pool) 為基礎的主動學習方法。

以串流輸入為基礎的主動學習方法為單樣本模式的主動學習，即每次只挑選一個樣本點，根據樣本與當前已標注樣本和未標注樣本之間的關係來判斷模型需要挑選該樣本進行標記，還是捨棄該樣本。由於樣本是一個一個地進入進行篩選判斷的，這導致模型對於資料集的整體分佈是未知的，使得許多資料分佈資訊在這種方法下被忽略，從而最終導致分類效果的偏差。此外，這種方式需要設定設定值來達到對單一樣本篩選的目的，而設定值的設定又加重了模型對於人工經驗的依賴性。目前這種方法適用於二分類問題，且計算量相對較大，整體流程時間複雜度很高。

以池輸入為基礎的主動學習分類方法則更為常用。模型每次考慮大量未標注樣本 U 和部分已標注樣本 L，根據特定的資料篩選演算法在未標注樣本 U 中挑選出部分樣本進行標注。常見的以池輸入為基礎的主動學習方法可大致分為以樣本特徵為基礎的方法、以模型預測為基礎的方法和以委員會投票為基礎的方法。

以樣本特徵為基礎的方法主要使用多樣性準則來挑選樣本。這類方法常常使用無標注樣本的特徵距離來獲得差異性較大的樣本，或者使用有標注樣本和無標注樣本之間的距離來得到可以使得當前模型預測效果有更大改變的樣本。此方法意在尋找更多樣的樣本來進行訓練。以樣本特徵為基礎的相似性度量主要包括 3 種方法：餘弦角距離、歐幾里德距離和高斯核。

Brinker[74] 提出了在以 SVM 為基礎的不確定抽樣演算法中，使用餘弦角距離來計算樣本之間的相似度。這種方法一方面可以挑選出不確定性高的樣本，也可以使挑選出的樣本更加多樣。Cheng 等 [75] 提出了一種以圖為基礎的樣本相似性度量，透過高斯核建構完全圖來獲得樣本之間的兩兩相似性，將不確定性準則與以高斯核距離為基礎的多樣性準則結合起來指導篩選器的選擇。

在文獻 [76] 中作者根據樣本的不確定性挑選部分困難樣本，然後透過兩種不

同的方法分別對這部分樣本進行相似性篩選,其一是根據樣本兩兩之間的餘弦角距離或歐幾里德距離來進行距離計算,挑選出距離較大的樣本子集作為最終選擇的樣本;其二是對於不確定性篩選後的樣本進行聚類,挑選出離每個聚類中心最近的樣本作為最終結果。兩種方法可以達到優於不確定性篩選的效果,但也存在計算量過大的問題。距離和聚類計算的時間複雜度為 $O(n^2)$,當樣本數量較多時,會消耗大量時間。

值得一提的是,如果僅僅採用以樣本特徵為基礎的多樣性篩選方法,而不考慮單一樣本的資訊量,則不能有效地提升分類器的性能。所以以特徵為基礎的多樣性方法常常作為輔助方法配合其他方法使用。

以預測機率為基礎的方法主要利用最不置信策略、邊緣採樣策略和最大資訊熵策略來表示預測結果的資訊量。

最不置信策略透過獲取最大預測類別的機率來判斷模型所含有的資訊量,最大預測機率越小則模型預測所含有的資訊量越高。其公式表示如下:

$$\text{Score} = 1 - P_\theta(\hat{y} \mid x) \tag{6.1}$$

其中,$\hat{y}$ 表示模型預測最大的類別。

邊緣採樣策略透過獲取最大預測類別和第二大預測類別的預測機率差值來判斷樣本含有的資訊量,差值越小說明模型對預測的信心越低,模型預測所含有的資訊量越高。其公式表示如下:

$$\text{Score} = P_\theta(\hat{y}_1 \mid x) - P_\theta(\hat{y}_2 \mid x) \tag{6.2}$$

其中,$\hat{y}_1$ 表示模型預測最大的類別;$\hat{y}_2$ 表示模型預測第二大的類別。邊緣採樣策略由於關注最高兩類的預測機率,常用於多分類問題的資訊量判斷。

資訊熵策略透過計算預測結果所含的資訊熵還判斷模型預測的資訊量,資訊熵越大則資訊量越高。其公式表示如下:

$$\text{Score} = -\sum P_\theta(y_i \mid x) \times \ln P_\theta(y_i \mid x) \tag{6.3}$$

而資訊量越高則代表樣本越難以被模型進行準確分類，即樣本更需要交由人工標注者進行標注。以預測機率為基礎的方法相比以樣本特徵為基礎的方法，可以使用較少的計算量得到很好的結果。

以委員會投票為基礎的方法透過在委員會內的各個成員投票決定篩選出的樣本。其中，委員會中的每個成員都是由當前樣本訓練出的不同種類的分類器模型，這些分類器模型對未標注樣本進行了預測和篩選。其中，委員會內成員分歧最大的未標注樣本將被挑選。

組成委員會的方法有許多種，如以 boosting 和 bagging 為基礎的方法 [77]。此外，Melville 等 [78] 提出的以整合為基礎的委員會建構方法也獲得了不錯的效果。委員會中的成員數並非需求很高，兩三個成員也可以獲得較好的模型效果 [79]。

關於委員會內成員對於未標注樣本的分歧，常用的解決方案為投票熵 [80] 或平均 Kullback-Leibler(KL) 散度 [81]，也被稱為相對熵。投票熵的分歧解決方法公式如下：

$$x^* = -\frac{V(y_i)}{C}\ln\sum\frac{V(y_i)}{C} \tag{6.4}$$

其中，$V(y_i)$ 是樣本 x 被預測為 y_i 的得票數；C 是委員會中成員的總數。這種方法可以看作對於委員會成員的資訊熵計算。

平均 KL 散度為目前概率論和資訊理論中常用的計算兩個預測機率的分佈情況差異的指標。具體計算公式如下：

$$x^* = \frac{1}{C}\sum_{c=1}^{c}D(P_\theta(c)\parallel P_c) \tag{6.5}$$

其中 $D(P_{\theta(c)}\parallel P_c)$ 為

$$D(P_{\theta(c)}\parallel P_c) = \sum_y P_{\theta(c)}(y\mid x)\ln\frac{P_{\theta(c)}(y\mid x)}{P_C(y\mid x)} \tag{6.6}$$

其中，$\theta(c)$ 表示委員會第 c 個成員；C 表示委員會集合。從本質上來講，委員會投票方法可以被視為多個模型採用同樣的資訊量計算方法後的綜合結果。由於需要訓練多個分類器，所以以委員會方法為基礎的時間複雜度較高。

此外，在上述 3 個方法中進行多準則融合，綜合不同方法的特點也可以使得分類效果得到明顯的提升。在文獻 [82] 中作者考慮了將樣本不確定性、樣本影響力、樣本容錯性相結合，從而挑選出更具有代表性的樣本。在文獻 [83] 中，樣本之間的差異性被用於輔助樣本重要程度的度量指標來進行樣本篩選。在文獻 [84] 中提出了不確定性與密度相結合的主動學習方法，其中透過資訊熵來度量樣本的不確定性，用樣本到附近樣本的平均距離來度量樣本的密度資訊，從而完成樣本篩選。多準則組合的主動學習方法可以從多個角度對篩選策略進行最佳化，但是其存在兩個問題：其一，多準則融合會加大選擇演算法的計算量，尤其是多樣性標準，這會大大增加主動學習的時間成本；其二，各個準則的權重平衡問題會增加模型的複雜度，也很難找到合適的參數去權衡各個準則的比重。因此，如何在多準則融合中權衡各個準則比重也是未來研究的重點。

2. 半監督主動學習

目前的主動學習方法和半監督學習方法都是為了利用少量的標記樣本獲得更佳的學習性能。半監督學習方法利用大量未標記的資料，透過獲取未標注樣本的特徵、未標注樣本的穩定性、未標注樣本與當前樣本的連結度等資訊來輔助有標注樣本訓練，從而達到最佳化模型訓練結果的目的。半監督學習的主要方法如下：

Pi-Model[85] 利用神經網路中的正規化技術，如數據增強和 dropout 等不會改變模型輸出的機率分佈這一特點，對給定的輸入 x，使用不同的正規化技術進行兩次預測，並根據兩次預測的距離來最佳化模型在不同擾動下的一致性。資料增強方法指透過將未標注樣本進行旋轉、翻轉、加入雜訊、遮擋等方法進行資料增強，並根據有監督學習訓練的模型來對不同的資料增強進行預測，根據同一樣本不同資料增強後的預測結果的相似程度來指導模型訓練。

Temporal Ensembling 方法[85] 在 Pi-Model 的基礎上,採用了時序組合模型,根據當前模型預測結果與歷史預測結果的平均值做均方差計算,在保留歷史資訊的同時消除了擾動並穩定了當前的預測值。相比 Pi-Model,這種方法用空間換取時間,減少了訓練的時間,透過歷史預測平均,也有利於降低單次預測中的雜訊。

在此基礎上,平均教師監督方法 (mean teachers)[86] 將模型即作為學生進行訓練,也作為教師監督未標注樣本的訓練效果,來得到更優質的模型,並且對學生模型進行了和滑動平均,來得到更好的學習效果。

整體性方法試圖在一個框架中整合當前的半監督學習的主要方法。其中 Mix Match[87] 整合了前人的工作,並採用了銳化函數 (sharpen) 和混合方法 (mixup) 獲得了出色的訓練結果。在此基礎上,以整體特徵為基礎的 (fix-match) 方法使用交叉熵將弱增強和強增強的無標籤資料進行比較,也取得了不錯的效果。

雖然在前人的研究中,主動學習和半監督學習的研究都已經取得了很多成果,但是只有少數研究者將主動學習和半監督學習結合起來。在前人的研究工作中,主動學習與半監督學習相結合並應用於語音理解[88],可以減少有限標記資料的錯誤。Zhu 等 [89] 使用高斯場組合主動學習和半監督學習,利用資料擴充,設計了一種以一致性為基礎的半監督主動學習模型。本章以特徵間的相關性為基礎,將多模態情感分析與半監督學習相結合,並取得了很好的實驗效果。

6.2 研究方法

本章將詳細解釋半監督主動學習多模態資料標注模型 (Semi-MMAL)。該模型的目標是獲得更好的自動標注多模態資料,降低資料標注的人工成本。與其他結合半監督學習和主動學習的任務不同,本章的工作專門針對多模態情感分析任務。目前的多模態情感分析任務均從不同模態的使用成熟特徵取出工具得到的特徵作為開始,而非原始視訊所含有的 3 個模態原始資料。這樣可以有效

地節約時間成本。目前，並沒有工作針對從原始資料開始的多模態情感分析任務。下面將逐一介紹本章的模型各個模組的結構和方法。

6.2.1　整體結構介紹

　　如圖 6.2 所示，本章將介紹一個包含機器學習訓練模組和主動學習樣本選擇模組的半監督多模態主動學習方法—Semi-MMAL。其中，D_L 表示標記的樣本，D_U 表示未標記的樣本，D_L^*、D_S^*、D_U^* 分別是標記樣本、半監督學習樣本和下一個週期的未標記樣本。Z^a, Z^t, Z^v 是單模態特徵表示，Z^f 是多模態融合表示。L_{sup}、L_{semi} 分別是監督損失和半監督損失，λ 是損失加權模組生成的權重。在半監督訓練和損失生成模組中，實線表示標記資料流程，虛線表示半監督學習中未標記資料流程。

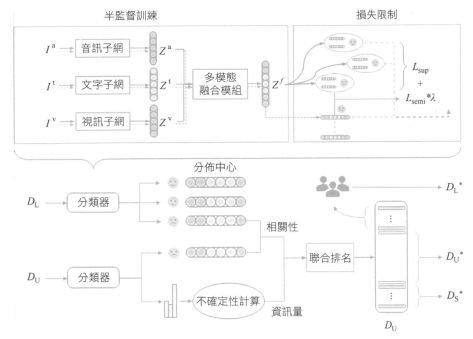

圖 6.2　Semi-MMAL 的整體架構

　　在機器學習訓練模組中，介紹了一種以標記樣本和未標記樣本特徵的相關性為基礎的半監督學習方法來提高模型的訓練性能。在選擇模組中，介紹了一

種以邊緣採樣為基礎的預測資訊量分數與以標記樣本與未標記樣本特徵之間為基礎的相關性相融合的樣本選擇方法，該方法在節約計算成本的基礎上可以綜合考慮樣本相關性和樣本資訊量兩種特徵。這兩種方法應用於在樣本選擇中，篩選出合適的人工標注樣本和下一輪的半監督學習訓練樣本。

1. 多模態情感分析網路

對於多模態情感分析任務，本章採用了經典的多模態情感分析系統結構。如圖 6.3 所示，它包括兩個主要部分：單模態特徵表示的特徵生成模組和多模態特徵融合的表示生成模組。參照文獻 [4] 的工作，對於文字嵌入子網路，使用全域向量 (GloVes) 進行單字特徵表示 [90]。根據 GloVes 可以得到每個單字的 300 維的詞向量特徵表示，在這之後，利用 LSTM[28] 學習與時間相關的文字表徵，並將結果透過 3 個全連接層，得到文字特徵。對於視訊和音訊嵌入子網路，對不同的資料集採用相對成熟的特徵提取方法 [10, 64, 91]，得到視訊和音訊的特徵以達到減少訓練時長的目的。視訊和音訊的特徵提取自網路，均使用 3 個 32 維的隱藏層和 ReLU 層來獲得相對應的單模態特性。

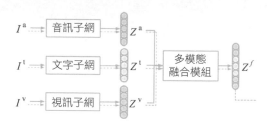

圖 6.3 Semi-MMAL 中多模態情感分析流程圖

單模態表示 Z^a、Z^t、Z^v 被模型送入多模態融合模組以獲得多模態表示特徵 Z^f。由於多模態融合方法並不是本章的主要研究內容，所以採用了相對來講簡單的串聯方法。透過將文字、音訊、視訊 3 個模態的特徵直接拼接，得到多模態融合特徵 Z^f，並交給後續模組。值得一提的是，雖然本章所使用的方法較為簡單，但是所介紹的模型適用於目前絕大多數的多模態特徵融合方法，如 TFN、LMF 等。多模態特徵融合模組所生成的融合特徵被傳遞到半監督學習損失生成模組進行下一步訓練。由於介紹的方法僅使用單模態和多模態特徵，而

沒有使用不同神經網路層之間的特徵等與模型連結較大的特徵,所以介紹的方法具有較強的泛化能力,可以適用於絕大多數目前效果很好的特徵表徵方法和特徵融合方法。

2. 半監督主動學習流程

在 Semi-MMAL 中,半監督分類網路利用有標記資料和半監督學習可使用的標記資料作為訓練資料,其餘未標記資料作為測試資料來訓練多模態情感分類模型。在第 t 個主動學習訓練週期,此模型 M_t 透過最小化損失函數 $L_{backbone}$ + L_{semi} 來獲得更好的模型效果,其中,$L_{backbone}$ 是監督學習損失,L_{semi} 是半監督訓練損失。監督損失透過計算預測結果和標注結果之間的交叉熵損失得到,而半監督損失則透過計算已標注樣本和與其相同預測類別的未標注樣本之間的相關性得到,此外,還在兩個損失中加入了多工學習損失權重自調節模組,可以自動平衡二者的權重。

$$L = L_{backbone} + \lambda L_{semi} \tag{6.7}$$

在模型訓練步驟完成後,將已標注樣本對於不同類別標籤的聚類中心 C、所有未標注樣本的多模態融合表示 F_m 和模型預測機率 P 輸入到主動學習模組。主動學習模組根據所介紹的 MMAL 演算法選擇對未標注樣本進行排序,透過排序後的結果適當的樣本供人工標注者進行標注,選擇另一部分樣本供下一輪模型進行半監督學習。

$$y_a = \text{MMAL}(C, F_m, P) \tag{6.8}$$

6.2.2 MMAL 模組介紹

使用 MMAL 模組的目標是獲得能提高自動標注的準確率的最有效的樣本。為了達到這個目標,選擇方法的設計原則是得到一個能夠代表整個樣本分佈的有標注資料子集。選擇標準包括兩個主要部分:資訊量選擇標準和相關性選擇標準。本節將分別介紹這兩個選擇標準。

1. 資訊量選擇標準

在多模態主動學習研究中，資訊量標準已被證明是一種強有力的選擇標準，且被廣泛應用。給定一個未標記的樣本，模型預測的資訊量可以衡量模型對樣本分類的信心。而對於兩類以上的分類任務，應只關注預測第一和第二高的兩個預測機率值。這使得邊緣採樣策略要優於資訊熵策略。例如，當獲得兩個三分類預測機率 0.7、0.15、0.15 和 0.7、0.25、0.05 時，第一個預測結果的邊緣採樣資訊量高於第二個預測結果，而第一個預測結果的資訊熵低於第二個預測結果。因此，使用以邊際為基礎的準則而非以熵為基礎的準則作為資訊準則。

$$D_\theta^{\text{info}} = P_\theta(\hat{y}_1 \mid x) - P_\theta(\hat{y}_2 \mid x) \tag{6.9}$$

其中，$\hat{y}_1$ 表示最大分類機率，$\hat{y}_2$ 表示第二大分類機率。

2. 相關性選擇標準

為了改進資訊量選擇標準，本章從特徵的角度提出了相關性選擇標準來完善資料的選擇。一個未標記樣本與一個類別之間的關係可以用二者之間特徵的相關性來表示。對於相關性標準，首先計算每個類的聚類中心：

$$C_\theta^{\text{pos}} = \frac{\sum_{j=1}^{N} I[L_i(j)=1] \cdot F_{ij}}{\sum_{j=1}^{N} I[L_i(j)=1]} \tag{6.10}$$

$$C_\theta^{\text{neu}} = \frac{\sum_{j=1}^{N} I[L_i(j)=0] \cdot F_{ij}}{\sum_{j=1}^{N} I[L_i(j)=0]} \tag{6.11}$$

$$C_\theta^{\text{neg}} = \frac{\sum_{j=1}^{N} I[L_i(j)=-1] \cdot F_{ij}}{\sum_{j=1}^{N} I[L_i(j)=-1]} \tag{6.12}$$

其中，N 是標記資料的數量；$i \in \{m, T, A, V\}$；F 是融合特徵；$I(\bullet)$ 是指示函數。

對於每個未標記的樣本，使用相關係數 (correlation coefficient, Corr) 來表示 F_θ^u 和各個類中心之間的相關性。

$$\text{Corr}(F_i, C_i^y) = \frac{\text{Cov}(F_i, C_i^y)}{\sqrt{\text{Var}(F_i) \cdot \text{Var}(C_i^y)}} \tag{6.13}$$

$$\text{Cov}(F_i, C_i^y) = \sum_{j=1}^{n} (F_{ij} - \overline{F_{ij}}) * (C_{ij}^y - \overline{C_{ij}^y}) \tag{6.14}$$

$$\text{Var}(F_i) = \sum_{j=1}^{n} (F_{ij} - \overline{F_{ij}})^2 \tag{6.15}$$

$$\text{Var}(C_i^y) = \sum_{j=1}^{n} (C_{ij}^y - \overline{C_{ij}^y})^2 \tag{6.16}$$

其中，$i \in \{m, T, A, V\}$；y 是未標記樣本的預測標籤。

在此基礎上，利用單模態特徵相關係數和多模態特徵相關係數計算每個未標記樣本的相關性分數。

$$D_\theta^{\text{Corr}} = \text{Corr}(F_m) + \frac{\sum_{i \in A, T, V} \text{Corr}(F_i)}{3} \tag{6.17}$$

綜合考慮上述標準，可以得到每個未標記樣本的最終得分。對應公式為

$$\text{Score}_\theta = D_\theta^{\text{Info}} + D_\theta^{\text{Corr}} \tag{6.18}$$

最後，在第 θ 輪主動學習訓練中，篩選器根據最終的得分選擇樣本。

3. 樣本選擇方法

在樣本選擇方法中，本章根據標記樣本和未標記樣本的數量及標記預算設定 3 個標準來設定每一輪樣本挑選的數量。

$$N_h = \min(r_1 |X_u|, r_2 |X_1|, \text{budget}) \tag{6.19}$$

$$N_s = |X_u| r_3 \tag{6.20}$$

其中，N_h 和 N_s 分別代表交由人工標注的樣本數量和交由半監督學習的樣本數量，$|X_u|$ 是未標記樣本數，$|X_1|$ 是標記樣本數，r_1、r_2、r_3 是超參數，budget 是為控制每一輪人工標注樣本的數量。

6.2.3 半監督學習模組

目標模型 M 是根據最小化損失函數 $L_{\text{backbone}} + L_{\text{semi}}$ 來訓練的，其中 L_{backbone} 是有監督學習所得到的損失函數，L_{semi} 是半監督學習所得到的損失函數。

針對多分類問題，使用廣泛使用的交叉熵損失函數來計算監督損失。

$$L_{\text{backbone}} = \text{CrossEntropy}(X, Y) \tag{6.21}$$

對於半監督損失 L_{semi}，當前的研究方法主要都是以資料增強為基礎的圖片分類等任務的方法，不能應用於多模態情感分析任務中。所以本章介紹了一種針對多模態情感分析的方法。本章的半監督損失透過計算融合特徵之間的相關性，將未標記資料與標記資料連接起來，從而輔助監督損失對模型進行最佳化。

$$L_{\text{semi}} = 1 - \frac{\sum_i^u \sum_j^l \text{corr}(F_i, F_j) I(P_i = Y_j)}{\sum_i^u \sum_j^l I(P_i = Y_j)} \tag{6.22}$$

其中，u 是未標注樣本的數量；l 是有標注樣本的數量；P_i 是未標注樣本 i 的預測結果；Y_j 是已標注樣本 j 的標注；$I(\bullet)$ 是指示函數。

為了減少超參數的數量，根據樣本之間的相似度和對半監督損失的置信度來自動改變兩個損失的權重，採用了多工學習中常用的損失加權的方法。目的是為了指導模型訓練的重點應是獲得與預測類相似的未標記樣本特徵。

$$L = L_{\text{backbone}} + L_{\text{semi}} \lambda \tag{6.23}$$

$$\lambda = \frac{\sum\limits_{i}^{u} \sum\limits_{j}^{l} \mathrm{corr}(F_i, F_j) I(P_i \neq Y_j)}{\sum\limits_{i}^{u} \sum\limits_{j}^{l} I(P_i \neq Y_j)} \tag{6.24}$$

6.3 實驗設定

6.3.1 實驗參數和評價標準

1. 實驗參數

對於所有資料集，隨機選擇總樣本的 20% 作為初始標記樣本進行訓練，其餘 80% 樣本為未標注樣本。未標注樣本的標籤在整個主動學習流程中為未知量，將在判斷機器標注準確率時用到。使用 Adam 作為最佳化器，並使用 5×10^{-4} 的初始學習率。由於本章的工作主要集中在資料自動標注上，所以使用拼接的方式作為模態融合方法。對於整個主動學習流程，設定了一個人工標注預算來控制訓練的停止時間。分別對人工標注預算為 30%、25%、20%、15%、10% 的未標注資料量進行實驗。

在主動學習中，當人工標注預算為 20%、15% 和 10% 時，未標記樣本選擇為人工標注樣本的比例 r_1 為 0.2；當人工標注預算為 25% 和 30% 時，未標記樣本選擇為人工標注樣本的比例 r_1 為 0.15。根據有標注樣本數量設定的設定值中比例 r_2 設定為 0.2，半監督學習選擇比例 r_3 設定為 0.1。對於本章所有的實驗，實驗中分別執行 5 次，將得到的平均準確度作為最終的實驗結果。

2. 評價標準

對於資料自動標注任務，本章使用的評價指標為在使用不同人工標注比例的情況下，機器標注所能達到的準確率。機器的標記準確率由包括初始標注樣本和主動學習循環中每輪標記的樣本所訓練的分類模型，使用未標記的資料進行測試得出。公式如下：

$$\mathrm{MACC} = \{x \mid x \in U_0 \,\&\, x = Y(x)\} / (|U_0|) \tag{6.25}$$

其中，MACC 表示機器標注準確率；U_0 表示初始未標注樣本集合；$Y(x)$ 表示未標注樣本 x 的標籤。

此標準可以反映所有基準線方法和本章介紹的方法在自動標注任務上的性能和優劣性。因此，以較少的人工標注資料得到更高的機器標注準確率的方法是更為優秀的方法。

6.3.2　基準線模型選擇

對於主動學習模組，本章考慮了影像分類任務中 3 種典型的選擇方法和一種目前在影像分類任務中效果最佳的主動學習方法。

其中，3 種典型的選擇方法分別為隨機樣本取出方法、邊緣採樣方法、聚類方法，目前最佳的方法為誤差學習方法。隨機樣本取出方法在未標記樣本中隨機選取未標記樣本進行人工標注，這種方法得到的結果可以被認為與多模態情感分類任務的模型訓練準確率類似。在以往的多分類方法中，邊緣採樣方法被廣泛認為是以不確定性方法中常用的基準線方法為基礎，並在多種任務上取得了很好的效果，其公式在之前論述中已經舉出。聚類方法透過最大化所選樣本與其最近鄰之間的距離來選擇具有代表性的樣本，在本章中採用凝聚層次聚類的方法來挑選樣本。密度層次聚類透過一層一層將小的類別根據距離進行合併，每次合併所有資料中最近的兩個資料點或資料群組，最終得到需要的聚類個數。

此外，還對 [92] 方法中的損失預測模型進行遷移，在文獻中的預測損失模型透過調取單模態訓練任務中 3 個不同神經網路層的特徵進行損失預測。在遷移方法中使用 3 個不同模態的單模態表示來代替文中機器學習模型不同層的特徵，以適應多模態任務。

對於其他主動學習基準線，如以差異性為基礎的多準則融合方法、核心集合 (core-set) 方法和以委員會為基礎的選舉方法，這些計算量較大的方法對於自動資料標注任務來說過於耗費時間成本和計算成本，所以本任務不採用這些方法作為基準線。對於半監督學習，將監督學習的主動學習方法和以相關性為基礎的半監督主動學習方法進行了對比。

6.4 結果分析

本節對實驗結果進行了展示和詳細的分析。

6.4.1 主動學習方法效果分析

首先，為了驗證本章介紹的監督學習下的主動學習方法 MMAL 的可靠性，將介紹的主動學習方法與其他主動學習基準線進行比較，在第 5 章提到的 3 個資料集上分別做了實驗。其中，各結果表中 Rand 代表隨機樣本取出方法，Margin 代表邊緣採樣的資訊性篩選方法，Cluster 代表凝聚層次聚類方法，Loss 代表損失學習方法，Ours 代表了未採用半監督學習策略的 MMAL 方法。本節將對不同資料集的結果逐一分析。

1. MOSI 資料集實驗結果分析

如表 6.1 所示，在 MOSI 資料集的實驗中，首先可以看到隨著人工標注比例的不斷提升，機器標注的準確率也隨之上升。這印證了有標注資料的數量增加會使得機器學習整體效果有所提升。其次，可以發現對於所有主動學習方法，其機器標注準確率均高於隨機選擇方法，即傳統的多模態情感分析任務，這也說明主動學習的基準線方法對於資料自動標注任務的有效性。

表 6.1　MOSI 資料集實驗結果

資料集	MOSI				
	10%	15%	20%	25%	30%
Rand	75.24	75.15	75.57	75.51	75.97
Margin	75.60	77.24	78.99	80.85	81.51
Cluster	74.82	75.75	76.63	76.08	76.79
Loss	74.24	77.63	**79.37**	80.77	81.73
Ours	**76.22**	**77.75**	79.17	**81.02**	**82.48**

此外,對於其他基準線模型而言,可以發現單獨考慮特徵距離而不考慮樣本資訊量的聚類方法效果明顯不如考慮樣本預測資訊量的其他方法。

MMAL 方法在絕大多數人工標注比例下達到了最佳的效果。人工標注 10% 的情況下,MMAL 方法比隨機採樣方法約有 1% 的提升;當人工標注達到 30% 時,MMAL 方法比隨機方法提高了 7% 左右,這個提升是非常顯著的。此外,對比其他基準線模型,MMAL 方法在各個標注比例下均有一定的提升。只有在 20% 標注準確率的情況下,MMAL 方法比目前最好的損失學習方法有 0.2% 左右的小幅度下降。

表 6.1 展示了 MOSI 資料集上的實驗結果。人工標記率設定為 10%~30%,間隔為 5%。此表中的資料用對應的資料集、人工標記率和方法表示機器標記的精度。

2. MOSEI 資料集實驗結果分析

相比於 MOSI 資料集,MOSEI 資料集資料量更大,樣本更多樣且更難被準確分類。此外,相對 MOSI 資料集,MOSEI 各個類別的資料分佈更加平衡。

如表 6.2 所示,在 MOSEI 資料集上,本章的方法整體上優於之前所有的基準線模型,相比隨機抽樣方法,本章的方法從 10% 人工標注量至 30% 人工標注量分別提升了 3%~8% 的準確率,效果十分顯著。對比其他基準線模型,MMAL 方法比常用的邊緣採樣方法 (Margin) 提高了 1% 左右,相較於目前最佳的損失預測方法 (Loss), MMAL 方法也有一定幅度的提升。

表 6.2 MOSEI 資料集實驗結果

資料集	MOSEI				
	10%	15%	20%	25%	30%
Rand	65.73	66.13	66.29	65.40	66.01
Margin	67.56	69.17	70.81	72.48	73.88
Cluster	65.2	65.86	67.65	67.34	67.41
Loss	67.76	69.05	71.14	72.33	74.10
Ours	**68.41**	**69.35**	**71.62**	**72.46**	**74.54**

3. SIMS 資料集實驗結果分析

SIMS 資料集作為第一個中文多模態情感分析資料集，在 SIMS 資料集上的多模態情感分析實驗對於實際應用有重要的研究與應用價值。

如表 6.3 所示，在 SIMS 資料集上，本章介紹的方法較其他方法有顯著的提升。對比隨機採樣方法，MMAL 方法從 10%~30% 人工標注比例上，有著 2%~7% 的提升。相比其他基準線方法，MMAL 方法的提升幅度也高於 MOSI 和 MOSEI 兩個資料集。

表 6.3　SIMS 資料集實驗結果

資料集	SIMS				
	10%	15%	20%	25%	30%
Rand	64.60	63.89	64.92	65.19	65.75
Margin	66.58	68.33	69.17	70.27	71.37
Cluster	65.55	64.18	66.83	67.97	68.06
Loss	65.20	67.40	67.69	68.44	70.27
Ours	**66.71**	**68.49**	**69.47**	**70.93**	**72.38**

對比常用的邊緣採樣方法，MMAL 方法有 1% 左右的提升；而對比當前最佳的預測損失方法，MMAL 方法的準確率提升幅度可以達到 2% 左右。從機器標注準確率上超過了前人的研究工作。

6.4.2 半監督主動學習方法效果分析

正如之前內容所述，大多數的主動學習研究方法只關注於從已標注樣本中獲得資訊，而未將研究重點放在利用未標注樣本所包含的資訊來提升主動學習的效果，尤其是利用較易於分類的未標記樣本。MMAL 方法中透過半監督學習，充分利用了較為容易預測的未標注樣本。

在本節的實驗中，著重驗證了半監督學習對主動學習效果的輔助和提升作用。透過對比實驗的方式，驗證了半監督學習對以主動學習為基礎的資料標注任務的效果具有提升作用。

1. MOSI 資料集實驗結果分析

從圖 6.4 中可以發現，在 MOSI 資料集上，採用半監督的 Semi-MMAL 方法比之前僅採用主動學習的基準線模型均有所提升。相比於不採用半監督學習的 MMAL 方法，當半監督學習被使用後，模型的自動標注準確率在各個標注比例下均有 3% 左右的提升，提升幅度十分顯著。相較於隨機抽樣方法，Semi-MMAL 方法在 30% 人工標注比例上的提升幅度接近 10%。

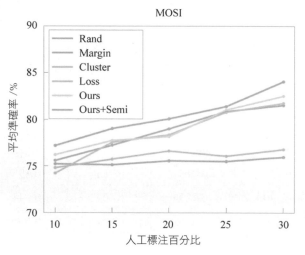

圖 6.4 MOSI 資料集半監督學習實驗對比結果

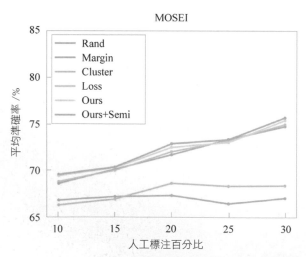

圖 6.5 MOSEI 資料集半監督學習實驗對比結果

2. MOSEI 資料集實驗結果分析

如圖 6.5 所示，從 MOSEI 實驗結果可以看出，在 MOSEI 資料集上，半監督學習方法 Semi-MMAL 較有監督方法有小幅度提升，在所有標注比例下的提升幅度在 1% 左右。在 MOSEI 資料集上，半監督學習對資料標注任務有小幅度提升，但是提升效果不如 MOSI 資料集明顯。

之所以半監督學習在 MOSEI 資料集上效果不明顯，是因為傳統的半監督學習策略採用的無標注樣本數是遠遠超過有標記樣本的，而在本任務中，受限於樣本總數較少和多模態情感分析訓練所需初始標注樣本數量較高，半監督樣本只有在訓練到一定程度後，才可以達到一定的規模。因此，可能導致半監督學習的效果相對不明顯。

3. SIMS 資料集實驗結果分析

如圖 6.6 所示，在 SIMS 資料集上，本節的半監督學習 Semi-MMAL 實驗結果較監督學習 MMAL 方法有小幅提升，較之其他方法均有大幅度領先，具體原因和 MOSEI 資料集相似。與 MOSEI 資料集不同，在 30% 人工標注準確率時，半監督學習的提升程度要高於其他較小人工標注比例，這印證了本章中提到的

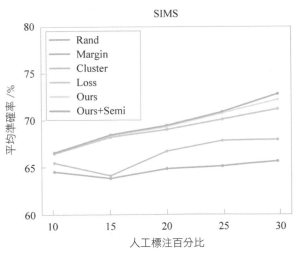

圖 6.6　SIMS 資料集半監督學習實驗對比結果

半監督學習需要大量無標注樣本參與才能達到較好的效果。在隨著訓練輪次增加、無標注樣本增多的情況下,半監督學習對於標注準確率的提升高於無標注樣本較少的情況。

6.4.3 消融實驗

為了證明 MMAL 方法中的每個模組都對資料自動標注效果均有所提升,本節在 MOSI 資料集上設計了一組消融實驗來證明 MMAL 方法的有效性。實驗具體對比了下列幾種方法:隨機性方法 (R)、資訊性準則 (I)、相似性準則 (C)、半監督學習 (S)。

如表 6.4 所示,本節在 MOSI 資料集上對比了不同方法對實驗結果的影響。可以看到,MMAL 的相關性準則和半監督學習方法對於自動標注任務的準確率提升是非常顯著的。與最基本的隨機樣本取出進行對比,MMAL 的資訊量評價與相關性準則結合及資訊量評價與半監督方法結合,在各個人工標注比例上均有 1%~6% 的提升。與傳統的資訊量樣本選取標準相比,本章提出的相似性樣本選取標準和半監督主動學習方法的方法均使得標注準確率在各個比例下提高了 1%~3%。此外,可以看到,綜合了相似性準則和半監督學習方法後的 Semi-MMAL,可以使最終結果相比隨機取出提升 2%~9%, 達到了目前的最佳效果。

表 6.4 MOSI 資料集消融實驗

資料集	MOSI				
	10%	**15%**	**20%**	**25%**	**30%**
R	75.24	75.15	75.57	75.51	75.97
I	75.60	77.24	78.99	80.85	81.51
I,C	76.22	77,75	78.17	81.02	82.48
I,S	76.90	77.92	78.95	80.80	83.86
I,C,S	**77.20**	**79.02**	**80.06**	**81.36**	**84.02**

6.5 本章小結

本章分別詳細介紹了前人在資料標注、多模態情感分析和半監督主動學習 3 個相關領域的研究成果。在這 3 個領域中前人均有大量優秀的研究成果,本章也以前人為基礎的研究成果,提出了新模型的研究與探討方法,並將其應用於多模態情感資料自動標注這個全新的研究領域中。

本章詳細說明了實驗中所用到的資料集、實驗參數、評價標準和基準線模型。本章對每一種基準線模型進行了複現並整合到了實驗中,對於未使用的基準線模型本章也舉出了對應的解釋。

本章使用 Semi-MMAL 方法在 3 個資料集上進行了多種實驗分析。分別對主動學習方法、半監督主動學習方法與主動學習方法對比做了實驗分析,並在 MOSI 資料集上做了消融實驗來驗證本章所介紹方法每個模組的作用和效果。此外,本章也展示了前人的基準線方法在資料自動標注任務上的效果。相比之前的方法,本章中的方法在絕大部分標注比例上均有較大的提升。

近幾年,多模態情感分析領域的快速發展離不開多模態資料集的貢獻。為此,本篇重點針對該領域的資料集問題開展的研究工作,透過引入帶有單模態和多模態情感標注的中文資料集,以彌補現有資料集中存在的不足。

首先,多模態情感分析資料集其標籤類型大致可分為兩類:有情感標注以及情緒標注兩種。CMU-MOSI 資料集僅考慮兩類情感標注:積極和消極。CMU-MOSEI 資料集是 CMU-MOSI 的高級版本,既有情感標注又有情緒標注。IEMOCAP 資料集和 MELD 資料集的標籤類型為情緒標籤。其中,CMU-MOSI 資料集是目前多模態情感分析任務中使用最廣泛的基準線資料集之一。

其次,由於以上資料集中存在兩個缺失:第一,無說話人語言為中文的多模態情感分析資料集,不利於中文研究的發展;第二,上述資料集中標籤都是針對多模態內容,在單模態維度上沒有任何情感或者屬性標注。因此,本篇引入一個同時帶有單模態和多模態情感標注的中文資料集 CH-SIMS,以彌補現有資料集中存在的不足。

　　然而，大量的資料集如果透過人工標注的方法實現，即使對經驗豐富的工作者來説，也是相對耗時的。如 IEMOCAP、CH-SIMS 等都是由專家標注的。因此，大量的自動標注方法被提出，本篇以前人為基礎的研究成果，設計了新的自動標注模型 Semi-MMAL，並且透過大量的實驗展示了所提出的標注方法在絕大部分標注比例上均有較大的提升。

第三篇

單模態資訊的情感分析

　　為了從文字、音訊和視訊影像 3 種模態資料中綜合判斷人物的情感觀點，多模態情感分析應運而生。隨著資訊技術的持續性發展，以深度學習為代表的學習型模型不斷更新著自然語言處理、音訊分析、電腦視覺等諸多領域的性能指標。在此過程中，單模態內容的情感分析能力也取得了顯著提升。因此，本篇主要針對 3 種不同的單模態情感分析任務分別展開詳細介紹。首先，透過對現階段國內外關於文字情感分析問題的研究，對不同文字情感分析方法進行了分類，並總結介紹了各方法所取得的成果，分析了每一類情感分析方法的優缺點。其次，在語音資訊的情感分析領域，針對如何從音訊檔案中獲取具有代表性的特徵，介紹了一種以 CQT 色譜圖為基礎的音訊情感分類方法和一種以異質特徵融合為基礎的音訊情感分類方法，並透過大量實驗證明，這類方法有效地解決了傳統的音訊特徵提取方法的局限性，對後續的情感預測具有顯著的效果提升。最後，在視覺情感分析方面，本篇提出了一種新的多工方法—以互注意力為基礎的多工卷積神經網路 (CMCNN)，並詳細地介紹了實驗設定和分析結果，透過多方面的實驗結果驗證了該模型對視覺情感預測的作用和效果。

7

以文字為基礎的情感分析

　　文字情感分析又稱觀點 (意見) 挖掘，指對帶有情感色彩的主觀性文字進行分析，挖掘其中蘊含的情感傾向，對情感態度進行劃分。文字情感分析作為自然語言處理的研究熱點，在輿情分析、人物誌和推薦系統中有很大的研究意義。一個典型的文字情感分析的過程如圖 7.1 所示，包括原始資料獲取、資料前置處理、特徵提取、分類器 (情感分類) 和情感類別輸出。

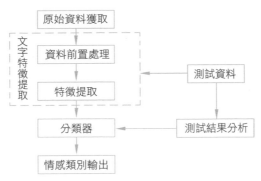

圖 7.1　文字情感分析的過程

　　原始資料獲取一般是透過網路爬蟲獲取相關資料，如新浪微博內容、推特語料、各大電子商務網站的評論等。資料前置處理指進行資料清洗去除雜訊，常見的方法有去除無效字元和資料、統一資料類別 (如簡體中文)，使用分詞工具進行分詞處理、停用詞過濾等。特徵提取根據使用的方法不同，會有不同

的實現方法，在依賴不同的工具獲得文字的數值向量表徵時，常見的方法有詞頻計數模型 N-gram 和詞袋模型 TF-IDF，而深度學習方法的特徵提取一般都是自動的。分類器輸出得到文字的最終情感極性，常見的分類器方法有 SVM 和 SoftMax。

　　根據情感分類方法實現機制的不同，將情感分析方法分為：以情感詞典為基礎的情感分析方法、以傳統機器學習為基礎的情感分析方法、以深度學習為基礎的情感分析方法。

7.1 以情感詞典為基礎的情感分析方法

　　以情感詞典為基礎的情感分析方法指根據不同情感詞典所提供的情感詞的情感極性，來實現不同細微性下的情感極性劃分，該方法的一般流程如圖 7.2 所示，首先是將文字輸入，透過對資料的前置處理 (包含去噪、去除無效字元等)，進行分詞操作；然後將情感詞典中的不同類型和程度的詞語放入模型中進行訓練；最後根據情感判斷規則將情感類型輸出。現有的情感詞典大部分都是人工建構。

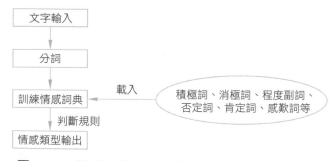

圖 7.2 以情感詞典為基礎的情感分析方法一般流程

　　Cai 等 [93] 透過建構一種以特定域為基礎的情感詞典，來解決情感詞存在的多義問題，透過實驗表示，將 SVM 和 GBDT 兩種分類器疊加在一起，效果優於單一的模型。柳位平等 [94] 利用中文情感詞建立了一個基礎情感詞典用於專一領域情感詞辨識，還在中文詞語相似度計算方法的基礎上提出了一種中文情感

詞語的情感權值的計算方法，該方法能夠有效地在語料庫中辨識及擴充情感詞集並提高情感分類效果。Rao 等 [95] 用 3 種剪枝策略來自動建立一個用於社會情緒檢測的詞彙級情感詞典，此外，還提出了一種以主題建模為基礎的方法來建構主題級詞典，其中每個主題都與社會情緒相關，在預測有關新聞文章的情緒分佈、辨識新聞事件的社會情緒等問題上有很大的幫助。

　　以情感詞典為基礎的情感分類方法主要依賴情感詞典的建構，但由於現階段網路的快速發展，資訊更新速度的加快，出現了許多網路新詞，對於許多歇後語、成語或網路特殊用語等新詞的辨識並不能有很好的效果，現有的情感詞典需要不斷地擴充才能滿足需要。情感詞典中的同一情感詞可能在不同時間、不同語言或不同領域中所表達的含義不同，因此以情感詞典為基礎的方法在跨領域和跨語言中的效果不是很理想，在使用情感詞典進行情感分類時，往往考慮不到上下文之間的語義關係。因此，對以情感詞典為基礎的方法還需要更多的學者進行充分的研究。隨著資訊技術的快速發展，湧現出了越來越多的網路新詞，原有的情感詞典對於詞形詞性的變化問題不能很好解決，在情感分類時存在靈活度不高的問題，情感詞典中的情感詞數量也存在限制。因此，需要不斷地擴充情感詞典來滿足對情感分析的需要，對於情感詞典的擴充需要花費大量的時間和資源。為提高情感分類的準確性，有研究者對以傳統機器學習為基礎的方法進行了研究，取得了不錯的結果。

7.2　以深度學習為基礎的情感分析方法

　　透過對以深度學習為基礎的情感分析方法可以進一步細分為：單一神經網路的情感分析、混合 (組合、融合) 神經網路的情感分析，以及引入注意力機制的情感分析和使用預訓練模型的情感分析。

7.2.1 單一神經網路的情感分析

　　2003 年 Bengio 等 [96] 提出了神經網路語言模型，該語言模型使用了一個三層前饋神經網路來建模。這種方法的優勢就是能從大規模的語料中學習豐富的

知識,從而有效解決以傳統情感分析方法中忽略上下文語義為基礎的問題。典型的神經網路學習方法有卷積神經網路 (con-volutional neural network, CNN)、循環神經網路 (recurrent neural network, RNN)、長短期記憶 (long short-term memory, LSTM) 網路等 [97]。

許多研究者透過對神經網路的研究,在情感分析的任務中取得了不錯的結果。LSTM 是一種特殊類型的 RNN,在處理長序列資料和學習長期依賴性方面效果不錯。Teng 等 [98] 提出了一種以 LSTM 為基礎的多維話題分類模型,該模型由 LSTM 細胞網路組成,可以實現對向量、陣列和高維資料的處理,實驗結果表示該模型的平均精度達 91%, 最高可以達到 96.5%;透過對社交媒體和網路討論區中的資訊進行情感分析,可以有效獲取公眾意見。Li 等 [99] 提出了一種以 CNN 為基礎的中文微博系統意見摘要演算法,該模型透過應用 CNN 自動挖掘相關特徵來進行情感分析,透過一個混合排序函數計算特徵間的語義關係,該方法在 4 個評價指標上 (準確率、召回率、精度、AUC、ROC 曲線下與坐標軸圍成的面積 (area under curre,AUC)) 優於傳統的分類方法 (SVM、隨機森林、邏輯回歸),對微博資料的情感預測的準確性達到 86%

7.2.2 混合神經網路的情感分析

除了對單一神經網路方法的研究之外,有不少學者在考慮了不同方法的優點後將這些方法進行組合和改進,並將其用於情感分析方面。

充分考慮到循環神經網路和卷積結構的優點,羅帆等 [100] 利用聯合循環神經網路和卷積神經網路,提出了多層網路模型 H-RNN-CNN,該模型使用兩層的 RNN 對文字建模,並將其引入句子層,實現了對長文字的情感分類。除了實現對長文字的情感分類問題,也有研究者將混合神經網路方法用於短文本情感分類問題。由於深度學習概念的提出,許多研究者對其不斷探索,獲得了不少成果,以深度學習為基礎的文字情感分類方法也在不斷擴充。

7.2.3 引入注意力機制的情感分析

在神經網路的基礎上，2006 年 Hinton 等率先提出了深度學習的概念，透過深層網路模型學習資料中的關鍵資訊，來反映資料的特徵，從而提升學習的性能。

2017 年 Google 機器翻譯團隊 [29] 提出用注意力機制代替傳統 RNN 方法架設了整個模型框架，並提出了多頭注意力 (multi-head attention) 機制，透過在神經網路中使用這種機制，可以有效提升自然語言處理任務的性能。Yang 等 [101] 第一次提出一種將目標層注意力和上下文層注意力交替建模的協作注意力機制，透過將目標轉移到關鍵字的上下文表示來實現被評論物件特徵的情感分析，在 SemEval2014 資料集和 Twitter 資料集上的實驗表示，該方法優於傳統帶有注意力機制的神經網路方法。陳珂等 [102] 針對情感詞典不能有效考慮上下文語義資訊，循環神經網路獲取整個句子序列資訊有限，以及在反向傳播時可能存在梯度消失或梯度爆炸的問題，提出了一種以情感詞典和 Transformer 為基礎的文字情感分析方法。該方法充分地利用了情感詞典的特徵資訊，還將與情感詞相連結的其他詞融入該情感詞中以幫助情感詞更好地編碼。此外，該方法對不同情感詞在不同位置情況下進行了情感分類方法的研究，發現句子中的單字順序和距離對句子中情感的影響，透過在 NLPCC2014 資料集中進行實驗發現該方法比一般神經網路具有更好的分類效果。

透過在深度學習的方法中加入注意力機制，用於情感分析任務的研究，能夠更好地捕捉上下文相關資訊、提取語義資訊、防止重要資訊的遺失，可以有效提高文字情感分類的準確率。現階段的研究更多的是透過對預訓練模型的微調和改進，從而更有效地提升實驗的效果。

7.2.4 使用預訓練模型的情感分析

預訓練模型指用資料集已經訓練好的模型。透過對預訓練模型的微調，可以實現較好的情感分類結果，因此最新的方法大多是使用預訓練模型，最新的預訓練模型有 ELMo、BERT、XL-NET、ALBERT 等。

Peters 等 [103] 提出一種新的語言特徵表示方法 ELMo，該方法使用的是一個雙向的 LSTM 語言模型，由一個前向和一個後向語言模型組成，目標函數就是取這兩個方向語言模型的最大似然值。與傳統詞向量方法相比，這種方法的優勢在於每一個詞只對應一個詞向量。ELMo 利用預訓練好的雙向語言模型，然後根據具體輸入從該語言模型中可以得到上下文依賴的當前詞表示 (對於不同上下文的同一個詞的表示是不一樣的)，再當成特徵加入到具體的 NLP 有監督模型裡。相關實驗表示，透過加入這種方法，實驗結果平均提升了 2%。2018 年 10 月，Google 公司提出了一種以 BERT[31] 為基礎的新方法，它將雙向的 Transformer 機制用於語言模型，充分考慮到單字的上下文語義資訊。許多研究者透過對 BERT 模型的微調訓練，在情感分類中取得了不錯的效果。Araci 等 [104] 提出了一種以 BERT 為基礎的 FinBERT 語言模型來處理金融領域的任務，透過對 BERT 模型的微調，分類的準確率提高了 15%。Xu 等 [105] 透過結合通用語言模型 (ELMo 和 BERT) 和特定領域的語言理解，提出 DomBERT 模型用於域內語料庫和相關域語料庫中的學習，在用於以被評論物件特徵為基礎的情感分析任務上的實驗證明該方法的有效性以及廣闊的應用前景。和傳統方法相比，透過對大規模語料預訓練，使用一個統一的模型或者將特徵加到一些簡單的模型中，在很多 NLP 任務中取得了不錯的效果，說明這種方法在緩解對模型結構的依賴問題上有明顯的效果。因此，可以預知未來的情感分析方法將更加專注於研究以深度學習為基礎的方法，並且透過對預訓練模型的微調，實現更好的情感分析效果。

7.3 本章小結

本章主要介紹了兩種情感分析方法：以情感詞典為基礎的情感分析方法和以深度學習為基礎的情感分析方法。

以情感詞典為基礎的情感分析方法，其優點是能有效反映文字的結構特徵，易於理解，在情感詞數量充足時情感分類效果明顯；缺點是沒有突破情感詞典的限制，要對情感詞典不斷擴充，使得文字情感分類的準確率不高。

　　以深度學習為基礎的情感分析方法，其優點是能充分利用上下文文字的語境資訊；能主動學習文字特徵，保留文字中詞語的順序資訊，從而提取到相關詞語的語義資訊，來實現文字的情感分類；透過深層神經網路模型學習資料中的關鍵資訊，來反映資料的特徵，從而提升學習的性能；透過和傳統方法相比，使用語言模型預訓練的方法充分利用了大規模的單語語料，可以對一詞多義進行建模，有效緩解對模型結構的依賴問題。其缺點是以深度學習為基礎的方法需要大量資料支撐，不適合小規模資料集；演算法訓練時間取決於神經網路的深度和複雜度，一般花費時間較長；對深層網路的內部結構、理論知識、網路結構等不了解也是對研究人員的一項挑戰。

8

以語音資訊為基礎的情感分析

隨著行動通訊技術的快速普及、網際網路技術的高速發展，人們之間的交流不再僅僅侷限於文字模態，越來越多的人喜歡透過音訊、視訊等資訊來分享生活中的趣事。音訊模態資訊在人們日常生活中發揮著越來越重要的作用，例如，日常生活中人們經常會使用 Siri 等語音幫手來輔助他們做一些任務，透過語音來操控汽車自動駕駛等，這給人們的日常生活帶來了極大的便利。與文字模態不同，音訊模態資料往往以音訊訊號的形式存在。音訊情感分類的困難主要在於如何從音訊檔案中獲取能夠代表該音訊檔案的情感特徵。

現階段從音訊檔案中取出特徵的方法主要分為兩類：第一類方法是從原始音訊中透過深度學習的方法自動學習音訊特徵，這種方法往往不需要進行較複雜的前置處理工作，操作起來比較簡單[106]；第二類方法是人為使用工具從音訊檔案中取出出特徵，如 openSMILE[107]、LibROSA[108]、COVAREP[109] 等從音訊檔案中取出出高階音訊訊號特徵。常用的音訊訊號特徵有梅爾頻率倒譜系數(MFCC)、過零率、響度等。

然而，以上兩類方法，一方面忽略了在音訊情感分類中時序資訊的重要性；另一方面，由於不同類別的音訊特徵往往是異質的，它們通常包含了不同層面的情感資訊。但以上兩類方法在提取音訊特徵時，絕大多數工作都只使用了其中的一類特徵作為音訊模態的特徵表示並用於後續的情感分類任務。因此，本章針對以上兩方面不足，提出了以 Constant-Q 色譜圖為基礎的音訊情感分類，

以及以異質特徵融合為基礎的音訊情感分類，並在 8.1 節與 8.2 節中進行詳細介紹。

8.1 以 Constant-Q 色譜圖為基礎的音訊情感分類

採用 openSMILE[107]、LibROSA[108] 等工具來從音訊檔案中提取 MFCC、響度、過零率等統計的特徵，往往忽略了音訊模態中重要的時序資訊。由於音訊資料往往是一段連續的訊號，其前後具有較強的相關性，時序資訊對於音訊情感分類任務是十分重要的。伴隨著影像分類演算法的快速發展，ResNet[36]、DenseNet[110] 等演算法在影像分類任務上取得了巨大成功，並獲得了廣泛應用。因此，本節所介紹的方法，在取出音訊特徵時，首先將音訊模態資料轉換為對應的 Constant-Q 色譜圖，然後透過利用 ResNet 網路來從中學習包含時序資訊的頻譜特徵，最後提出了一個 CRLA(contextual residual LSTM attention) 模型用於音訊情感分類。

研究框架圖方法方塊圖如圖 8.1 所示，整個方法框架大致可分為兩部分：①以 Constant-Q 色譜圖為基礎的特徵取出；②用於音訊情感分類的 CRLA 模型。在以 Constant-Q 色譜圖為基礎的特徵取出中，首先將所有音訊資料進行前置處理，分別將它們按照所屬視訊名稱進行劃分，並將同一個視訊的不同話語按順序整理到一起，然後使用 LibROSA 工具來取出每一個話語對應的 Constant-Q 色譜圖。在獲取所有的 Constant-Q 色譜圖之後，利用 ResNet 網路來取出對應的色譜圖特徵。在第二部分，提出一個 CRLA 模型。因為同一視訊不同話語之間存在上下文資訊，這種上下文資訊往往蘊含了豐富的情感特徵。因此，該模型首先將取出的頻譜特徵輸入到兩層雙向長短時記憶網路 (Bi-LSTM) 來學習話語間的上下文資訊，除此之外，為了防止上下文資訊的缺失，該模型在這兩層 Bi-LSTM 上採用了殘差連接。之後，該模型使用了 Self-Attention，用於從上下文資訊中捕捉情感顯著資訊，並將捕捉到的資訊輸入到模型中，引導模型更好地訓練，從而獲取更好的情感特徵表示。

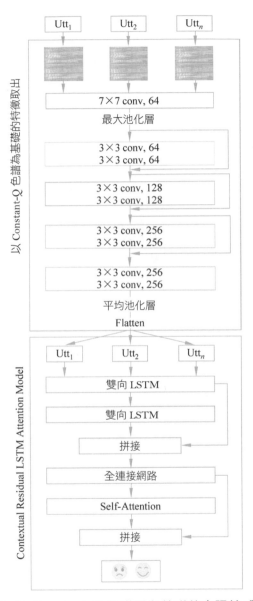

圖 8.1 以 Constant-Q 色譜圖為基礎的音訊情感分類

8.1.1 Constant-Q 色譜圖取出

Constant-Q 色譜圖是將每個話語透過 Constant-Q Transform(CQT) 變換得到的，CQT 是一組類似於傅立葉變換的濾波器，但是它有幾何間隔的中心頻率，

中心頻率定義見公式 (8.1)：

$$f_k = f_1 \cdot 2^{\frac{k}{b}} \tag{8.1}$$

其中，f_1 為中心頻率；b 決定每八度音階的喇叭數。給定一個離散時域音訊訊號 $x(n)$, 則 CQT 變換定義見公式 (8.2)：

$$X^{CQ}(k, n) = \sum_{j=n-\lfloor N_{k/2} \rfloor}^{n+\lfloor N_{k/2} \rfloor} x(j) a_k^*(j - n + N_{k/2}) \tag{8.2}$$

其中 , $*$ 表示複共軛；N_k 表示可變的視窗長度；$a_k^*(n)$ 表示基函數 $a_k(n)$ 的複共軛。$a_k(n)$ 定義見公式 (8.3)：

$$a_k(n) = \frac{1}{C}\left(\frac{n}{N_k}\right) \exp\left[i\left(2\pi n \frac{f_k}{f_s} + \Phi_k\right)\right] \tag{8.3}$$

其中 , Φ_k 表示相位偏移。其中，比例因數 C 定義如公式 (8.4) 所示：

$$C = \sum_{l=-\lfloor N_{k/2} \rfloor}^{\lfloor N_{k/2} \rfloor} w\left(\frac{l + N k/2}{N_k}\right) \tag{8.4}$$

為了實現上述過程，本節借助音訊處理工具套件 LibROSA 來完成音訊檔案對應 Constant-Q 色譜圖的取出。本節將連續色度幀之間的樣本數設定為 512，色譜圖的尺寸設定為 120×120×3，為了方便模型訓練，本節對所有 Constant-Q 色譜圖都進行歸一化處理從而得到用於後續特徵取出的 Constant-Q 色譜圖資料。

8.1.2 CRLA 模型

為了從 Constant-Q 色譜圖中獲取豐富的情感相關資訊，提出一個 CRLA 模型，該網路執行過程分為兩個階段：Constant-Q 色譜圖特徵取出階段與上下文表徵學習階段。在特徵取出階段，本節使用 ResNet 網路來從 Constant-Q 色譜圖中學習對應的特徵表示；在表徵學習階段，本節以 ResNet 網路學習到為基礎

的特徵表示，建構了 CRLA 模型，該模型使用 LSTM 網路來學習話語間的上下文資訊，並引入 Self-Attention 來捕捉情感顯著資訊並輸入到網路中用於輔助情感表徵的學習。

8.1.3　特徵取出網路

Constant-Q 色譜圖是音訊資料的一種表示形式，其中蘊含了豐富的情感資訊，為了捕捉其中的情感特徵，本節引入 ResNet 網路來從中學習色譜圖特徵。ResNet 網路是一種應用十分廣泛的圖片分類模型，它透過在網路中增添一個恒等映射，將當前輸出直接傳到下一層網路，從而極佳地解決了梯度消失的問題。

如圖 8.1 所示，首先 Constant-Q 色譜圖會經過一個 7×7 的卷積層，緊接著會經過一個 3×3 的最大池化層，之後依次經過 16 個殘差塊，所有殘差塊的卷積核大小均為 3×3，卷積核數目從 64 遞增到 512，最終透過一個全域平均池化層得到一個 512 維的向量，本節將該向量作為從 Constant-Q 色譜圖中取出出來的音訊特徵，用於後續分類任務。

8.1.4　上下文表徵學習

從 Constant-Q 色譜圖中取出出 512 維特徵向量後，為了充分利用相鄰音訊片段間上下文資訊，本節建構了 CRLA 模型，CRLA 模型主要由 Bi-LSTM 及 Self-Attention 組成。LSTM 網路主要由 t 時刻的輸入詞 x_t、細胞狀態 C_t、臨時細胞狀態 $\widetilde{C_t}$、隱藏狀態 h_t、遺忘門 f_t、記憶門 i_t、輸出門 o_t 組成，首先計算遺忘門，選擇要遺忘的資訊，見公式 (8.5)。

$$f_t = \sigma(W_f \cdot [h_{t-1}, x_t] + b_f) \tag{8.5}$$

然後計算記憶門，選擇要記憶的資訊，同時得到臨時細胞狀態，見公式 (8.6) 和公式 (8.7)。

$$i_t = \sigma(W_i \cdot [h_{t-1}, x_t] + b_i) \tag{8.6}$$

$$\widetilde{C_t} = \tanh(W_C \cdot [h_{t-1}, x_t] + b_C) \tag{8.7}$$

緊接著計算當前細胞狀態，見公式 (8.8)。

$$C_t = f_t \cdot C_{t-1} + i_t \cdot \widetilde{C_t} \tag{8.8}$$

最終計算輸出門和當前時刻隱層狀態，見公式 (8.9)。

$$h_t = \sigma(W_o[h_{t-1}, x_t] + b_o) \cdot \tanh(C_t) \tag{8.9}$$

Bi-LSTM 網路由前向 LSTM 和後向 LSTM 組成，這兩個 LSTM 都連接著輸出層。因此，Bi-LSTM 可以提供給輸出層輸入序列中每一個點完整的過去和未來的上下文資訊。本節採用了殘差連接機制將兩層 Bi-LSTM 網路學習到的上下文資訊進行拼接，因為殘差連接改變了網路反向傳播中梯度連續相乘的表現形式，所以它有效緩解了深層網路難以訓練的瓶頸問題。拼接之後，該模型透過使用全連接層來將上下文資訊進行充分的融合，並採用了 Self-Attention 來捕捉音訊資料中情感顯著的資訊。圖 8.2 展示了 Self-Attention 的模型結構 [29]。Self-Attention 是 Attention 的一種特殊形式，它的 Query、Key 和 Value 均為輸入資料，其實質是在序列內部做 Attention，尋找序列內部的聯繫。假設 D_a 表示 Self-Attention 的輸入，則模型中所用 Self-Attention 定義見公式 (8.10)：

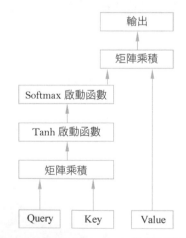

圖 8.2　Self-Attention 的模型結構

$$\mathrm{att}(\boldsymbol{D}_a) = \mathrm{Softmax}(\mathrm{Tanh}(\boldsymbol{D}_a \boldsymbol{D}_a^{\mathrm{T}})) \boldsymbol{D}_a \tag{8.10}$$

在得到 Self-Attention 的輸出後，本節將其與全連接層的輸出進行拼接，從而將情感顯著資訊與上下文資訊進行融合，最後將融合後的資訊輸入到輸出層來進行情感分類。

8.1.5　實驗與分析

在本節中，將展示 CRLA 模型在音訊情感分類任務上的性能並證明從 Constant-Q 色譜圖中取出出的譜圖特徵的有效性。首先，本節將介紹實驗中所用的資料集和模型評價指標。其次，本節將舉出詳細的實驗設定。最後，本節將 CRLA 模型與當下最為先進的幾種基準線方法進行了模型對比，來驗證 CRLA 模型在音訊情感分類任務上的有效性。除此之外，本節以 CRLA 模型及 Simple-LSTM 模型為基礎來對比從 Constant-Q 色譜圖中取出出的色譜圖特徵與音訊情感分類中常用的特徵性能。

1. 資料集和評價指標

為了驗證本章所提出的 CRLA 模型的性能及從 Constant-Q 色譜圖中取出出來的色譜圖特徵的有效性，本章以多模態公開資料集 MOSI[64] 為基礎分別進行了模型對比實驗和特徵對比實驗。MOSI 資料集是從 YouTube 電影評論中收集的，它包含了來自 89 位不同演講者的 93 段視訊。這些視訊共包括了 2199 筆對話，MOSI 資料集中每筆對話的情感標籤由 5 個不同的工作人員標注，情感標籤的情感極性數值在 [-3, +3] 的連續範圍內 , [-3, 0) 中的標籤將被視為消極標籤，[0, 3] 中的標籤將被視為積極標籤。在資料劃分時，本章考慮説話人的獨立性，並保證訓練集和測試集中不會出現同一個説話人。此外，為了平衡訓練集和測試集中的正負資料，最終我們將訓練集、驗證集、測試集劃分成 52 個、10 個、31 個視訊片段，它們分別包含 1284 筆、229 筆、686 筆對話記錄。

本章分別使用 Accuracy、F1 值、Precision、Recall 4 個指標來評價 CRLA 模型和從 Constant-Q 色譜圖中取出出來的色譜圖特徵性能。為了保證本章所得實驗結果的有效性，實驗中分別設定了 5 個隨機種子，並將 5 輪執行結果的平均值作為最終的實驗結果。

2. 實驗設定

為了嚴謹地闡述實驗細節，本部分詳細介紹實驗中所使用的全部參數。本章實驗程式均使用 Keras 框架實現。在特徵取出階段，學習率設定為 10-2，為了方便後續上下文資訊取出，從 Constant-Q 色譜圖中取出出來的色譜圖特徵經過零填充，最終輸入 CRLA 模型中的資料維度為 93×63×512，其中 93 表示視訊數目，63 表示單一視訊中所包含話語的最大數目，512 為從每個 Constant-Q 色譜圖中取出出來的特徵維度。在 CRLA 模型中，本章使用的 LSTM 網路中神經元數目為 150，每一個殘差塊後都跟隨著一個神經元數目為 200 的全連接層，模型中用到的所有全連接層均使用 ReLU 啟動函數並均選擇 50% 的機率讓神經元隨機失活，實驗中最佳化器使用 Adam，損失函數為交叉熵。

3. 模型對比實驗

為了驗證 CRLA 模型的性能，本節將其與先進的基準線方法來做對比，用來對比的基準線方法包括如下幾種。

(1) Simple-GRU：使用雙向 GRU 網路來學習上下文資訊，透過 Flatten 層進行伸展，並透過全連接網路來進行分類。

(2) Simple-LSTM：使用雙向 LSTM 網路來學習上下文資訊，透過 Flatten 層進行伸展，並透過全連接網路來進行分類。

(3) SC-LSTM[111]：使用單向 LSTM 網路來學習上下文資訊，透過 Flatten 層進行伸展，並透過全連接網路來映射到低維空間並進行分類。

(4) BC-LSTM[111]：使用雙向 GRU 網路來學習上下文資訊，透過 Flatten 層進行伸展，並透過全連接網路來映射到低維空間並進行分類。

(5) MU-SA[112]：使用雙向 GRU 網路來學習上下文資訊，並使用 Self-Attention 來捕捉情感顯著資訊，最後透過全連接網路來進行分類。

從表 8.1 中，不難看出 CRLA 模型在 4 個評價指標中有 3 個取得了最佳效果。相較於 Simple-GRU，該方法在準確率上提升了 3.03%，在 F1 值上提升了 5.32%。除此之外，相較於 MU-SA，該方法在所有評價指標上均有一定的提升。雖然

Simple-LSTM 在精確度上取得了最優結果，但是如圖 8.3 所示，從混淆矩陣中可以明顯看出本節提出的方法在積極與消極資料上性能更加均衡，而 Simple-LSTM 更適合處理積極資料。

表 8.1 模型對比實驗結果表

模　型	Accuracy	F1	Recal	Precision
Simple-GRU	60.44	61.32	59.95	62.80
Simple-LSTM	62.16	62.72	60.89	64.73
SC-LSTM	61.02	63.21	64.01	62.68
BC-LSTM	62.30	64.51	65.57	63.60
MU-SA	62.95	66.22	69.42	63.33
CRLA(ours)	**63.47**	**66.64**	**69.81**	63.89

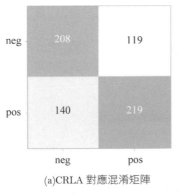 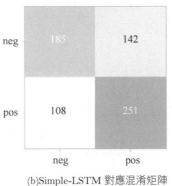

(a)CRLA 對應混淆矩陣　　　　(b)Simple-LSTM 對應混淆矩陣

圖 8.3　實驗結果混淆矩陣

4. 特徵對比實驗

為了證明從 Constant-Q 色譜圖中取出出來的色譜圖特徵的有效性，本節在 Simple-LSTM 及所提出的 CRLA 模型上與其他音訊情感分類任務中常用的特徵進行了對比，用來對比的特徵主要包括如下 6 種。

(1) MFCC：對音訊訊號進行非線性處理，可以抑制高頻。

(2) 過零率 (ZCR)：指訊號在短時間內透過零值的次數。

(3) MFCC+ZCR：梅爾倒譜系數與過零率的組合。

(4) openSMILE1582[113]：包含了 MFCC、F0 等共計 1582 維特徵，用於 INTERSPEECH 2010 Paralinguistic 挑戰賽的特徵集。

(5) openSMILE6373[114]：包含了 MFCC、F0 等共計 6373 維特徵，用於 INTERSPEECH 2013 ComParE 的特徵集。

(6) STFT 色譜圖特徵 (STFT)：透過使用 ResNet 網路從經過短時傅立葉變換得到的色譜圖中取出出來的特徵。

從表 8.2 中，可以看出從 Constant-Q 色譜圖中取出出來的色譜圖特徵無論在 Simple-LSTM 模型上還是 CRLA 模型，性能要明顯優於其他幾種特徵。相較於 MFCC，在 Simple-LSTM 模型上，CQT 色譜圖特徵在準確率上提升了 5.6%，在 F1 上提升了 6.89%；在 CRLA 模型上，CQT 色譜圖特徵在準確率上提升了 6.41%, 在 F1 上提升了 9.64%。相較於 STFT 色譜圖特徵，CQT 色譜圖特徵也在 4 個指標中分別取得了 2.8%、2.24%、3.44% 和 4.36% 的性能提升。除此之外，透過橫向對比 Simple-LSTM 模型與 CRLA 模型在不同特徵上的效果，可以看出，CRLA 模型性能幾乎在所有特徵上均有明顯提升，這也從另一方面展示了 CRLA 模型的有效性。

表 8.2 特徵對比實驗結果表

特　徵	Simple-LSTM		CRLA(ours)	
	Accuracy	**F1**	**Accuracy**	**F1**
MFCC	56.56	55.83	57.06	57.00
ZCR	55.74	61.00	56.79	66.82
MFCC+ZCR	57.09	57.38	57.00	56.24
openSMILE1582	59.97	61.05	60.06	60.32
openSMILE6373	59.94	62.03	60.03	62.83
STFT	59.36	60.48	60.03	62.28
CQT(ours)	**62.16**	**62.72**	**63.47**	66.64

　　實驗結果表示，CRLA 模型相較於其他基準線模型有明顯的性能提升，這也證明了本章所提出的 CRLA 模型的高效性。除此之外，在 Simple-LSTM 和 CRLA 兩種模型上，Constant-Q 色譜圖特徵相較於其他幾種廣泛應用的特徵獲得了更好的實驗結果，這也證明了 Constant-Q 色譜圖特徵應用於音訊情感分類任務是可行的。

8.2　以異質特徵融合為基礎的音訊情感分類

　　作為人機互動的關鍵技術之一，音訊情感分類任務獲得了越來越多研究者的關注。與文字模態不同，音訊模態中所包含的情感資訊往往包含在音高、能量、聲音力度、響度和其他與頻率相關的聲音特徵的變化中，音訊情感分類任務則是透過說話者所說的聲音訊號來判斷其情感狀態。近幾年，研究工作者提出了很多相關的工作，其中使用了很多種情感相關音訊特徵，如梅爾倒譜系數、過零率、響度等統計學特徵及利用影像演算法從頻譜圖中取出出來的譜圖特徵。然而，先前的相關工作中，絕大多數工作都只使用了其中的一類特徵作為音訊模態的特徵表示並用於後續的情感分類任務。由於不同類別的音訊特徵往往是異質的，它們通常包含了不同層面的情感資訊。因此，如果將這些異質特徵進行有效的融合，便可以從不同的層面獲取說話者的資訊，更好地還原說話者語境，捕捉到更多情感相關資訊，從而提高音訊情感的分類性能。

　　為了彌補上述方法的缺陷，本節提出了一種用於音訊情感分類任務的異質特徵融合框架，框架結構如圖 8.4 所示。該框架主要分為兩個階段：①上下文無關特徵取出；②上下文相關表示學習。在上下文無關特徵取出階段，本章首先需要取出音訊對應的頻譜特徵及統計特徵。在取出頻譜特徵時，本章首先利用 LibROSA 取出出每一個音訊檔案對應的梅爾頻譜圖，為了從梅爾頻譜圖中取出出高品質的頻譜特徵，本章提出了具有空間注意的卷積模型 (residual convolutional model with spatial attention, RCMSA)，受到 ResNet 等網路的啟發，該網路也採用了類似的模型架構，與之不同的是，在每一個殘差塊 (residual block) 中我們都引入了 Spatial Attention 機制用於從梅爾頻譜圖中捕捉情感顯著

資訊，並將該資訊輸入模型中，從而更好地引導模型的訓練。在取出統計特徵時，本節首先利用 openSMILE 提取出 1582 維的統計特徵，為了減少維度差異對不同類別特徵性能的影響，本節透過利用全連接層將統計特徵映射到低維；在上下文相關表示學習階段，為了將頻譜特徵與統計特徵進行充分的互動，本節提出了上下文異質特徵融合模型 (contextual heterogeneous feature fusion model, CHFFM)，該網路充分利用了頻譜特徵和統計特徵中的上下文資訊，並提出了一種特徵協作注意力 (feature collaboration attention) 來讓異質特徵之間進行充分的互動。除此之外，本章還提出了一種針對單類特徵的基準線模型上下文單特徵模型 (contextual single feature model, CSFM)，該網路與 CHFFM 類似，與之不同的是它只有一個輸入，並且使用 Self-Attention 替換了 Feature Collaboration Attention，該模型主要用來評價不同類別音訊特徵的性能，並用於對比來驗證異質特徵融合的有效性。

8.2.1 頻譜特徵取出

為了獲取頻譜特徵，本節首先對每個音訊訊號資料進行短時傅立葉轉換來獲取對應的梅爾頻譜圖，給定一個音訊輸入 x_n，短時傅立葉轉換定義見式 (8.11)：

$$\sum_{n=-\infty}^{\infty} x(n)w(n-mR)\mathrm{e}^{-j\omega n} \tag{8.11}$$

其中，w_n 為視窗函數；R 表示視窗隨時間「跳躍」的大小。本節透過 LibROSA 特徵取出工具來取出原始音訊檔案對應的梅爾頻譜圖。首先需要將所有音訊檔案取樣速率統一設定為 16000，然後採用 1024 長度的快速傅立葉變換視窗並將幀與幀之間的重疊長度設定為 512，最後將頻譜映射到梅爾標度，從而獲取梅爾頻譜圖。最終所獲取的梅爾頻譜圖的維度為 120×120×3。

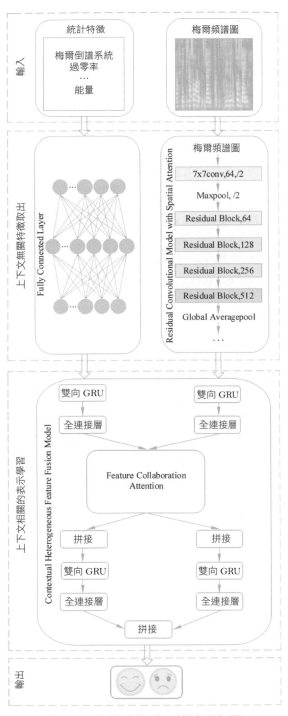

圖 8.4 異質特徵融合整體框架圖

在得到對應的梅爾頻譜圖特徵後，本節提出了具有空間注意的殘差卷積模型 (residual convolutional model with spatial attention, RCMSA) 用於從頻譜圖中取出譜圖特徵，RCMSA 網路結構如圖 8.5 所示。首先，頻譜圖將會進入一個卷積層和一個最大池化層，之後，它將陸續經過 4 個殘差塊。殘差塊作為該模型的核心模組，其結構如圖 8.5 所示。受到前人工作的啟發，該殘差塊採用殘差連接來保持輸入資料的原始結構。除此之外，該殘差塊引入了 Spatial-Attention 來進一步從梅爾頻譜圖中捕捉情感顯著資訊，並將這部分資訊引入到模型來更好地引導頻譜特徵的學習過程。Spatial-Attention 定義見公式 (8.12)：

$$\text{Attention}(M) = \text{Softmax}(\text{Tanh}(\text{Conv}(M))) \tag{8.12}$$

其中，M 表示頻譜圖的表示向量；Conv 表示一個 1×1 的卷積層。在經過 4 個殘差塊之後，它將透過一個全域平均池層，最終每個頻譜圖被表示成一個 512 維的特徵向量。

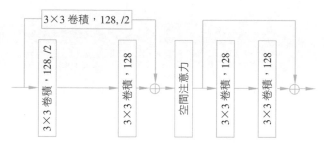

圖 8.5 濾波器數目為 128 的殘差塊結構圖

8.2.2 統計特徵取出

本章所使用的音訊統計特徵是透過 openSMILE 特徵取出工具提取出來的，使用的設定檔為 emobase2010，其中包含了 MFCC、幀能量、ZCR、平均穿越率等多種低級描述符號。最終取出出來的統計特徵為 1582 維的特徵向量，同時這 1582 維特徵向量也作為特徵套件應用於 INTERSPEECH 2010 Paralinguistic 挑戰賽 [113]。在得到 1582 維特徵向量後，為了減少與頻譜特徵在維度上的差異，本節使用了兩層全連接層，來將統計特徵的維度從 1582 維映射到 500 維。

8.2.3 CHFFM

在得到頻譜特徵與統計特徵之後，為了更好地利用上下文資訊，本節將資料按照視訊進行分組，將同一視訊的不同片段按順序放在一起，最終用於後續上下文相關表示學習的輸入資料維度為 (V, S, F)，其中，V 表示的是視訊的數目，S 表示的是視訊被切分為片段的最大數目，F 表示的是特徵的維度。

為了充分利用上下文資訊，本節提出了 CHFFM, CHFFM 模型結構如圖 8.4 所示。首先為了學習每一種特徵中的上下文資訊，頻譜特徵與統計特徵將會分別經過一個雙向 GRU 層。之後它們將分別經過一層全連接層，從而將它們映射到同一維度。為了讓頻譜特徵與統計特徵能夠得到充分的融合，在該模型中，本節提出了一個特徵協作注意力機制 (Feature Collaboration Attention)。假設將頻譜特徵 D_m 與統計特徵 D_s 輸入到 Feature Collaboration Attention 中，則第一步需要計算每種特徵的注意力矩陣 M_m 與 M_s，計算方法如公式 (8.13) 和公式 (8.14) 所示：

$$M_m = D_m D_m^T \tag{8.13}$$

$$M_s = D_s D_s^T \tag{8.14}$$

之後將其分別透過 Tanh 函數與 Softmax 函數來計算得分 N_m 與 N_s，計算方法如式 (8.15) 和式 (8.16) 所示：

$$N_m = \mathrm{Softmax}[\mathrm{Tanh}(M_m)] \tag{8.15}$$

$$N_s = \mathrm{Softmax}[\mathrm{Tanh}(M_s)] \tag{8.16}$$

最後將頻譜特徵與統計特徵的注意力得分與特徵向量進行交叉相乘得到最終的輸出 O_m 與 O_s，計算方法如式 (8.17) 和式 (8.18) 所示：

$$O_m = N_m D_s \tag{8.17}$$

$$O_s = N_s D_m \tag{8.18}$$

之後分別將頻譜特徵與統計特徵的注意力輸出，O_m、O_s 分別與其注意力輸入 D_m、D_s 進行拼接，計算方法如式 (8.19) 和式 (8.20) 所示：

$$C_m = \text{Concat}[D_m, O_m] \tag{8.19}$$

$$C_s = \text{Concat}[D_s, O_s] \tag{8.20}$$

此時 C_m 與 C_s 中均融合了頻譜特徵與統計特徵的資訊，因此它們將會分別被輸入到另外一個雙向 GRU 層，用來學習異質特徵融合後的上下文資訊，並將學習後的資訊進行拼接用於最終的情感預測。

8.2.4 CSFM

為了證明異質特徵融合的必要性，本節提出了一個用於分別驗證頻譜特徵與統計特徵性能的 CSFM，MSFM 模型結構如圖 8.6 所示。該模型與 CHFFM 類似，首先輸入模型中的特徵將進入一個雙向 GRU 層來學習輸入特徵中的上下文資訊，在經過一個全連接層之後，本節使用了 Self-Attention 來替換 Feature Collaboration Attention 用於捕捉輸入特徵中的重要資訊。將 Self-Attention 捕捉到的情感顯著資訊輸入到模型中後，該模型採用另外一個雙向 GRU 層來捕捉更高階的上下文資訊並用於情感預測。

圖 8.6　CSFM 模型結構

8.2.5 實驗與分析

本節將展示所提出的 CHFFM 與 CSFM 在音訊情感分類任務上的性能。首先，本節將介紹實驗中所用的資料集和模型評價指標；然後，舉出模型的詳細

實驗參數設定；最後，將對比所提出的模型與當下最為先進的幾種基準線方法的實驗效果，並進行實驗結果的分析。

1. 資料集和評價指標

為了驗證模型方法的有效性，本節在國際公開多模態情感資料集 MOSI[64] 及 MOUD[115] 上分別進行了對比實驗。MOUD 資料集由西班牙語的產品評論視訊組成，其中每個視訊切分為多個視訊片段，分別標記為正面、負面或中性情感。在實驗中，為了和基準線模型保持相同實驗條件，本節去掉了中性標籤。最後，在訓練集和驗證集中有 59 個視訊 (322 個話語)，在測試集中有 20 個視訊 (116 個話語)。

本章分別使用 Accuracy、F1 值兩個國際標準評價指標來對模型的性能進行評價。為了保證實驗結果的有效性，實驗過程中分別設定了 5 個隨機種子，並將 5 次實驗結果的平均值作為最終的實驗結果。

2. 實驗設定

為了嚴謹地闡述實驗細節，本節詳細介紹實驗中所使用的全部參數。本節所有模型均使用 Keras 框架實現。在上下文無關特徵取出階段，殘差塊所採用的卷積層卷積核大小均為 3×3。在上下文相關表示學習階段，所用的雙向 GRU 網路中神經元數目為 300，每個雙向 GRU 網路後面都會跟隨著一個神經元數目為 100 的使用 ReLU 啟動函數的全連接層，並將 dropout 設定為 0.5。在這兩個階段中每個殘差塊中第一個和第三個卷積層步進值設定為 2×2。除此之外，實驗中最佳化器採用 Adam，損失函數為交叉熵。

3. 模型對比實驗結果

為了驗證本章所提出 CHFFM 模型的性能，本節將其與先進的基準線方法進行了實驗效果的對比，相對比的基準線方法包括如下幾種。① SC-LSTM[111]；② BC-LSTM[111]；③ MU-SA[112]。相關基準線已在 8.1.5 節詳細介紹。

本節首先以多模態情感資料集 MOSI 為基礎進行了實驗，在基準線方法上分別使用頻譜特徵和統計特徵進行對比，實驗結果如表 8.3 所示，其中，S 表示

統計特徵，M 表示頻譜特徵。從實驗結果不難看出本章所提出的 CHFFM 模型在準確率和 F1 兩個指標上均取得了最優結果。相較於最好的基準線實驗結果，CHFFM 在準確率上提升了 2.16%，在 F1 上提升了 1.59%。除此之外，本章所提出的 CSFM 模型也分別取得了在頻譜特徵和統計特徵上的單特徵最佳效果。相較於 MU-SA，ASFM 使用統計特徵在準確率上提高了 0.84%，使用頻譜特徵在準確率上提高了 0.26%。相較於 CSFM，MHFFM 在準確率和 F1 上均有明顯的提升，在準確率上提升了 1.32% 並且在 F1 上提升了 1.72%，這主要是因為 CHFFM 可以從頻譜特徵與統計特徵中學習更加全面的情感資訊，獲得更豐富的情感特徵，透過特徵間互動，可以發揮不同特徵的優點，互補缺點。

表 8.3 在 MOSI 資料集上模型對比實驗結果表

模　　型	特徵	**Accuracy**	**F1**
SC-LSTM	S	52.71	53.96
SC-LSTM	M	56.56	52.74
BC-LSTM	S	57.35	54.56
BC-LSTM	M	55.31	48.96
MU-SA	S	57.58	53.40
MU-SA	M	56.36	52.01
CSFM(ours)	S	58.42	53.27
CSFM(ours)	M	56.62	48.29
CHFFM(ours)	**S+M**	**59.74**	**54.99**

在 MOUD 資料集上的實驗結果如表 8.4 所示。與基準線方法相比，CHFFM 顯著提高了準確率和 F1。與 MU-SA 模型相比，CHFFM 在準確率和 F1 上分別提高了 4.14% 和 5.94%。與 BC-LSTM 模型相比，CHFFM 模型的準確率提高了 7.07%。除此之外，CSFM 也表現出了優異的性能。它不僅分別在頻譜特徵和統計特徵上獲得了最佳的單特徵準確率，而且將最佳單特徵 F1 值從 61.95% 提高到了 66.35%。透過比較 CHFFM 和 CSFM 的實驗結果，與 MOSI

資料集的結果類似，CHFFM 相較於 CSFM 在準確率上提高了 3.97%，在 F1 值上提高了 1.54%。同時，這也證明了融合異質特徵對音訊情感分析的重要性。

表 8.4 在 MOUD 資料集上模型對比實驗結果表

模　型	特徵	Accuracy	F1
SC-LSTM	S	61.55	59.42
SC-LSTM	M	65.69	61.70
BC-LSTM	S	58.62	52.70
BC-LSTM	M	64.31	56.04
MU-SA	S	62.93	56.93
MU-SA	M	67.24	61.95
CSFM(ours)	S	63.10	56.52
CSFM(ours)	M	67.41	66.35
CHFFM(ours)	**S+M**	**71.38**	**67.89**

　　透過結合在 MOSI 和 MOUD 資料集上的實驗結果，可以證實本章提出的方法相較於基準線模型具有更好的音訊情感分析性能。透過對 CHFFM 和 CSFM 的實驗結果進行比較，也證明了融合異質特徵可以學習更加全面的情感資訊，捕捉更多的情感特徵，從而可以提高音訊情感分析的性能。除此之外，圖 8.7 中顯示了在 MOSI 資料集上所有模型的 5 輪實驗中的最小和最大準確率。一方面，本章所提出的 CHFFM 方法在最小和最大精度上都優於其他方法，這表示了該模型的有效性。另一方面，CHFFM 的最小精度與最大精度之間的差值是最小的，這說明該模型的性能更加穩定，具有更高的堅固性。

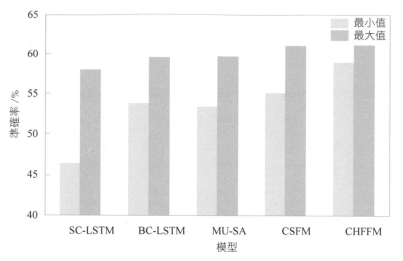

圖 8.7　以 MOSI 資料集為基礎不同模型最小和最大準確率

8.3　本章小結

　　本章主要對音訊情感分類進行了相關研究。在以 Constant-Q 色譜圖為基礎的音訊情感分類中，本章透過使用 ResNet 從 Constant-Q 色譜圖中提取色譜圖特徵，設計了一種以 Self-Attention 為基礎的 CRLA 模型用於音訊情感分類任務，該模型利用 Bi-LSTM 來學習不同話語之間的上下文資訊，同時透過引入 Self-Attention 來捕捉其中的情感顯著資訊。在國際公開標準資料集 MOSI 上，本章分別進行了模型對比實驗及特徵對比實驗，相較於其他基準線方法，本章所提出的方法均取得了最優的性能。在以異質特徵融合為基礎的情感分類中，本章提出具有空間注意力和卷積模型 (residual convolutional model with spatial attention) 用於從梅爾頻譜圖中取出上下文無關的頻譜特徵，並設計了 CHFFM 用於將音訊模態的頻譜特徵與統計特徵進行互動並進行情感預測。由於這些特徵往往是異質的，它們包含了不同層面的資訊，所以本章設計了一種 Feature Collaboration Attention，用於融合音訊模態的頻譜特徵及統計特徵，從而捕捉更豐富的情感資訊。在國際公開標準資料集 MOSI 和 MOUD 上，本章使用的方法取得的音訊情感分類性能均優於當前主流的基準線模型。

9

以人臉關鍵點為基礎的圖片情感分析

視覺情感分析，又稱人臉表情辨識 (facial expression recognition, FER)，其目的在於從靜態或者動態的人臉圖片中判斷人物的情緒狀態。最早的相關研究可以追溯至 1971 年，Ekman 等 [116] 將人物的基本情緒定義為 6 大類：開心 (happy)、悲傷 (sad)、驚訝 (surprise)、生氣 (angry)、噁心 (disgust) 和害怕 (fear)。在此基礎上加上無情緒傾向的中性 (neutral)，則組成了常見的 7 種情緒類別，如圖 9.1 所示。

(a) 開心　　(b) 悲傷　　(c) 驚訝　　(d) 生氣　　(e) 噁心　　(f) 害怕　　(g) 中性

圖 9.1 不同類別的人臉表情圖片範例 [115]

早期的 FER 方法通常將手工建構的圖片特徵 (如局部二值化模式特徵 [117]、梯度長條圖特徵 [118] 等) 與 SVM[119] 等傳統分類器相結合。此類方法在光源背景均衡、人臉姿態均一的實驗室環境資料上取得了不錯的判別效果。但是容易受到外部因素的影響，在真實場景資料上表現較差。自 2013 年以來，多個真實場景的人臉表情資料集陸續發佈，包括 FER2013[120]、SEFW2.0[121]、RAF-Basic[122] 等。與此同時，眾多用於提取學習型特徵的深層卷積神經網路 (deep convolutional neural network, DCNN) 被相繼提出。這兩方面的變化促使研究者

開始將更多的目光聚焦於真實場景下的人臉表情辨識問題研究。在 2015 年，以 DCNN 為基礎的整合模型 [123] 在著名的 FER 競賽 (Emotiw2015[121]) 中取得了圖片賽道的最佳性能。

　　與 FER 密切相關的一個任務是人臉辨識問題，由於人臉辨識的資料集規模更大，應用也更為迫切，所以在近些年發展迅速，在諸多場景下都取得了非常高的辨識準確率 [124]。近幾年，在人臉辨識中的相關研究成果也常被用於解決 FER 問題。Ding 等 [125] 在人臉預訓練模型的基礎上，採用兩階段的訓練方法提升 FER 性能。第一階段利用大規模的人臉辨識資料預訓練 DCNN 網路，第二階段利用小規模的人臉表情資料微調模型參數。實驗發現相比於從零開始訓練，可以取得顯著的性能提升。此外，人臉辨識與人臉表情辨識本質上都是多分類問題，這使得研究者開始嘗試引入類中心和類邊緣的思想最佳化人臉分類的性能。其中一個典型代表是中心損失約束 (center loss)[126]，其透過約束類內距離，使同一類的樣本特徵更加聚集，同時利用 Softmax 損失使得類間距離更加分散，有效提升了人臉辨識的性能。隨後，Cai 等 [127] 將其成功應用於 FER 問題中，並在中心損失約束的基礎上增加了一個角度約束關係，驅動不同類中心成垂直型分佈，進一步擴大了類間距離，縮小了類內距離。Li 等 [122] 也在此基礎上提出了一種深度局部保留 (deep locality preserve) 損失用於學到更具有辨識性的深度特徵，可以保留不同類人臉表情的局部細節差異。

　　此外，有部分學者注意到人臉表情與人臉關鍵點周圍肌肉的扭曲變化密切相關。其中，人臉關鍵點由人的嘴部、鼻部、眼部、臉頰這 4 個部位的若干個座標點組成，基本刻畫出人的整個臉部全貌，如圖 9.2 所示。為此，部分工作將人臉關鍵點資訊引入到人臉表情辨識模型中。首先，人臉關鍵點可用於對齊人臉，對齊後的人臉可以有效縮小資料偏差，加快深度學習模型的收斂和提升模型性能，目前主流的 FER 模型都會將人臉對齊作為資料前置處理的一個必要步驟 [128]。其次，人臉關鍵點座標可被當作人臉特徵之一，這種方法在視訊級的 FER 問題中尤為重要，透過關鍵點隨時間的變化特點判斷人臉部區域的扭動情況，進而輔助分析出人臉的表情變化 [129-130]。

圖 9.2 人臉關鍵點範例

結合人臉關鍵點的上述特點和本章的研究目的，此處將人臉關鍵點檢測 (facial landmark detection, FLD) 作為 FER 的輔助任務，採用多工學習的方式同時學習 FLD 和 FER 任務。在多工學習方式上，本章將以交叉連接網路 CSN[43] 為基礎，探索性地實現一種新的多工參數共用網路—以互注意力為基礎的多工卷積神經網路 (co-attentive multi-task convolutional neural network, CMCNN)。9.1 節將詳細介紹此網路模型的設計細節。

9.1 CMCNN

9.1.1 設計思想

在傳統的 CSN 模型中，將不同任務各通道之間的特徵直接進行線性運算，經驗性地假設它們之間成一一對應關係。但是，經過不同卷積核處理後的各通道特徵之間的連結並不明確，簡單的線性運算可能錯誤地突出非必要特徵或消除重要特徵。因此，有必要設計一種子結構學習兩個任務不同通道特徵之間的連結性。為此，CMCNN 在圖片的通道維度和空間維度上分別設計一種互注意力結構，用於最佳化不同任務的特徵共用過程，如圖 9.3 所示。

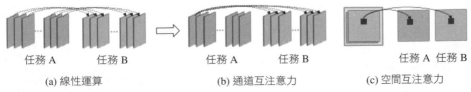

(a) 線性運算　　　　　　(b) 通道互注意力　　　　　(c) 空間互注意力

圖 9.3 不同任務之間的通道特徵關係圖

9.1.2 模型整體方塊圖

如圖 9.4 所示，CMCNN 採用了兩個形式一致的 BaseDCNN 結構作為 FER 和 FLD 單任務的骨幹網路。BaseDCNN 結構的內部細節見表 9.1，其由 6 個卷積模組組成，每個卷積模組中包含一個卷積層 (Conv)，一個批標準化層 (Bn)，一個 ReLU 啟動層 (ReLU)，以及一個可選的最大池化層 (MP)，表中省略了批標準化層和 ReLU 啟動層。圖 9.4 的上半部分是 CMCNN 的整體宏觀結構。在兩層相鄰的卷積模組之間包含一個本章所提出的互注意力模組 (co-attention module, Co-ATT)。Co-ATT 以 L_{in} 和 R_{in} 作為輸入，為上一層卷積模組的輸出，以 L_{out} 和 R_{out} 作為輸出，當作下一層卷積模組的輸入。其內部包含兩個子模組：通道互注意力模組 (channel co-attention module, CCAM) 和空間互注意力模組 (spatial co-attention module, SCAM)。圖 9.4 的下半部分是 CCAM 和 SCAM 的展開形式，在 9.1.3 和 9.1.4 兩節中將介紹這兩個子模組的內部細節。然後，採用類似 CSN 中的交叉連接機制，聯合這兩個子模組的結果當作 Co-ATT 模組的

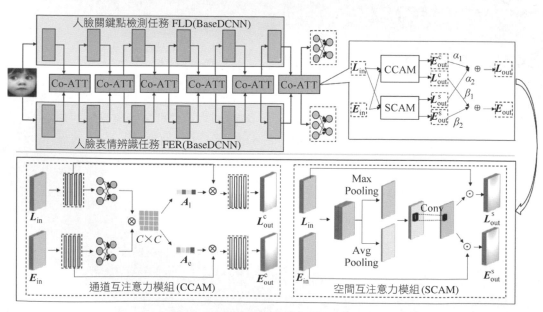

圖 9.4 以互注意力為基礎的多工卷積神經網路模型圖

輸出。其目的在於降低特徵的容錯性，同時擴大特徵之間的共用性：

$$\begin{bmatrix} \boldsymbol{L}_{\text{out}} & - \\ - & \boldsymbol{E}_{\text{out}} \end{bmatrix} = \begin{bmatrix} \alpha_1 & \alpha_2 \\ \beta_1 & \beta_2 \end{bmatrix} \times \begin{bmatrix} \boldsymbol{E}_{\text{out}}^c & \boldsymbol{L}_{\text{out}}^c \\ \boldsymbol{L}_{\text{out}}^s & \boldsymbol{E}_{\text{out}}^s \end{bmatrix} \qquad (9.1)$$

其中，α_1、α_2、β_1 和 β_2 是學習型參數。

表 9.1 FER 和 FLD 單任務模型的 BaseDCNN 結構

層級 類型	1 Conv	2 MP	3 Conv	4 MP	5 Conv	6 Conv	7 MP	8 Conv	9 Conv
卷積核大小	3	2	3	2	3	3	2	3	3
輸出通道數	64	—	96	—	128	128	—	256	256
步進值	1	2	1	2	1	1	2	1	1
填充長度	1	0	1	0	1	1	0	1	1

經過 BaseDCNN 提取臉部特徵之後，多層的全連接網路被分別用作 FER 的情感分類任務和 FLD 的關鍵點位置回歸任務。

9.1.3 CCAM

通常，卷積模組的輸出包含多個獨立的通道特徵，這些特徵對於最終的結果產生不同的作用。因此，在共用不同任務的通道特徵之前有必要給不同的通道特徵指定不同的權重，這正是 CCAM 的核心作用。為了後續的介紹方便，此處假設 C、H 和 W 分別表示通道數量、每個通道特徵圖的高度和寬度。

圖 9.4 的左下部分展示了 CCAM 的內部細節。假設來自 FLD 和 FER 任務的輸入資料分別是 $L_{\text{in}} \in \mathbf{R}^{C \times H \times W}$ 和 $E_{\text{in}} \in \mathbf{R}^{C \times H \times W}$。首先，利用兩層全連接網路實現特徵的非線性轉換及特徵降維

$$\hat{L}_{\text{in}} = f(\hat{L}_{\text{in}}; W_l); \quad \hat{L}_{\text{in}} = f(\hat{E}_{\text{in}}; W_e) \qquad (9.2)$$

其中，$\hat{L}_{\text{in}}$，$\hat{E}_{\text{in}}$ 是 L 和 E 沿著空間維度展開後的結果；$F_l, F_e \in \mathbf{R}^{C \times D}$；$D = \delta H \times W, 0 < \delta < 1$。

受到自注意力機制的啟發，透過叉積運算計算不同通道特徵之間的初始注意力權重：

$$S = \frac{\boldsymbol{F}_e \boldsymbol{F}_l^{\mathrm{T}}}{\sqrt{D}} \in \mathbf{R}^{C \times C} \tag{9.3}$$

然後，沿著不同維度進行分數歸一化將得到帶有不同任務偏好的注意力結果。在實現上，沿著 S 中第一個維度 (矩陣的行方向) 計算可得到帶有 FER 任務偏好的注意力：

$$S_{ij}^e = \frac{\exp(S_{ij})}{\sum_{k=1}^{C} \exp(S_{kj})}; \quad A_e = \sum_{j=1}^{C} S_{\cdot j}^e \tag{9.4}$$

其中，$S_{\cdot j}^e \in \mathbf{R}^C$ 是 S 中的第 j 列。

類似地，沿著 S 中第二個維度 (矩陣列方向) 計算可得到帶有 FLD 任務偏好的注意力：

$$S_{ij}^l = \frac{\exp(S_{ij})}{\sum_{k=1}^{C} \exp(S_{ik})}; \quad A_l = \sum_{i=1}^{C} S_{i\cdot}^l \tag{9.5}$$

其中，$S_{i\cdot}^l \in \mathbf{R}^C$ 是 S 中的第 i 行。

最後，將得到的通道注意力 A_e 和 A_l 應用到原始的特徵輸入中得到 CCAM 模組的輸出結果：

$$E_{\mathrm{out}}^c = A_e \odot E_{\mathrm{in}}; \quad L_{\mathrm{out}}^c = A_l \odot L_{\mathrm{in}} \tag{9.6}$$

其中，$\odot$ 表示像素積運算；$E_{\mathrm{out}}^c, L_{\mathrm{out}}^c \in \mathbf{R}^{C \times H \times W}$。

9.1.4 SCAM

不同於 CCAM 模組，SCAM 聚焦於特徵的空間維度中各個局部區域之間的

連結性。圖 9.4 的右下部分展示了 SCAM 模組的詳細結構。首先，沿著通道軸拼接輸入特徵 L_{in} 和 E_{in}，聯合最大池化和平均池化兩種降維操作突出空間區域的局部細節資訊 [131]：

$$F_{max} = \mathrm{MaxPool}([L_{in}; E_{in}]); \quad F_{avg} = \mathrm{AvgPool}([L_{in}; E_{in}]) \tag{9.7}$$

其中，$F_{max}, F_{avg} \in \mathbf{R}^{1 \times H \times W}$。

然後，沿著通道軸拼接 F_{max} 和 F_{avg} 特徵，結合卷積運算得到共用的空間注意力圖：

$$A_s = \sigma([F_{max}; F_{avg}] \otimes W_s) \tag{9.8}$$

其中，$\otimes$ 表示核參數為 $W_s \in \mathbf{R}^{1 \times 7 \times 7}$ 的卷積操作；σ 是 sigmoid 啟動變換。

最終，將 A_s 應用到原始輸入 L_{in} 和 E_{in} 中得到 SCAM 模組的輸出：

$$E_{out}^s = A_s \odot E_{in}; \quad L_{out}^s = A_s \odot L_{in} \tag{9.9}$$

其中，$\odot$ 表示像素積運算；$E_{out}^c, L_{out}^c \in \mathbf{R}^{C \times H \times W}$。

9.1.5 多工最佳化目標

在任務定義上，FLD 是回歸型任務，然而 FER 是典型的多分類任務。因此，這兩個任務需要採用不同的損失約束。對於 FLD 任務，使用翼狀損失 (wing loss)[132] 作為最佳化目標：

$$L_{FLD} = \begin{cases} \omega \ln(1 + x/\varepsilon), & \text{如果 } x < \omega \\ x - M, & \text{其他} \end{cases} \tag{9.10}$$

其中，$x = |y_i - \hat{y}_i|$；ω 和 ε 是兩個超參數；ω 限定了非線性部分的變化範圍為 $(-\omega, \omega)$，ε 限制了非線性區域的曲率大小。$M = \omega - \omega \ln(1 + \omega/\varepsilon)$ 是一個常數。在實驗中，$\omega = 10, \varepsilon = 2$。

對於 FER 任務，使用標準的交叉熵損失 (cross entropy loss) 作為最佳化目標：

$$L_{\text{FER}} = -\left[y_e \log \hat{y}_e + (1 - y_e) \log (1 - \hat{y}_e) \right] \tag{9.11}$$

其中，y_e 和 $\hat{y}_e$ 分別是真實值和預測值。

最後，整體的多工最佳化目標是：

$$L = L_{\text{FER}} + \lambda \cdot L_{\text{FLD}} \tag{9.12}$$

其中，λ 是一個超參數，用於控制 L_{FLD} 的權重。

9.2 實驗設定

9.2.1 基準資料集

1. RAF 資料集

RAF 資料集 [122] 包含 29672 張真實場景的人臉圖片。在這個資料集中，人工標注了 7 類基本的人臉表情或者複合表情。複合表情指同一種人臉圖片表現多種不同的情緒，在本章中僅使用了附帶基本表情標注的 16379 張圖片。其中，12771 張圖片用於訓練，3608 張圖片用於驗證和測試。

2. SFEW2 資料集

SFEW2 資料集 [133] 是使用最廣泛的真實場景下的人臉表情資料集。它包含了 1721 張有效的人臉圖片，其中，958 張用於訓練，436 張用於驗證，327 張用於測試。每張圖片都含有表情 7 分類標籤。由於 SFEW2 是一個競賽資料集，測試集被競賽組織方保留，且無法提交模型用於測試。因此，遵從文獻 [134] 中的設定，本章中僅彙報驗證集上的實驗結果。

3. CK+ 資料集

CK+ 資料集 [134] 由從 118 個主題中收集的 327 個短視訊序列組成。所有視

訊都由志願者在實驗環境下表演生成，視訊中人臉表情從中性演化到特定的情緒類別，並維持一段時間。遵從文獻 [134] 中的設定，每個視訊序列中的最後三幀圖片被用作圖片級的表情辨識資料。最終，所採用的 CK+ 資料集中包含 981 張附帶表情的人臉圖片。

4. Oulu 資料集

Oulu 資料集 [135] 包含從 80 個主題中收集的 2281 個視訊。其中，僅有 480 個在正常光線中拍攝的視訊被用到後續實驗中。與 CK+ 類似，對於每個視訊，最後的三幀表情豐富的圖片被收集用作圖片級表情辨識。最終，Oulu 資料集中包含 1440 張附帶表情的人臉圖片。

上述 4 個資料集中，人臉表情和關鍵點標注結果統計如表 9.2 所示。

表 9.2 原始資料集中人臉表情和關鍵點標注結果統計表

資料集	RAF	SFEW2	CK+	Oulu
表情類別	Happy	Happy	Happy	Happy
	Neutral	Neutral	Contempt	Sad
	Sad	Sad	Sad	
	Disgust	Disgust	Disgust	Disgust
	Fear	Fear	Fear	Fear
	Surprise	Surprise	Surprise	Surprise
	Angry	Angry	Angry	Angry
關鍵點數量	5 或 37	NA	68	NA

9.2.2 資料前置處理

1. 人臉關鍵點標注

從表 9.2 中可以看出，各個資料集的人臉關鍵點標注結果差異較大。為了簡化實驗過程，此處借助成熟的 FLD 工具為所有資料集做統一的關鍵點標注。本章在實現上，選擇了 OpenFace 2.0 工具套件 [136] 獲取所有資料集中 68 個人臉關鍵點位置。

2. 人臉檢測和對齊

人臉檢測和對齊是表情辨識中非常重要的一個環節。除了 RAF 資料集之外，其他 3 個資料集中均沒有提供對齊的人臉資料。因此，對於 SFEW2，2K+ 和 Oulu 資料集，利用 MTCNN[137] 演算法進行人臉定位和檢測。檢測完的人臉圖片被縮放至 100×100 的大小。然後，以三點仿射變換為基礎對齊人臉，其中的三點分別指左眼、右眼和嘴唇的位置中心。

3. 資料增強

足夠的訓練樣本可以有效緩解過擬合問題。在不引入外部資料的前提下，本章採用線上的資料增強方法，包括水平或者垂直方向上的鏡像變換，旋轉變換 (旋轉角度被控制在 ±10° 之間)。值得注意的是，此過程中需要對人臉和關鍵點的座標進行同步轉換。

9.2.3 基準線方法

在此項工作中，將 CMCNN 模型與下述三個多工基準線方法進行比較。所有的多工方法都使用同樣的 baseDCNN(見表 9.1) 作為單任務骨幹網路。

HPS 硬參數共用方法 HPS 是一類簡單且直觀的多工實現。它採用底層參數完全共用而頂層參數完全分離的結構設計。在本章實現中，兩個任務共用同一個 baseDCNN 網路，在最後一個卷積模組後被分離用於實現不同的任務目標。

CSN 交叉連接網路 [43] 是一種軟參數共用方法，其利用交叉連接單元實現不同任務特徵的線性融合和共用。在本章實現中，交叉連接單元被加入到每兩個相鄰網路層之間，包括卷積層和全連接層。

PS-MCNN 部分共用的多工卷積神經網路 PS-MCNN[138] 也是一種軟參數共用實現。它在兩個單任務骨幹網路之間增加了一個額外的共用通道，利用此共用通道實現不同任務網路之間的特徵傳遞和連接。

9.2.4 評價指標

在 FER 任務中，由於資料集中存在嚴重的類別不均衡現象，因此，除了一

般準確率 (accuracy) 之外，還使用了 Macro F1 指標 (F1)：

$$\text{accuracy} = \frac{\sum_{i=1}^{N} I(y_i = \hat{y}_i)}{N} \tag{9.13}$$

$$F_{1,\text{macro}} = 2\,\frac{\text{recall}_{\text{macro}} \times \text{precision}_{\text{macro}}}{\text{recall}_{\text{macro}} + \text{precision}_{\text{macro}}} \tag{9.14}$$

$$\text{precision}_{\text{macro}} = \frac{\sum_{i=1}^{C} \text{precision}_{C_i}}{C}, \quad \text{recall}_{\text{macro}} = \frac{\sum_{i=1}^{C} \text{recall}_{C_i}}{C} \tag{9.15}$$

$$\text{precision}_{C_i} = \frac{\text{TP}_{C_i}}{\text{TP}_{C_i} + FP_{C_i}}, \quad \text{recall}_{C_i} = \frac{\text{TP}_{C_i}}{\text{TP}_{C_i} + \text{FN}_{C_i}} \tag{9.16}$$

其中，N 是樣本總量；$I(\bullet)$ 是指示函數，內部條件為真時值為 1，否則為 0；C 是類別數量，C_i 是第 i 個類別的標識。

在 FLD 任務中，使用正規化方均根差 (normalized root mean square error, NRMSE) 作為評價指標：

$$\text{NRMSE} = \frac{1}{M}\sum_{i=1}^{M} \frac{1}{q} \sum_{j=1}^{q} \frac{\sqrt{(x_i^j - \hat{x}_i^j)^2 + (y_i^j - \hat{y}_i^j)^2}}{d_i} \tag{9.17}$$

其中，M 代表訓練樣本總數；q 是人臉關鍵點個數；x_i^j 和 y_i^j 是預測座標；$\hat{x}_i^j$ 和 $\hat{y}_i^j$ 是標籤值；d_i 是第 i 個樣本的兩眼中心距離。NRMSE 越小，代表預測結果越精確。

9.2.5 訓練策略和參數設定

1. 訓練 / 測試策略

由於 CK+ 和 Oulu 沒有官方提供的資料集劃分設定，因此在這兩個資料集上採用十折交叉驗證進行效果評價 [127]。首先，根據視訊主題將所有資料劃分為

10 個子集，使得在任意 2 個子集上都不會出現重複的主題。然後在每折實驗中，8 個子集用於訓練，一個用於驗證，另一個用於測試。

2. 超參數設定

所有的方法都使用 Adam 作為最佳化器，初始學習率被設定為 0.01。每訓練 10 個輪次，學習率衰減到原來的 1/10。權重係數為 0.005 的 L2 正規化項被用於約束模型參數。當驗證集上的性能在 8 個輪次中沒有增加時，便終止整個訓練過程。在驗證集上表現最佳的模型被用於獲取測試集上的結果。為了減弱對比的隨機性，每組實驗在 5 個隨機種子 (1, 12, 123, 1234, 12345) 下進行訓練和測試，將 5 輪的平均值用作最終的實驗效果。

9.3 實驗結果和分析

9.3.1 與基準線方法的結果對比

在此部分，將 CMCNN 和 3 個多工基準線模型的實驗結果進行對比和分析。此外，單任務基準線模型的結果也被列出作為參考。實驗結果如表 9.3 和表 9.4 所示。

表 9.3 RAF 和 SFEW2 資料集上的實驗結果對比表

模 型	RAF			SFEW2		
	Accuracy	F1	NRMSE	Accuracy	F1	NRMSE
BaseDCNN(FER)	82.73	74.83	—	32.98	29.82	—
BaseDCNN (FER)	—	—	3.73	—	—	22.3
HPS	83.02	75.21	3.88	35.32	32.33	40.36
CSN	85.10	77.50	4.07	34.03	30.34	35.03
PS-MCNN	84.67	77.12	3.81	35.32	30.92	49.79
CMCNN	85.22	77.97	3.71	37.95	34.95	27.81

表 9.4 CK+ 和 Oulu 資料集上的實驗結果對比表

模 型	CK+			Oulu		
	Accuracy	F1	NRMSE	Accuracy	F1	NRMSE
BaseDCNN (FER)	82.73	93.64	—	83.46	83.46	—
BaseDCNN (FER)	—	—	6.37	—	—	3.32
HPS	94.31	92.21	29.35	80.74	80.64	10.12
CSN	95.59	93.74	23.82	83.54	83.46	9.61
PS-MCNN	96.16	94.42	48.73	83.49	83.41	8.19
CMCNN	96.71	95.48	14.87	85.04	85.35	4.64

1. FER 任務

首先，對比多工方法和單任務方法的實驗結果。在 4 個資料集上，所有的多工模型都取得了顯著的性能提升。這說明 FLD 任務的引入確實可以顯著增強人臉表情的辨識效果。值得注意的是，模型中所使用的人臉關鍵點是用演算法工具自動標注的，無須人工參與。其次，比較 CMCNN 和其他三個多工基準線模型之間的結果，可以看出 CMCNN 同樣取得了更好的效果。特別地，CMCNN 的結果明顯優於 CSN 模型，驗證了所提出的 CCAM 和 SCAM 模組能夠輔助模型學到更有效的任務共用特徵。

2. FLD 任務

在 FLD 的實驗結果上，多工模型的性能卻低於單任務基準線模型。這種現象的產生可能是因為，相比於 FER 任務，FLD 任務有更多的輸出單元，更容易產生欠擬合問題。而多工模型更為複雜，當資料集規模較小時，FER 任務的特徵會對 FLD 任務產生負向干擾，導致性能產生明顯下滑。因此，兩個更巨量資料集 (RAF 和 Oulu) 上的效果差距明顯小於其他兩個更小的資料集 (CK+ 和 SFEW2)。此外，在多工基準線方法進行比較時，CMCNN 實現了最好的效果。

9.3.2 遷移效果驗證

提升模型的堅固性是多工學習最突出的一個優勢。為此，在此部分設計了 3 組對比實驗，用於驗證模型在不同資料場景下的遷移學習能力。

(1) Real & Lab：表示模型在真實場景資料集下進行訓練或測試，或在實驗室場景資料集下進行測試或訓練。

(2) Real & Real：表示訓練和測試都在真實場景資料集下進行，但是用於訓練和測試的資料集不是同一。

(3) Lab & Lab：表示訓練和測試都在實驗室場景資料集下進行，但是用於訓練和測試的資料集不是同一個。每組實驗中包含兩輪相互驗證，即兩輪實驗中訓練集和測試集互換。由於 Oulu 中的情緒類別比其他資料集少一種 (見表 9.2)，因此去除了 RAF 和 SFEW2 中的中性情緒以及 CK+ 中的生氣情緒。所有實驗結果在單任務基準線模型 BaseDCNN 和所提出的多工模型 CMCNN 之間對比。

實驗結果如表 9.5 所示。首先，在所有的遷移場景中，相比於單任務基準

表 9.5　不同資料場景下的遷移能力測試

類別	訓練集	驗證集	測試集	模型	Accuracy	F1
Real& Lab	RAF	RAF	CK+	BaseDCNN	64.90	54.63
	(12771)	(3068)	(981)	CMCNN	**71.72**	**64.16**
	CK+	CK+	RAF	BaseDCNN	35.10	24.00
	(784)	(197)	(15839)	CMCNN	**37.86**	**26.68**
Real& Real	RAF	RAF	SFEW2	BaseDCNN	40.87	29.85
	(12771)	(3068)	(1394)	CMCNN	**41.95**	**30.27**
	SFEW2	SFEW2	RAF	BaseDCNN	32.29	20.2
	(958)	(436)	(15839)	CMCNN	**34.41**	**21.13**
Lab & Lab	CK+	CK+	Oulu	BaseDCNN	48.04	36.04
	(784)	(197)	(1440)	CMCNN	**54.54**	**42.96**
	Oulu	Oulu	CK+	BaseDCNN	75.04	62.12
	(1152)	(288)	(981)	CMCNN	**78.21**	**66.39**

線模型，所提出的模型都取得了顯著的性能提升。這充分表示多工方法學到的特徵具有更好的通用性以及能夠學到更具有遷移能力的特徵。其次，比較在 Real & Lab 中的結果，可以發現用真實場景資料預訓練的模型效果優於用實驗室場景資料預訓練的模型。最後，在 Real & Real 和 Lab & Lab 中的結果均表示在更大的資料集下訓練的模型有更好的遷移能力。以上結果與經驗期望相符。

9.3.3 特徵視覺化

此部分的目的在於進一步對比單任務和多工模型學到的人臉特徵分佈性差異。為此，利用 t-SNE[139] 將最後一層卷積模組的輸出降到兩維後進行視覺化。視覺化結果如圖 9.5 所示，圖中用不同的顏色標記不同情感類別的特徵。對比之下，CMCNN 得到的同一類特徵之間更加密集，並且離群點的數量也明顯少於 DCNN。這表示 CMCNN 可以得到類內更加密集、類間更加分散的表情特徵。

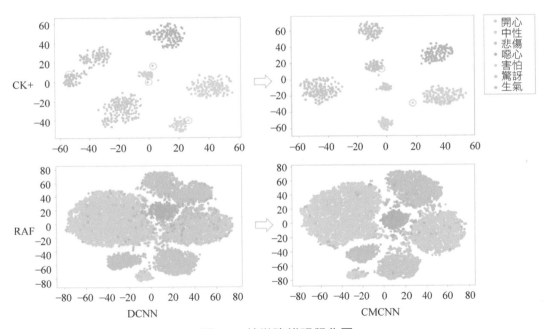

圖 9.5 特徵降維視覺化圖

9.3.4 模組化分析

此部分的目的在於探索 CCAM 和 SCAM 兩個模組對 CMCNN 整體模型的貢獻程度，後續所有的實驗都只在 RAF 資料集的 FER 任務上進行。

從圖 9.4 中可以看出，超參數 $\beta=[\beta_1, \beta_2]$ 直接控制 CCAM 和 SCAM 對於 FER 任務的貢獻權重。由於模型中含有多個 Co-ATT 模組，為了簡化，此處假設 β_1 和 β_2 是所有 Co-ATT 模組的均值。特別地，當指定 β_1 或者 β_2 為某個常數時，意味著對所有模組的 β 都指定了此常數：

$$\beta_1 = \frac{1}{6}\sum_{k=1}^{6}\beta_1^k, \quad \beta_2 = \frac{1}{6}\sum_{k=1}^{6}\beta_2^k \tag{9.18}$$

首先，將 0.5 作為 β_1 和 β_2 的初值。隨著模型不斷地迭代訓練，記錄保留 β_1 和 β_2 的更新過程，將結果繪製在圖 9.6 中。從圖中可以看出，在若干次迭代之後，β_1 和 β_2 的值分別收斂於 0.61 和 0.43 附近。這表示 CCAM 在 Co-ATT 中的權重更大，對結果增益的貢獻度也更大。

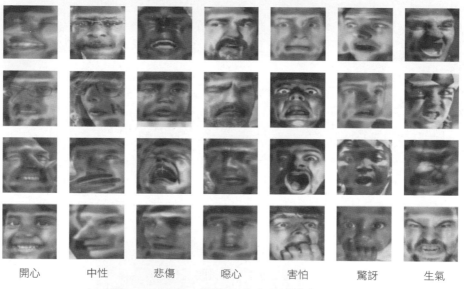

| 開心 | 中性 | 悲傷 | 噁心 | 害怕 | 驚訝 | 生氣 |

圖 9.6 SCAM 模組注意力的視覺化結果

其次，透過給 β_1 和 β_2 指定不同的固定數值 (即讓它們不隨網路更新而發生變化)，更細緻地比較 CCAM 和 SCAM 對 FER 結果的影響程度，實驗結果如表 9.6 所示。對比發現，當 β_1 的權重增大時，更容易得到較好的實驗結果。這與圖 9.7 所取得的結論一致。

表 9.6　不同 β 值所取得的實驗結果對比表

(β_1 , β_2)	Accuracy	F1
(1.0,0.0)	84.28	**77.68**
(0.0,1.0)	83.83	76.55
(0.2,0.8)	83.91	76.61
(0.8,0.2)	**84.77**	77.25
(0.5,0.5)	83.82	77.57

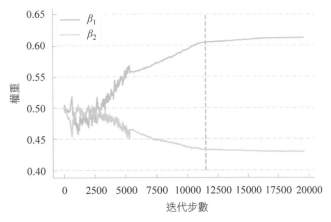

圖 9.7　參數 β_1 和 β_2 的更新曲線圖

最後，為了驗證 SCAM 模組的作用，此部分結合熱力圖的表現形式，視覺化最後一層 Co-ATT 模組中 SCAM 輸出的注意力區域圖。如圖 9.6 所示，紅色的區域代表模組所聚焦的區域。從圖中可以看出，在不同的人物表情下，SCAM 仍然可以注意到嘴巴、眼睛和其他的臉部扭曲區域。並且，即使存在頭部扭曲和手部遮擋的情況下，也能獲得合理的注意力區域。

綜上分析可知，SCAM 和 CCAM 兩個模組對模型都會產生正向效果。對比之下，CCAM 模組對整體效果的增益更加明顯，但是在加入 SCAM 模組之後，會取得進一步的效果提升。

9.4 本章小結

本章聚焦於視覺單模態情感分析，在人臉表情辨識主任務的基礎上引入人臉關鍵點檢測子任務。以此為基礎，本章嘗試了多種不同的多工參數共用策略，並在 CSN 模型的基礎上提出了一種新的多工方法—以互注意力為基礎的多工卷積神經網路 CMCNN。此網路在共用特徵的通道和空間維度上分別加入了任務間的互注意力機制。然後，詳細介紹了實驗設定和結果分析，透過多方面的實驗結果驗證了所提出模型的作用和效果。作為一個相對獨立的研究內容，本章為後續的研究工作奠定了一定的科學實驗基礎。

本篇主要針對 3 種不同的單模態情感分析任務分別進行了詳細介紹。

首先，透過對現階段國內外關於文字情感分析問題的研究，對不同文字情感分析方法進行了分類，並複習介紹了各方法所取得的成果，以及分析了每一類情感分析方法的優缺點。

其次，在語音資訊的情感分析領域，文章針對如何從音訊檔案中獲取具有代表性的特徵，介紹了一種以 CQT 色譜圖為基礎的音訊情感分類方法，以及一種以異質特徵融合為基礎的音訊情感分類。並透過大量實驗證明，這類方法有效解決了傳統的音訊特徵提取方法的局限性，對後續的情感預測具有顯著的效果提升。

最後，在視覺情感分析方面，本章提出了一種新的多工方法—CMCNN，並詳細介紹了實驗設定和結果分析，透過多方面的實驗結果驗證了該模型對視覺情感預測的作用和效果。

第四篇

跨模態資訊的情感分析

　　本篇聚焦於文字和音訊兩個模態，從表徵、融合及協作學習 3 個挑戰方面，進行了深入探究。本篇首先探討了對文字和音訊模態資料進行特徵學習表示的方法，根據文字和音訊模態的特點，探討了分別使用以遷移學習為基礎的文字特徵表示方法和以引入時序特徵為基礎的音訊特徵表示方法，並對這些方法進行最佳化得到較強的模態特徵表示。在獲得各自模態有效特徵表示之後，再以多層次資訊互補為基礎的融合方法研究模態間的資訊融合方法，使文字與音訊結合的跨模態情緒辨識性能超過單一模態。其次，在利用上述兩項工作成果的前提下，在協作學習層面上使用以生成式多工網路為基礎的情緒辨識方法，使模型不但可以解決模態缺失問題，還具有更強的堅固性和可遷移性。最後，在音訊和文字跨模態融合層面，針對非對齊序列和對齊序列分別提出了一種跨模態情感分類方法。針對非對齊序列的跨模態情感分類方法可以直接從非對齊的音訊與文字模態資料中學習融合表示，並分別利用音訊和文字單模態特徵表示來對融合表示進行調節；針對對齊序列的跨模態情感分類方法透過引入音訊模態資訊來輔助文字動態調整單字權重，從而更好地微調預訓練語言模型，得到更好的單字等級的特徵表示。

10

跨模態特徵表示方法

　　人們使用視訊媒體來表達自己的情緒已經成為一種趨勢。在人機互動過程中，電腦可以體會並理解人的喜怒哀樂具有非常重要的意義。這可以幫助人類在特定場景中指定電腦像人類一樣的觀察、理解能力。根據統計，越來越多的應用程式支援視訊發佈，如 YouTube、Facebook、推特和抖音等，每天都有數百萬個視訊透過這些應用程式發佈到網際網路上。直播主在視訊中所表達的主觀情緒對商品的銷量及評價有重要的導向作用。這些視訊包含大量資訊，對於這些資訊中的情緒辨識往往涉及多種模態資訊的融合。

　　在這些多模態資訊中，文字資訊隨著 NLP 技術的發展在情緒辨識任務上已經取得了很好的效果。文字模態常透過語義資訊，使用詞嵌入的方式來把握一句話的情緒，但是僅僅透過語義資訊來把握情緒是不完整的。音訊模態資訊更加容易獲取，並且它們可以跨越語種的限制。聲調的起伏、響度的高低、說話的快慢甚至是說話中的停頓，都包含了大量可以作為判斷情緒的特徵。而且，在某些情緒 (如憤怒和驚奇) 中，音訊模態比文字模態具有更加明顯的情緒特徵。當人們在表達這些情緒時，他們說的話往往伴隨著劇烈的聲音和語調變化。傳統處理音訊資訊的方法，往往是透過 ASR 技術將語音轉換成文字，再對其進行情緒分析，這種將語音情緒辨識又轉換為 NLP 領域的情緒辨識方法。不僅有更加繁重的資源消耗，還忽略了音訊資訊中本身包含的豐富的情緒特徵。跨模態的研究可以更好地解決情緒辨識問題。

　　如圖 10.1 所示，本章針對文字與音訊兩種模態資訊分別採用不同的特徵提取方法。針對文字模態資訊，本章採用了 BERT 預訓練模型，透過使用情緒辨識的下游分類任務對整個預訓練模型微調 (fine-tuning) 得到文字模態的特徵表示。由於文字模態的特徵表示方法已經相對成熟。因此，本章的研究重點放在目前探索較少的音訊模態。在音訊模態內，本章從不同角度透過特徵工程的方法提取了音訊模態特徵，以及進行了音訊模態內的特徵融合來得到更加豐富、有效的音訊模態情緒表示特徵。本章透過在各模態各自表徵上的性能改進，獲得了更加有效的單模態特徵，進而為多模態資料的融合打下了堅實的基礎，最終這種有效的單模態表示特徵會提升整體情緒辨識的準確率。

圖 10.1 不同模態特徵表示示意圖

10.1 文字模態特徵表示方法

　　本節首先使用了傳統的 word2vec 與 GloVe[90] 工具，從已有的詞表之中獲取了每個單字 300 維的詞向量，該詞向量可以度量詞與詞之間的語義關係以及彼此之間的聯繫。其中，word2vec 方法主要包含了兩種語言模型：連續詞袋模型 (continuous bag of words, CBOW) 和跳字模型 (skip-gram)。前者的基本原理為輸入已知的上下文，利用負採樣和層次級的 Softmax 函數來進行訓練，預測位置單字的嵌入表示。後者與 CBOW 相反，是已知當前的詞語嵌入來預測其上下文單字的嵌入表示。GloVe 方法解決了 word2vec 沒有有效利用每個詞語在一個集合中出現詞頻的缺陷。該方法以結合了全域詞彙共同出現為基礎的統計學資訊與局部上下文視窗的方法，所得到的詞嵌入表示性能獲得了進一步的提升。

　　在遷移學習的基礎之上，文字採用了在文字 NLP 領域取得了顯著成就的 BERT 預訓練模型，該模型在 11 個 NLP 任務上實現了最先進的技術改進，在 SQuAD v1.1 問答資料測試集的 F1 值為 93.2%(指標提升了 1.5%)，甚至比人類的表現還要高出 2.0%。文字使用 BERT 預訓練模型結合情緒辨識的下游任務來提取文字的特徵表示。針對多模態資料的特點，本章沒有對整個預訓練模型進行點對點的參數微調 (fine-tuning)，而是直接獲得預訓練模型的上下文嵌入，這是由預訓練模型的隱含層生成的每個輸入 token 的固定上下文表示形式。在情緒分類任務上，這可以得到和在整個模型進行點對點參數微調相近的實驗結果，還可以緩解大多數記憶體不足的問題。

　　BERT 以 Transformer 模型為基礎在巨量的資料上，透過一個自監督任務，該任務隨機地對輸入中的一些標記進行遮罩，其目標是僅根據上下文預測遮罩單字的原始詞彙表 ID，在所有層中對上下文進行聯合調節來預先訓練詞向量的深層雙向表示，由於是以 Transformer 為基礎的模型結構，該遮罩標記是可以融合上下文的，避免長輸入中出現的遺漏問題，並且可以準確把握輸入樣本中所有詞與詞之間的語義關係與內在聯繫。如圖 10.2 所示，透過取出出模型最後一層的分類標籤 (class label) 嵌入可以得到整個句子的表示特徵，而取出模型中最後訓練完成的詞嵌入 (T_1, T_2, …, T_N) 可以得到每個單字的表示特徵。

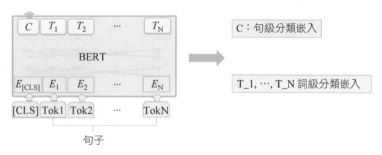

圖 10.2 以遷移學習為基礎的文字特徵表示方法

10.2 音訊模態特徵表示方法

本節首先採用特徵工程方法分別提取音訊資訊的統計學特徵與時間序列特徵，並在此基礎上用人工深度神經網路模型進行模態內的融合，提出了一種層次化細微性和特徵模型 (hierarchical grained and feature model, HGFM)。根據實驗室環境下的資料 (來自影視作品的視訊資料)，預測説話者當時的情緒狀態，以音訊模態資訊為基礎的情緒辨識整體流程，如圖 10.3 所示。

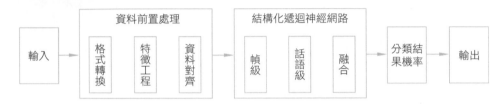

圖 10.3 音訊模態情緒辨識整體流程圖

正如機器學習方法應用在圖形學、地質學等領域一樣，這個工作往往需要相關的專業知識。本章透過對語音訊號特點的研究以及相關論文的調研，由於語音資料容易受到資料自身格式、資料不一致性、資料非結構化等問題的侵擾，在進行高階特徵提取和分類預測工作前，還必須對其進行資料前置處理工作。

10.2.1 格式轉換

首先是數位化工作，該過程指將語音原始資料轉換為電腦可以處理的形式。對於不同格式的音訊資料，首先統一將音訊資料轉換為 wav 格式，使用 ffmep 工具對各種格式的音訊資料進行統一編碼處理，對於單雙聲道不同的資料，將雙聲道資料融合，以避免資訊遺失。再對不同音訊資料進行採樣頻率統一、聲道統一等操作的資料清理與資料精簡技術。最後一段音訊就可以表示為一個由浮點數組成的矩陣，如圖 10.4 所示。

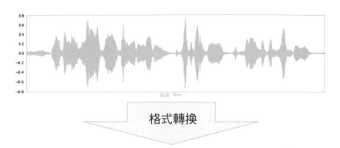

圖 10.4　音訊格式轉換示意圖

10.2.2　特徵工程

提取音訊資料的基本特徵有兩種常見方法。一種是提取統計學特徵，例如，Zhou 等利用 openSMILE[107] 工具套件提取音訊資料的統計性特徵，每個語音片段都會獲得 1582 個統計音訊特徵。另一種是提取含有時序資訊的特徵，例如，Li 等使用 LibROSA[108] 語音工具套件。從原始輸入語音中以 25ms 幀視窗大小和 10ms 幀間隔提取音訊局部特徵，最終提取 41 維音訊時間序列特徵。

本節以特徵工程為基礎的思想及上述方法的調研，對於每一筆原始音訊資料，本節使用兩種音訊特徵提取工具分別對其進行特徵工程處理。首先使用 openSMILE 工具套件提取 1582 個統計音訊特徵（A_j^g），再使用 LibROSA 工具套件提取原始音訊資料的 33 維幀級時間序列特徵（A_j^l），最後對不同長度的特徵進行填充補齊。

在提取時間序列特徵時，利用 LibROSA 工具套件使用視窗函數將長短不一的音訊分割成大小相同的音訊片段。本節採用 25ms 的幀視窗大小，10ms 的幀間隔和 22 050 的取樣速率。然後提取 20 維 MFCC，C 維對數基頻 (log F0) 和 12 維恒定 Q 變換 (CQT) 是時間序列中原始輸入音訊資料的局部特徵。其中，

MFCC 是一種在自動語音和説話人辨識中廣泛使用的特徵，聲道的形狀可以從語音短時功率譜的包絡中顯示出來，而 MFCC 就是一種可以準確描述這個包絡形狀的特徵，直觀上是音色的一種度量。log F0 表示過零率，指在每幀中，語音訊號透過零點 (從正變為負或從負變為正) 的次數。這個特徵已在語音辨識和音樂資訊檢索領域獲得了廣泛使用，是可以對敲擊聲音進行分類的一種關鍵特徵。CQT 則可以更好地對和絃、和聲、節奏等音樂的特性進行表示。本節將這 3 種不同的局部特徵在相同的時間軸上進行拼接，總共提取了 33 維幀級音訊時間序列上的特徵。

在提取統計學特徵時，透過 openSMILE 的 INTERSPEECH 2010 超級語言挑戰賽設定檔提取了語音資料的統計學特徵。該資料集包含的 1582 個特徵是由 34 個低級描述符號 (LLD) 和 34 個對應的 delta 作為 68 個 LLD 輪廓值，在此基礎上應用 21 個函數得到 1428 個特徵。另外，對 4 個以音高為基礎的 LLD 及其 4 個 delta 係數應用了 19 個函數得到 152 個特徵，最後附加音高 (偽音節) 的數量和總數輸入的持續時間 (2 個特徵)。其中，34 個低級描述符號 (LLD) 的名稱如表 10.1 所示。

表 10.1 openSMILE 特徵說明表

特徵名稱	特徵意義
pcm_loudness	歸一化強度提高到 0.3 的冪的響度
mfcc	梅爾頻率倒譜系數 0~14
logMelFreqBand	梅爾頻帶的對數功率 0~7(分佈範圍內從 0~8kHz)
lspFreq	從 8 個 LPC 係數計算出的 8 個線譜對頻率
F0finEnv	平滑的基頻輪廓線
voicingFinalUnclipped	最終基頻候選的發聲機率

10.2.3 資料對齊

由於每筆音訊資料樣本在時間序列上的長度無法保持統一，這非常不利於在使用深度學習神經網路時進行批次處理，因此本節介紹了資料對齊的方法。

其目的是統計出建構模型時所需要的訓練資料的全部長度並對其進行固定長度的對齊處理。

首先，使用訓練所用資料長度的 3 倍均值加方差作為標準長度。對於超過這一長度的奇異值資料進行剔除。然後對於不足該長度的資料進行補齊操作，常用的補齊操作有使用 0 值補齊，使用符合正態分佈的隨機值補齊，以及使用重複片段補齊。本章中為了最大程度降低資料結構造成的偏差，使用了 0 值補齊作為最終的資料補齊方法。透過在所有循環神經網路中都使用了 mask 機制對 0 值進行了光罩操作，使得在網路傳播過程中，這些值不會產生參數更新，也不會影響最終結果。

透過上面介紹的數位化方法和資料前置處理方法對資料進行前置處理後可以形成高品質的實驗資料集，能用來進行下一步的高階特徵提取和模型的訓練工作。

10.2.4　高階特徵提取

本節使用的深度學習方法以循環神經網路為核心，簡單介紹 GRU[140] 模組的原理。對於本章方法中所使用的循環神經網路模型，使用雙向門控循環單元作為基本模組，其典型結構示意如圖 10.5 所示。

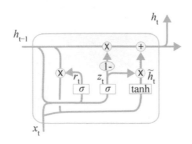

圖 10.5　典型的循環神經網路結構圖

相比較於已經取得了廣泛應用的 LSTM，MRU 只含有兩個門控結構，且在超參數全部最佳化的情況下，與 LSTM 性能相當，但是 GRU 結構更為簡單，訓練樣本較少，易實現。其中主要的兩點改變如下。

(1) 將 LSTM 網路中的輸入門和遺忘門合併，透過兩個動態的參數來控制前面的記憶資訊的資料量有多少能夠保留到當前。

(2) 直接在隱藏單元中利用門控進行線性的參數自更新。

利用這種結構對時間序列特徵進行幀級與語句級不同層級的建模得到高階特徵。在進行高階特徵提取時，本節以 GRU 模組為基礎的特點與音訊資料的特點，使用一種 HGFM 的實現方法。其中該模型包含如下兩個模組。

(1) 幀級模組：提取音訊幀級特徵，並透過雙向 GRU 網路以語音的方式學習前後的幀資訊。

(2) 話語級模組：透過雙向 GRU 網路使用融合了統計特徵的幀級層次輸出，學習包含上下文資訊的最終話語表示。

在幀級模組，本節利用了雙向 GRU 網路提取包含幀級資訊的特徵向量，固定每個 A_j^l 的幀視窗數 (跳長)。以 A_j^l 作為輸入，學習兩個方向 h_k 的幀級嵌入，計算方法見式 (10.1) 和式 (10.2)。

$$h_k = \text{GRU}(A_j^L, h_{k-1}) \tag{10.1}$$

$$h_k = \text{GRU}(A_j^L, h_{k+1}) \tag{10.2}$$

式 (10.1) 和式 (10.2) 中分別計算了兩個方向隱狀態的自我注意力。然後連接幀級嵌入向量 f_{emb}、h_k^r、h_k^l 和兩個方向的 h_k，其中 $f_{emb} \in A_j^l$。話語級嵌入 u_{emb} 是透過對上下文框架嵌入進行最大池化而獲得的。計算方法由式 (10.3)~ 式 (10.5) 所示。公式中⊗代表張量積，T 代表轉置操作。

$$h_k^r = \text{Softmax}(h_k \otimes h_k^T) \otimes h_k \tag{10.3}$$

$$h_k^l = \text{Softmax}(h_k \otimes h_k^T) \otimes h_k \tag{10.4}$$

$$u_{emb} = \text{maxpool}(\text{concat}[f_{emb}, h_k^r, h_k, h_k^l, h_k]) \tag{10.5}$$

在話語級模組，本節使用幀級模組的輸出特徵，再次透過雙向 RGU 網路來學習包含一段對話上下文資訊的音訊情緒特徵向量 A_j，計算公式如式 (10.6) 所示。

$$A_j = \mathrm{GRU}(\boldsymbol{u}_{\mathrm{emb}}, (\boldsymbol{h}_{k-1}, \boldsymbol{h}_{k+1})) \tag{10.6}$$

10.2.5　融合特徵

　　本節主要是對音訊資料的不同資訊融合的關鍵步驟，也就是對於不同的特徵進行有效融合，使其可以互惠互利，最大程度地涵蓋一筆音訊資料中有關情緒的特徵資訊。使用一個特徵間的注意力機制來注意在這些特徵中引起強烈喚醒情緒的重要部分。具體結構如圖 10.6 所示。

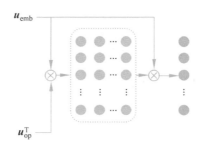

圖 10.6　特徵融合模型結構圖

　　以上述高階特徵為基礎，進一步融合統計學特徵建構情緒辨識模型。透過特徵工程與層次化的循環神經網路，本章從不同角度獲得了關於原始語音資料的時間序列上的高階特徵與統計學特徵。前者能夠更好地把握一段語音中包含前後資訊的變化過程，後者則可以更好地把握一段語音中更加共通性的特點。因此，在模型中融合這兩種特徵進行分類是很有意義的，也能夠得到更好的結果。

　　利用具有 tanh 啟動函數的完全連接層來控制統計特徵維度，得到經過非線性變換後的高階統計學特徵 u_{op}，之後將隱藏狀態的數量 GRU 與線性變換中的隱藏層神經元數設定為相同數量，以確保高階特徵的輸出尺寸大小相同。其中，$\boldsymbol{u}_0 \in A_j^O$，並且 $\boldsymbol{u}_{\mathrm{op}}$ 和 $\boldsymbol{u}_{\mathrm{emb}} \in \mathbf{R}^{1 \times d}$，它們具有相同的維度尺寸 d。uop 的計算方法如式 (10.7) 所示。

$$\boldsymbol{u}_{\mathrm{op}} = \tanh(\boldsymbol{W}_w \cdot \boldsymbol{u}_0 + \boldsymbol{b}_w) \tag{10.7}$$

　　由於高階統計學特徵 u_{op} 缺少時間資訊，同一語句兩個片段之間的依賴關係難以捕捉。這些特徵有時僅用於檢測具有高喚醒的情緒，如憤怒和厭惡。合

併時間序列上的高階特徵有助於得到可以表達更豐富和潛在情緒的特徵。因此，使用一個特徵間的注意力機制來注意到這些特徵中引起強烈的喚醒情緒的重要部分。融合特徵 u_F 的計算方法如公式 (10.8) 所示。

$$\boldsymbol{u}_\mathrm{F} = \mathrm{Softmax}(\boldsymbol{u}_\mathrm{emb} \otimes \boldsymbol{u}_\mathrm{op}^\mathrm{T}) \otimes \boldsymbol{u}_\mathrm{emb} \tag{10.8}$$

此時在層次化的循環神經網路中，使用融合特徵 u_F 作為話語級模組的輸入特徵，如公式 (10.9) 所示。

$$\boldsymbol{A}_j = \mathrm{GRU}(\boldsymbol{u}_\mathrm{F}, (\boldsymbol{h}_{k-1}, \boldsymbol{h}_{k+1})) \tag{10.9}$$

最後使用 Softmax 啟動函數將這組實向量轉換為機率，以交叉熵損失為目標函數，透過目標函數 loss 來最佳化整體框架。loss 的計算方法如公式 (10.10) 和公式 (10.11) 所示。

$$E_j^\mathrm{pred} = \mathrm{Softmax}(\boldsymbol{W}_\mathrm{ER} \cdot \boldsymbol{A}_j + b_\mathrm{ER}) \tag{10.10}$$

$$\mathrm{loss} = -\sum_k y_k \log E_j^\mathrm{predA} \tag{10.11}$$

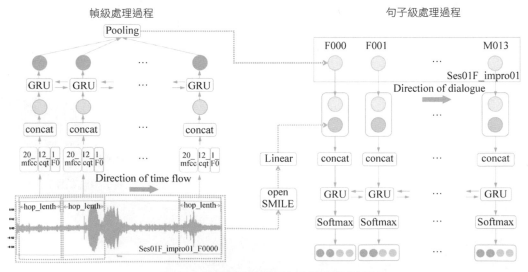

圖 10.7　層次化循環神經網路結構圖

　　得到資料前置處理及由特徵工程提取的不同特徵後，本章的方法是將每種特徵在層次化循環神經網路中的不同階段進行輸入。演算法整體方塊圖如圖 10.7 所示。其中，左下最外層虛線框表示使用 openSMILE 提取音訊資料統計學特徵在經過全連接層提取高階特徵的過程。內層虛線框表示透過固定時間視窗 (長度為 hop_lenth) 提取時序性特徵的過程。concat 表示在時間維度進行拼接的處理，模型左側的拼接表示將音訊由特徵工程得到的基本特徵在時間維度上進行拼接，模型右側的拼接表示將兩種基本特徵的高階特徵在透過神經網路控制在相同維度後的表示向量上進行拼接。左側下方的輸入資料的黑色箭頭表示時間的流動方向，右側上方的輸入資料的最後黑色箭頭表示對話過程的說話語言順序流動方向。在幀級 (frame-level) 結構的處理過程中，每一個固定視窗的音訊基本特徵經過神經網路學習的高階表示特徵透過最大池化 (Pooling) 處理來獲取每一個句子 (輸入樣本) 的高階表示。在句子級 (utterance-level) 處理過程中，以一整段包含若干句子的輸入集合作為輸入，分別預測了每個句子的情緒類別。結構圖右下方 4 個小球組成的模組表示最終在 4 種情緒中模型所分別預測的機率值。

10.3　實驗與分析

　　在本節中，將展示 HGFM 在音訊情緒辨識任務上的性能並證明融合特徵的有效性。首先，本節將介紹實驗中所用的資料集和模型評價指標。其次，舉出詳細的實驗設定。最後，本節將 HGFM 模型與當下最為先進的幾種基準線方法進行了模型對比。

10.3.1　資料集和評價指標

　　本章的實驗資料主要以多種不同情緒為基礎的語音樣本。這兩類資料分別為互動式情緒二元運動捕捉英文資料集 (IEMOCAP)、多模態多方對話英文資料集 (MELD)。IEMOCAP 在實驗室環境下模擬真實場景所錄製。MELD 的主要來源是影視作品。這些語音樣本資料中都包含了豐富的情緒樣本。

上述兩類資料一共有 1684 個由至少兩人説話組成的一段對話，這些資料中包含不同年齡階段、不同性別的對話。資料共包含約 19539 個實例，其中有 13430 筆資料用於現階段建模，剩餘資料用於對模型的測試與完善。在這一階段中，所使用的 13430 筆資料中，有 3441 筆為 IEMOCAP 資料，9989 筆為 MELD 資料。本章需要以這 13430 筆資料為基礎透過特徵工程提取兩種特徵並建構預測模型。表 10.2 列出了每個資料集的詳細的情緒類別數量。由於 MELD 資料集的分佈不平衡，本節在實驗過程中為每個情緒類別設定了權重。

表 10.2 IEMOCAP 和 MELD 資料集統計表

資料集	情緒類別 / 筆						
	開心	生氣	沮喪	中性	驚喜	恐懼	厭惡
IEMOCAP	1636	1103	1084	1708	—	—	—
MELD	2308	1607	1002	6436	1636	358	361

因為情緒辨識是多分類任務，本節採用了加權準確率 WA，未加權準確率 UWA 和 F1 值三個評價指標來評價模型的性能。其中，對於多分類的任務，加權準確率和 F1 值可以更加公平判斷分類結果的整體性能，而不加權準確率則可以更好的反映分類結構在各個類別上的效果。較高的不加權準確率可能是由於某一個類別的極好性能所導致。因此同時使用這 3 個評價指標，可以幫助更全面的分析實驗結果，驗證模型的性能。

10.3.2 實驗設定

本章採用 PyTorch 框架實現了上述所設計的模型。訓練過程中的參數設定：訓練迭代次數為 200，並且當驗證集的 loss 值連續 10 輪不再降低時作為提前終止模型訓練迭代的條件。透過網格搜參的方法，進行神經網路中的參數設定：將輸出高階特徵最後一個全連接層的維度參數 d 設定為 100，雙向 GRU 的隱層狀態的維度設定為 300。最後作為分類層前的全連接層包含 100 個神經元。因為音訊模態在模型中是透過模態間注意力機制融合的，每個音訊特徵模型的隱藏狀態尺寸設定為 100。所有 GRU 模組的層數設定為 1。超參數的設定採用

Adam 作為最佳化器，將學習率設定為 0.0001，dropout 率設定為 0.5，每個神經元的啟動函數均為 tanh 函數。除此之外，網路中的權值及偏置則由模型訓練得到。訓練後的權值保存在資料檔案中，供其他步驟多次使用。在每個迭代過程開始時，隨機調整訓練集，以保證實驗結果與訓練過程的有效性。最後神經網路的輸出層資料需要進行歸一化處理，以符合實際資料範圍。經過 Softmax 函數，神經網路的最終輸出 1×4 矩陣取值在 0~1。選取 4 個情緒機率的最大值作為最終分類預測機率。所有實驗結果採用 10 次實驗的平均結果。

10.3.3 實驗結果

在 IEOMCAP 和 MELD 資料集上比較了 4 個基準線。如表 10.3 所示，本章提出的 HGFM 模型在 3 個評價指標上均優於最新方法。HGFM ＊表示僅利用時序性特徵 A_l^i 作為輸入進行預測，HGFM 表示使用融合特徵進行預測。其中，在兩個資料集上的兩類評價指標上，本章所提出的模型都取得了不同程度的性能提升，尤其是在 IEMOCAP 資料集上 UWA 獲得了顯著改善，實現了 4.4% 的改善。以上述實驗結果為基礎，本節進行了進一步為基礎的實驗分析，首先從不同模型的對比實驗角度分析整體模型帶來的性能提升原因，然後觀察各個情緒的準確率，最後從不同輸入特徵的對比實驗分析了不同的輸入特徵對於模型性能提升的影響。

1. 模型對比實驗

(1) 透過分層細微性設計，本章所提出的模型可以更有效地學習音訊資料中的情緒辨識特徵。實驗結果準確性的提高有效地證明了這一點。

(2) 如預期的那樣，表 10.3 所示的實驗結果表示，組合特徵的性能優於單一特徵。如表 10.4 所示，儘管就各種情緒的表現而言，本章所提出的模型中只有中性情緒才能達到最佳表現。但是透過融合的層次特徵，模型對每種情緒的預測準確性變得更加平衡，這也是整體表現提高的關鍵。

表 10.3　整體情緒辨識性能表

模　型	IEMOCAP		MELD	
	WA	**UWA**	**WA**	**F1**
RNN(ICASSP2017)	63.5	58.8	38.4	20.6
BC-LSTM(ACL2017)	57.1	58.1	39.1	17.2
MDNN(AAAI2018)	61.8	62.7	34.0	16.9
DialogueRNN(AAAI2019)	65.8	66.1	41.8	22.7
HGFM ＊ (Our Method)	62.6	68.2	41.4	19.9
HGFM(Our Method)	**66.6**	**70.5**	**42.3**	20.3

注：粗體的資料表示取得的最高性能指標，實驗結果均為音訊模態的情緒辨識實驗結果。

表 10.4　IEMOCAP 四分類各種情緒類別的性能表

模　型	Angry	Happy	Sadness	Neutral
BC-LSTM(ACL2017)	58.37	60.45	61.35	52.31
DialogueRNN(AAAI2019)	88.24	51.69	**84.90**	47.40
HGFM ＊ (Our Method)	**87.98**	38.53	75.80	**70.54**
HGFM(Our Method)	87.84	**54.37**	72.51	67.36

注：粗體的資料表示取得的最高性能指標，實驗結果的評價指標為準確率。

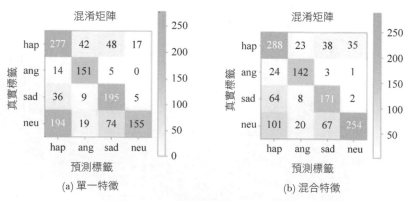

(a) 單一特徵　　　　　　　　(b) 混合特徵

圖 10.8　使用不同特徵的混淆矩陣 2. 特徵對比實驗

2. 特徵對比實驗

在圖 10.8 中可以從視覺上更清楚地看到這一點。可以看出音訊資料對於情緒表達的方式似乎更加主觀,在開心 (happy) 這一類別中,透過融合特徵之後,在預測開心這一情緒類別正確的數量獲得了明顯的提升,混淆矩陣的正確對角線也更加明顯,在不同情緒的預測上變得更加均衡。人們可以使用相對平靜的聲音來表達快樂。本章所提出的方法透過融合統計學特徵和具有時序資訊的時序特徵,在捕捉這些更隱式的資訊方面有一定作用。

10.4　不足和展望

本章使用不同的方法分別研究了音訊與文字模態的特徵表示方法。其中,對於文字模態僅僅使用了當前主流的預訓練特徵表示學習模型。在未來工作中,希望針對文字模態也可以實現更有效、更有創新價值的表示特徵提取方法。同時在這一階段,僅僅是保證了單模態的特徵學習表示的有效性,還沒有進行不同模態內的融合。這一部分工作將在第 11 章展開。進一步將本篇的研究內容由「表徵」到「融合」進行更深一層的推進。

10.5　本章小結

本章介紹了多模態特徵提取的方法,分別以遷移學習提取了文字模態為基礎的特徵,以及以引入時序特徵為基礎的音訊特徵提取方法,重點解決了音訊模態的有效特徵提取。本章建立了 HGFM,並在國際公開多模態資料集 IEMOCAP 和 MELD 上分別進行了模型對比實驗與模態內特徵的消融實驗。大量實驗證明了這種新的模型對於在情緒辨識任務上提取音訊特徵表示的有效性。不同細微性 (幀級與語句級) 的結構可幫助捕捉時序資料中更多細微的線索,而結構化特徵則可幫助本章所提出的模型從原始音訊資料中獲得更完整的表示。

11

以多層次資訊互補為基礎的
融合方法

    物理上，情緒通常是透過組合多模態資訊進行表達的 [2]。在表達不同的情緒時，每個模態的資訊往往具有不同的比例。例如，驚奇和憤怒往往包含較少的文字模態資訊，而音訊模態資訊在辨識這兩種情緒方面更為重要和有效。針對多模態情緒辨識的問題，本章著重對文字和音訊兩種模態進行了情緒辨識研究。

    在 Zhang 等的整體說明工作中，融合不同模態資訊是多模態領域中的一項關鍵技術 [141]。提取不同模態特徵並尋找互補資訊進行融合是解決模態資訊缺失、提高多模態情緒辨識性能的關鍵。已有的表示方法通常分為聯合表示和協調表示。聯合表示的最簡單的例子是各種模態特徵的直接組合。Akhtar 等 [59] 提出了一個深度多工學習框架，該框架共同執行情感 (Sentiment) 和情緒 (Emotion) 分析。

    但是，這些代表性的融合方法在很大程度上依賴於有效的特徵輸入。如果沒有某些模態特徵資訊，也無法完成辨識任務。同時，多工聯合學習子任務大多透過損失函數直接相互互動，缺乏進一步捕捉子任務之間相關資訊的方法。

    為了應對這些挑戰，本章沒有使用統一的框架來學習不同模態資訊的特徵表示，而是針對不同的模態建構了不同的神經網路模型來學習特徵表示，以更有效地利用豐富的模態資源。重點討論了一種使用輔助模態來監督訓練的多工情緒辨識模型，該模型可以擬合出輔助模態 (資源豐富監督訓練的模態，如文

字模態) 對應的目標模態 (資源貧乏需要進行預測的模態，如音訊模態) 的情緒辨識特徵向量。透過最大化目標模態與輔助模態的相似性，提高情緒辨識任務的性能。

將本書第一篇的多模態特徵表示方法探討作為基礎，應用於這一章。在文字模態中，使用 word2vec 預訓練詞典進行嵌入並透過雙向循環神經網路以獲取包含上下文資訊的高階特徵仍然是一種主流且有效的方法。Jiao 等使用分層門控循環單元網路專注於在話語等級探索文字模態的特徵表示 [142]。在音訊模態中，本章將現有以特徵工程為基礎的特徵表示分為兩種：局部特徵和全域特徵。局部特徵包括語音片段在內的訊號是穩定的。全域特徵是透過測量多個統計資料 (如平均、局部特徵的偏差) 來計算的。同時考慮這兩種特徵的原因是全域特徵缺少時間資訊，並且在兩個片段之間缺乏依存關係。根據不同特徵的特點，本章使用深度學習方法將它們融合在一起，這可以幫助獲得更有效的音訊模態表示資訊。

在分類任務設定上：情感分類分支包含用於分類的 Softmax 層，而對於情緒分類，每種情緒分別使用 Sigmoid 層。Xia 等 [143] 提出了一個解決情緒誘因提取 (ECPE) 任務的兩步框架，該框架首先執行獨立的情緒提取或者誘因提取，然後進行情緒 - 誘因配對和過濾。為了進一步獲得任務之間可以相互促進的資訊，本章提出了一種計算音訊和文字模態之間的相似度作為輔助任務的方法，以便一個任務的預測值將直接參與另一個任務。

11.1 方法

給定一組對話 $D = [d_1, d_2, \cdots, d_L]$，其中，$L$ 表示對話的數量。$d_i = [u_{i,1}, u_{i,2}, \cdots, u_{i,Ni}]$，其中，Ni 是每一段對話中句子的數量。在每個句子中，由文字模態資料 T、音訊資料 A 和情緒類別 E 組成。對於第 i 個對話中的第 j 個句子：$u_{i,j} = \{(T_j, A_j, E_j)\}_{j=1}^{N_i}$，其中，$E_j$ 表示每個句子所表示的情緒類型，如憤怒、開心、悲傷和中性。本章針對這兩個模態的特徵表示模組將學習到的表徵向量控制在同一維度。$T_j \in \mathbf{R}^{n \times m}$ 和 $A_j \in \mathbf{R}^{n \times m}$ 分別表示每個句子的文字和音訊模態樣本。

　　本章旨在透過計算模態之間的距離來推斷情緒，同時擬合另一個模態的特徵矩陣。因此，本章有 3 個任務。前兩個任務，分別計算在文字和音訊模態的情緒預測向量和生成模態向量。在第三個任務中透過這兩兩成對的不同模態向量，例如，生成的文字模態向量與音訊模態向量的融合後再次預測情緒值。運算式如式 (11.1)~ 式 (11.3) 所示。根據任務與問題定義，介紹了用於多模態情緒分類的多工神經網路的通用框架。

$$f_{\text{emotion}}^{T}(\boldsymbol{T}_j) \Rightarrow \boldsymbol{E}_j^{\text{pred}T}, \boldsymbol{A}_j^{\text{pred}} \tag{11.1}$$

$$f_{\text{emotion}}^{A}(\boldsymbol{A}_j) \Rightarrow \boldsymbol{E}_j^{\text{pred}A}, \boldsymbol{T}_j^{\text{pred}} \tag{11.2}$$

$$f_{\text{distance}}(\boldsymbol{T}_j^{\text{pred}}, \boldsymbol{A}_j), (\boldsymbol{A}_j^{\text{pred}}, \boldsymbol{T}_j) \Rightarrow \boldsymbol{E}_j^{\text{pred}T}, \boldsymbol{E}_j^{\text{pred}A} \tag{11.3}$$

　　本節以 Poria 等為基礎的句子級上下文 LSTM 網路進行了進一步的改進[111]。本章的整體框架如圖 11.1 所示，其主要改進包括兩方面：①模態表示模組，利用局部特徵和全域特徵融合提取音訊句子層特徵，並透過雙向提取文字句子層特徵方向 GRU 模型；②多工學習模組，計算模態特徵向量相似任務與情緒辨識任務的互惠互利。在以下文中將提供有關這兩個方面的更多詳細資訊。其中虛線框用於計算真實模態和預測模態之間的距離。

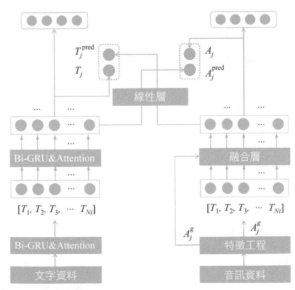

圖 11.1　模態相似性和情緒辨識多工 (MSER) 整體架構圖

11.1.1 模態表示模組

根據不同模態的特徵，除了在模態中使用不同的特徵融合以進一步增強模態表示的堅固性和有效性外，本章還採用了不同的方法來提取不同模態的情緒特徵。

(1) 文字特徵提取與句子級方法類似，利用雙向 GRU 網路模型來提取包含單字級上下文資訊的特徵向量。對於每一個 $T_j = (w_1, w_2, \cdots, w_{M_k})$，其中，$M_k$ 是每一個句子 T_j 的單字數量。當 T_j 作為輸入時，本章使用 GRU 網路雙向學習句子級的嵌入表示，計算方法如式 (11.4) 和式 (11.5) 所示。

$$h_k = \text{GRU}(T_j, h_{k-1}) \tag{11.4}$$

$$h_k = \text{GRU}(T_j, h_{k+1}) \tag{11.5}$$

以 Jiao 等為基礎的方法。計算每一方向的隱狀態自注意力值，然後與單字級的嵌入進行拼接[142]。本節透過對上下文單字進行最大池化處理到句子級的嵌入表示。再利用一個帶有 tanh 啟動函數的全連接層將文字模態的最終輸出維度控制在 d 維。計算方法如下式 (11.6)~ 式 (11.9) 所示。式中，$\otimes$ 代表張量積；T 代表轉置。

$$h_k^r = \text{Softmax}(h_k \otimes h_k^{\text{T}}) \otimes h_k \tag{11.6}$$

$$h_k^l = \text{Softmax}(h_k \otimes h_k^{\text{T}}) \otimes h_k \tag{11.7}$$

$$u_{\text{emb}} = \text{maxpool}(\text{concat}[w_{\text{emb}}, h_k^r, h_k, h_k^l, h_k]) \tag{11.8}$$

$$u_T = \tanh(W_w \cdot u_{\text{emb}} + b_w) \tag{11.9}$$

在話語級模組，使用幀級模組的輸出特徵，再次透過雙向 GRU 網路來學習包含一段對話上下文文字資訊的情緒特徵向量 T_j，計算公式如式 (11.10) 所示。

$$T_j = \text{GRU}(u_T, (h_{k-1}, h_{k+1})) \tag{11.10}$$

(2) 音訊特徵提取與文字模態不同，人類幾乎不可能使用相同的訊號特徵在現實世界中複製相同的單字。因此，本節的研究針對的是句子級的方法，如圖 11.2 所示。

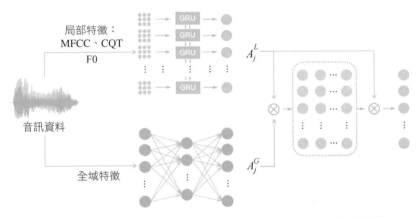

圖 11.2 音訊模態全域特徵和局部特徵融合神經網路的結構

對於音訊訊號中的局部特徵與全域特徵，本節採取了不同的提取方式。其中對於包含時序資訊的局部特徵表示，本節在完整的時間段內分別提取音訊資料不同的數位化特徵，如 MFCC、F0 等；對於全域特徵表示，使用了 openSMILE 特徵提取工具。對於不同長度的音訊訊號都可以在統計學方法的基礎上提取相同維度的特徵。受 Slizovskaia[144] 等的工作啟發，使用神經網路可以有效地處理原始音訊資料。但是與 Badshah[145] 不同的工作是，本節的方法是僅提取它們的高階特徵，分別在線性網路 (linear network) 上使用雙向 GRU 網路和 ReLU 啟動函數，並將它們控制在相同的尺寸 d 上。對於每一個 A_j，$A_j = (A_j^l, A_j^g)$，其中，$A_j^l \in \mathbf{R}^{d_o \times d_1}$，$A_j^g \in \mathbf{R}^{d_2}$。計算方法如式 (11.11) 與式 (11.12) 所示。

$$A_j^L = \text{GRU}(A_j^l, (\boldsymbol{h}_{k-1}, \boldsymbol{h}_{k+1})) \tag{11.11}$$

$$A_j^G = \text{ReLU}(\boldsymbol{W}_d \cdot A_j^g + \boldsymbol{b}_d) \tag{11.12}$$

本章將 GRU 的隱藏狀態數設定為與線性轉換中的隱藏層神經元數相同。

其中，A_j^l 和 A_j^g 經過神經網路學習後，各自具有相同的維度 d。由於統計性的全域特徵缺少時間資訊和兩個時間切片段之間的依賴資訊。它們在用於檢測高喚醒的情緒效果較好，如憤怒和厭惡。當融合了包含時序資訊的局部特徵之後可以學習出更豐富和潛在情緒的特徵向量。因此，本章使用在第 10 章提到的方法，對音訊模態使用了模態內的注意力機制。透過這樣的方法在局部高階特徵中學習這些可以引起強烈的喚醒情緒的特徵表示向量。計算公式如式 (11.13) 所示。

$$u_A = \text{Softmax}(A_j^l \otimes u_j^{gT}) \otimes A_j^l \tag{11.13}$$

11.1.2 模態相似度和情緒辨識多工

本章提出的多工是在使用一種模態進行情緒辨識的同時生成另一種模態的特徵向量。使用一種具有生成預測特徵向量的方法，然後探索計算特徵向量相似度的方法，最後研究了使用該任務與情緒辨識任務相互作用的方法。

在 11.1.1 節中，透過神經網路將兩種模態的特徵向量控制在相同維度。獲得這兩種模態的高階向量後，訓練了一個具有相同尺寸的矩陣，以將另一個模態與具有 ReLU 啟動函數的全連接層連接起來，如圖 11.1 所示。計算方法如式 (11.14) 和式 (11.15) 所示。

$$A_j^{\text{pred}} = \text{ReLU}(W_{\text{pre}} \cdot T_j + b_{\text{pre}}) \tag{11.14}$$

$$T_j^{\text{pred}} = \text{ReLU}(W_{\text{pre}} \cdot A_j + b_{\text{pre}}) \tag{11.15}$$

音訊模態的高階特徵 A_j 被當成標籤來監督由文字模態生成的音訊預測特徵 A_j^{pred} 的訓練過程。對於每一個 A_j 和 A_j^{pred} 其中，$A_j = (A_{j,1}, A_{j,2}, \cdots, A_{j,d})$，$A_j^{\text{pred}} = [A_{j,1}^{\text{pred}}, A_{j,2}^{\text{pred}}, \cdots, A_{j,d}^{\text{pred}}] \in \mathbf{R}^{1 \times d}$。利用餘弦相似度 (cosine similarity) 來計算這兩者的距離。對於文字模態，也使用了相同的方法。其中，計算相似度的公式如式 (11.16) 和式 (11.17) 所示。

$$\text{similarity} = \frac{\sum_{i=1}^{N_i} \boldsymbol{A}_{j,i} \boldsymbol{A}_{j,i}^{\text{pred}}}{\sqrt{\sum_{i}^{N_i} \boldsymbol{A}_{j,i}^{2}} \sqrt{\sum_{i}^{N_i} \boldsymbol{A}_{j,i}^{\text{pred2}}}} \tag{11.16}$$

$$\text{distance} = 1 - \text{similarity} \tag{11.17}$$

其中，式 (11.17) 中 $\text{similarity} \in [-1,1]$, $\text{distance} \in [0,2]$。這個距離擬合得越小，生成模態之間的適應性效果就越好。

在情緒辨識任務中，將最高隱藏層神經元的數量設定為情緒類型的數量，並使用 Softmax 啟動函數將這組真實向量轉換為機率。最後，將交叉熵損失作為目標函數。也將相同的功能用於文字形式。情緒辨識任務的損失函數的計算方法如式 (11.18) 與式 (11.19) 所示。

$$E_j^{\text{predA}} = \text{Softmax}(\boldsymbol{W}_{\text{ER}} \cdot \boldsymbol{A}_j + \boldsymbol{b}_{\text{ER}}) \tag{11.18}$$

$$\text{loss}_A = - \sum_k y_k \log E_j^{\text{predA}} \tag{11.19}$$

透過該餘弦距離和交叉熵，建構了整個模型的目標函數。透過對以下目標函數來最佳化框架，該框架可以同時訓練模態相似性任務參數和情緒辨識任務參數。目標函數的計算方法如式 (11.20)~ 式 (11.22) 所示。

$$L_A = (1 - \lambda) \cdot \text{loss}_A + \lambda \cdot \text{distance}_A \tag{11.20}$$

$$L_T = (1 - \lambda) \cdot \text{loss}_T + \lambda \cdot \text{distance}_T \tag{11.21}$$

$$L_A = (1 - \mu) \cdot L_A + \mu \cdot L_T \tag{11.22}$$

其中，式 (11.22) 中權值 λ、$\mu \in [0, 1]$ 用來調節不同任務對於整體框架的影響。特殊情況下，當 λ=0 時，整個框架中就只有情緒辨識任務；當 λ=1 時，整個框架中只有模態生成任務。當 μ=0 時，只有音訊模態被訓練，當 μ=1 時，只有文字模態被訓練。

11.2 實驗與分析

11.2.1 資料集

本章的實驗是在兩個多模態情緒資料集 IEMOCAP 與 CMU-MOSI 上進行的。其中，IEMOCAP 資料集與第 10 章一樣使用了 4 種情緒類型標籤，而 CMU-MOSI 資料集則是積極與消極的二級性情感分類資料集。表 11.1 和表 11.2 列出了每個資料集的詳細統計數量情況。

表 11.1　IEMOCAP 資料集的句子統計數量

句子數量 / 筆			情緒 / 筆			
訓練	驗證	測試	開心	生氣	悲傷	中性
3441	849	1241	1636	1103	1084	1708

表 11.2　CMU-MOSI 資料集的句子統計數量

句子數量 / 筆			情緒 / 筆	
訓練	驗證	測試	積極	消極
1328	234	637	1176	1023

IEMOCAP 資料集[65] 包含以下標籤：憤怒、開心、悲傷、中性、興奮、沮喪、恐懼、驚奇等。詳細資訊見第二篇相關內容的介紹，在此不再贅述。

CMU-MOSI 資料集[64] 僅考慮兩類情緒：積極和消極。每個話語標籤由 5 個註釋器在＋ 3(強陽性) 至—3(強陰性) 之間得分。本實驗將這 5 個註釋的平均值作為情緒極性。然後，將情緒極性得分大於或等於 0 的那些視為積極，將其他的視為消極。本實驗將前 62 個獨立的視訊片段用作訓練和驗證集，其餘的用作測試集。本實驗得到的訓練，驗證和測試集分別包含 52、10 和 31 個對話片段。

11.2.2 資料前置處理

以第 10 章為基礎的工作，進行了類似的資料前置處理工作，但文字資料，

在這裡使用了 word2vec 方法用於與其他基準線模型進行公平的對比。以下是兩個模態的前置處理工作的簡單回顧。

文字資料：參照 Jiao 等的工作 [142]。將所有文字內容拆分為對應的標記，將所有單字都小寫並保留非字母數字，例如：「？」和「！」，並根據提取的單字和符號建構字典。本篇採用了公開可用的 300 維 word2vec 向量，這些向量在 Google 新聞的 1000 億個詞上進行了預訓練，以此來代表詞向量。

音訊資料：分別利用 LibROSA 和 openSMILE 工具套件提取音訊特徵。20 維 MFCC，1 維對數基頻和 12 維恒定 Q 變換是時間序列中原始輸入音訊資料的局部特徵。使用 25ms 的幀視窗大小，10ms 的幀間隔和 22050 的取樣速率。總共提取了 33 維幀級音訊局部特徵。本章透過 INTERSPEECH 2010 超級語言挑戰賽提取了音訊的全域特徵。本章實驗獲得了 1582 個音訊全域性的統計特徵。

11.2.3 評價指標

在 IEMOCAP 資料集中採用了 2 個評價指標：加權準確性 (WA) 和未加權準確性 (UWA)。由於 CMU-MOSI 資料集上的二極性分類。本節採取了 UWA 和 F1- 測量值 (F1-measure) 作為評測指標。具體如式 (11.23)~ 式 (11.25) 所示。其中，式 (11.23) 與式 (11.24) 中的 c 表示需要進行分類的類別，p_c 表示當前情緒 c 所占所有類別的比例，a_c 表示在當前情緒 c 下分類正確的樣本數量。式 (11.25) 中的 Recall 表示召回率，該指標表示在當前情緒 c 下正確被分類的樣本占當前所有應該被分類的情緒樣本的比例。

$$\mathrm{WA} = \sum_{c=1}^{|c|} p_c \cdot a_c \tag{11.23}$$

$$\mathrm{UWA} = \frac{1}{|c|} \sum_{c=1}^{|c|} a_c \tag{11.24}$$

$$\mathrm{F1\text{-}measure} = \frac{2 \cdot \mathrm{UWA} \cdot \mathrm{Recall}}{\mathrm{UWA} + \mathrm{Recall}} \tag{11.25}$$

11.2.4 訓練細節和參數設定

　　本實驗採用 PyTorch 框架來實現整體的模態相似性和情緒辨識多工模型。在每個訓練時期開始時隨機打亂訓練集。在提取文字和聲音模態特徵的過程中，透過網格搜參的方法，本章將最後一個維度參數 d 設定為 100。當在句子等級上進行上下文資訊學習時，雙向 GRU 的隱藏狀態的維度設定為 300。最後一個完全連接層包含 100 個神經元。音訊模態的不同特徵是在模態內進行拼接的，每個音訊特徵模型的隱藏狀態尺寸設定為 50。所有 GRU 模組的層數設定為 1。採用 Adam 函數 [146] 作為最佳化器，將學習率設定為 0.0001。終止訓練的條件是驗證集的 loss 值連續 10 輪不再下降。

　　由於在多分類的資料集中各個樣本可能會存在樣本分佈不均勻的情況，如表 11.1 所示。在 IEMOCAP 資料集的中性情緒數量要比悲傷情緒多 600 筆左右，如何讓模型在訓練過程中更加關注類別較少的情緒樣本對於提升模型整體的分類性能有著重要的意義。參考 Jiao 等的方法 [142]，本節在進行訓練時引入了一個損失函數的損失權重 (loss weight)。將損失權重賦值為 $\omega(c_j)$ 與 c_j 每一類訓練話語的情緒數量與整體樣本數量的反比，用 I_c 表示，為少數類別分配更大的損失權重，以緩解資料失衡問題。不同之處在於，增加一個常數 α 調整平滑度的分佈。具體實現方法如式 (11.26) 所示。

$$\frac{1}{\omega(c)} = \frac{I_c^{\alpha}}{\sum_{c'=1}^{|c|} I_{c'}^{\alpha}} \tag{11.26}$$

11.2.5 對比基準線

　　本章將提出的模型的各個模組分別與以下一些當前最新的基準線模型進行比較。

　　(1)　BC-LSTM 可以包含句子級雙向上下文資訊 LSTM，使用 CNN 提取的多模態特徵。

　　(2)　MDNN[147] 半監督的多路徑生成神經網路，透過 openSMILE 提取音訊特徵。

(3) HiGRU[142] 是一個分層的 GRU 框架，文字模態特徵由較低等級的 GRU 提取。

(4) HFFN[148] 使用雙向 LSTM，直接連接不同的局部互動作用，並將兩個等級的注意力機制與 CNN 提取的多模態特徵整合在一起。

11.2.6 實驗分析

(1) 使用輔助模態監督訓練的情緒，辨識神經網路的性能，分析在 IEOMCAP 和 MOSI 資料集上比較了 4 個基準線。如表 11.3 所示，本章首先分別在文字與音訊兩個單模態上進行了實驗。本章所提出的 MESR 模型在 4 個評價指標上均優於當前基準線方法。音訊模態 UWA 在 IEMOCAP 資料集上有顯著改善。文字模態的 WA 和 UWA 均也有所改善。分別實現了 0.5％和 0.7％的提升。在 CMU-MOSI 資料集上，文字和音訊模態的 F1 值分別比最好的基準線模型分別提高了 0.7％和 0.3％。以以上實驗結果為基礎，分析如下。

表 11.3 IEMOCAP 和 CMU-MOSI 資料集的性能表

方法	模態	IEMOCAP		CMU-MOSI	
		WA	UWA	F1	UWA
BC-LSTM	T	73.6	<u>74.7</u>	<u>77.6</u>	78.1
	A	57.1	<u>58.1</u>	<u>59.3</u>	60.3
MDNN	T	65.8	66.9	<u>68.9</u>	<u>69.4</u>
	A	61.8	62.7	<u>50.2</u>	<u>49.8</u>
HiGRU	T	82.1	80.6	<u>72.8</u>	<u>72.8</u>
	A	<u>57.8</u>	<u>62.1</u>	<u>48.7</u>	<u>48.1</u>
HFFN	T	81.5	NA	78.5	78.6
	A	57.8	NA	48.3	48.1
MSER (Ourmethod)	T	**82.6**	**81.3**	**79.2**	**79.3**
	A	59.2	**65.4**	50.5	51.5

注：附帶底線的結果是由推導得出的，而 NA 表示該結果無法從原始論文中獲得，黑體表示取得的最高性能指標，T 表示文字模態，A 表示音訊模態。

　　在文字模態上，該模型對提高精度有一定的作用。MOSI 資料集是一種情感二分類任務，但是在該資料集上兩種模態的 F1 分數已得到改善，表示本章所提出的模型在以情感極性為基礎的分類實驗結果上獲得了更加平衡的辨識結果，這避免了大多數預測都只具有一種情感類型情況下的尷尬，驗證使用 MESR 模型可有效地提升準確性。另外，由於在 IEMOCAP 資料集上音訊模態上的改進效果比文字模態更勝一籌，這不但表示了文字模態對音訊模態更有幫助。也表示了本章所提出的融合方法的有效性。實現了利用文字模態的高階特徵透過一個相似度任務來改善音訊模態的高階特徵的方法。音訊模態由於其本身的特點，在情緒辨識任務上的難度較高，本章以多層次資訊互補為基礎的融合方法雖然還沒有第 10 章中使用單獨音訊模態的性能更高，但是本章探索的是模態之間的融合性能。以這樣為基礎的實驗，後續融合文字模態特徵之後，模型取得了更好的性能改進。

　　文字模態在 IEMOCAP 資料集的所有模態上的性能都有所提高，但在 MOSI 資料集上卻沒有顯著提高。這是由於從 YouTube 抓取的 MOSI 資料集是從實際情況中獲得的資料，而 IEMOCAP 資料集是以演員為基礎的表演在實驗室條件下獲取的資料，MOSI 資料集中各個樣本所表達的情緒可能更加細微，難以捕捉。因此，模型還需要對更多句子隱藏情緒特徵辨識的改進。

　　(2) 融合模態特徵的實驗分析如表 11.4 所示，本章所提出的 MSER 模型在

表 11.4　融合模態在 IEMOCAP 資料集實驗結果

方　法	情　緒				整　體	
	生氣	開心	悲傷	中性	**WA**	**UWA**
BC-LSTM	77.2	79.1	78.1	69.1	75.6	75.9
MDNN	NA	NA	NA	NA	75.2	76.7
HFFN	NA	NA	NA	NA	80.4	NA
MSER	82.4	88.0	81.6	76.0	**82.3**	**82.0**

注：附帶底線的結果是由推導得出的，而 NA 表示該結果無法從原始論文中獲得，黑體表示取得的最高性能指標。

融合文字與音訊兩種模態上相較於已有的基準線模型取得了顯著的提升。由於在單情緒類別上的實驗結果在很多基準線模型的論文中無法直接獲得，因此主要對比在整體性能上的效果。無論是 WA 還是 UWA，都取得了更好的效果。在 WA 上所取得的 1.9%WA 提升。證明本章的融合方法是真正有效的，不但可以預測更多的情緒，而且還可以更加均衡地預測每種情緒類別。

本章使用非點對點技術來實現原始輸入模態和預測生成模態的融合，作為最終的性能檢測方法。MSER 模型訓練後分別獲得的預測生成模態 (A^{pred}, T^{pred})，預測生成模態用於替換模型測試階段中的原始輸入模態之一 (T 或者 A)。融合實驗 ($A^{\text{pred}}+T$, $T^{\text{pred}}+A$) 的結果如圖 11.3 所示，透過混淆矩陣可以更加直觀地發現：音訊模態在融合預測生成的文字模態特徵向量後，預測性能獲得了明顯的改善。

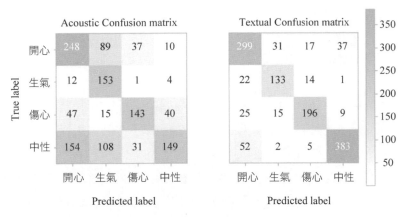

圖 11.3 文字與音訊模態的混淆矩陣

(3) 多工設定的加權分析。本章透過為情緒辨識任務和模態相似性任務的目標函數設定權重，分析了不同任務對於最終情緒辨識任務性能的影響。正如在 11.1.2 節中式 (11.20)~ 式 (11.22) 中提到的，MSER 模型透過兩個任務權重參數來調節模型中不同的模組及不同的任務為整體性能所帶來的影響，透過權重參數 λ 來進行調節。

其次，將文字模態和音訊模態情緒辨識任務的目標函數權重 μ 設定為 0.5，然後利用不同的情緒辨識和模態相似性任務權重 λ 分析對整體框架的影響。如圖 11.4 所示，使用的權重設定為 0.1~0.5，其中水平軸代表權重 λ，垂直軸代表情緒辨識任務的 UWA。可以觀察到，當權重 λ 為 0.3 時，文字模態和音訊模態的情緒辨識性能最佳。

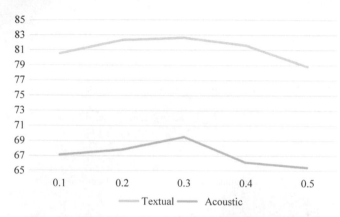

圖 11.4　模型對不同任務權重設定的性能改變曲線

根據上述實驗結果，設定計算出的模態相似度並影響目標函數的任務可以促進情緒辨識任務的性能改善。但是，情緒辨識任務仍應設定為權重較大的主要任務。需要使情緒辨識任務上的參數更新對整個框架具有更大的影響。但是這種方法的最大優點是文字模態資料資源豐富。當僅有音訊模態但缺少文字模態資訊時，透過文字模態建構模型的方法則更為實用。透過實驗結果表示，計算模態之間的相似度，利用這種方法來擬合其他模態的情緒分類的特徵向量是非常有價值的。這使得在融合方式中能夠以一種真正有效的方式利用不同模態之間的補充資訊。

11.3 不足與展望

　　本章透過設定模態相似度和情緒辨識多工來解決跨模態情緒辨識的一些缺陷。使用非點對點方法實施了最終任務。大量實驗證明了這種新的任務設定方法對情緒辨識的有效性。透過使用來自另一種模態的知識來幫助對一種模態進行建模。當前在多模態資料相關性的更有效利用方面，尚未建構出點對點模型。在第 12 章，將以使用輔助模態為基礎的點對點方法，透過生成式的多工網路，實現在某些模態缺失情況下提高單模態分類性能的方法。

11.4 本章小結

　　本章為了解決多模態資料中資料樣本不平衡的問題，利用資源豐富的文字模態知識對資源貧乏的音訊模態進行建模，建構了一種利用輔助模態間相似度監督訓練的情緒辨識神經網路。首先，使用以雙向 GRU 為核心的神經網路結構分別學習文字與音訊模態的初始特徵向量，再使用 Softmax 函數進行情緒辨識預測，同時使用一個全連接層生成兩個模態對應的目標特徵向量，該目標特徵向量透過計算彼此之間相似度來輔助監督訓練，以此提升了情緒辨識的性能。結果表示，該神經網路可以在 IEMOCAP 資料集上進行情緒四分類，實現了82.6% 的 WA 和 81.3% 的 UWA。實現了一種有效的模態融合方法。研究結果為跨模態情感分析領域資訊互補的特徵融合方法及其輔助建模提供了參考與方法依據。

12

生成式多工網路的情緒辨識

多模態資訊融合與深度學習技術的結合在情緒辨識任務中取得了重大進展。然而，不同的模態對情緒辨識有不同的貢獻，並且在實際應用場景中多模態資訊並非總是同時存在。因此，本章的目標是完成在第 11 章提及過的問題，透過利用具有較好性能的模態 (如文字) 中的知識來對性能差的模態 (如音訊) 進行建模。本章提出了一種生成式多工網路 (generative multi-task network, GMN) 來辨識情緒並生成另一種模態表示。本章的方法著重於生成關於情緒辨識的模態特徵的高階表示，而不考慮模態之間的內在語義關係。整個框架的教育訓練過程包括兩個步驟。第一步，透過 GRU 模組提取包含上下文資訊的模態表示，並利用情緒分類任務和鑑別任務來監督特徵表示學習過程。第二步，使用生成模組來獲取其他模態的高階表示，然後將該高階表示與第一步獲得的模態表示融合到同一個向量空間，再進行情緒分類任務。鑑別任務依然監督生成高階特徵表示。在測試過程中只需要執行第二步，並只輸入一種模態資料即可做出最終的情緒預測。實驗結果表示，本章的方法在國際公開多模態 IEMOCAP 和 MELD 資料集上相較於當前已有的較優基準線模型能夠有更好的性能。

表示融合任務的挑戰是如何組合多模態資料的異質性的。在前述工作的基礎上，在本章又進行了最新的調研工作。Baltrusaitis 等在多模態領域探索如何利用多種模態的互補性和容錯性已經有了一定的基礎 [5]。Zadeh 等提出了

Tensor Fusion Network(TFN)，該模型可對模態內和模態間的動力學進行建模[4]。Ghosal 等提出了多模態多話語雙模態注意力 (MMMU-BA) 框架，該框架將注意力集中在多模態多話語表示上，並嘗試學習其中的貢獻特徵[112]。Zadeh 等進一步提出了多注意力循環網路 (MARN)，用於理解類交流。主要優勢是來自使用神經網路元件，透過時間序列上的資訊發現模態之間的互動並將它們儲存在循環元件的混合記憶體中[149]。Zadeh 等又在此基礎之上提出了以多視圖順序學習為基礎的記憶融合網路 (MFN)，該網路明確說明了神經網路架構中的兩種模態之間的互動作用，並透過時間序列的循環神經網路對其進行連續建模[9]。Choi 等提出了一種使用卷積注意力機制的網路來學習語音和文字資料之間隱藏表示的方法[150]。Barezi 等提出了一種減少模態容錯的融合 (MRRF) 方法，用於理解和調變每個模態在多模態推理任務中的相對貢獻[151]。Mai 等[148] 提出了用於多模態融合的分層特徵融合網路 (HFFN)。其思想是：與其在整體等級上直接融合特徵，不如進行分層融合，這樣就可以考慮局部和全域互動來全面解釋多模態嵌入。

但是，這些方法在很大程度上取決於有效的輸入功能，並且沒有很好的綜合性與可解釋性，有時，僅當融合兩種模態時，性能甚至會下降。因此，本章利用多工學習框架來進行模態之間的融合。為每個模態設定了一個鑑別任務，用來監督其是什麼模態，同時融合了兩個模態的情緒辨識相關的高階向量來執行情緒辨識任務。實驗表示，在學習不同模組之間的差異時，這種結構更通用、更有效。

當缺少某些模態資訊後，這些方法也將無法使用。本章將介紹一些用於模態生成的現有方法。Pham 等提出了一種透過在模態之間進行翻譯實現堅固性更強的特徵表示學習方法。以從為基礎來源模態到目標模態的轉換，提供了一種僅使用來源模態作為輸入來學習聯合表示的方法。Aguilar 等用多模態模型和兩種注意力機制進行實驗，以評價文字資訊為多模態融合中為性能提升可以提供的程度。然後，利用多視圖學習和對比損失函數將語義資訊從多模態模型引入音訊資訊網路。從翻譯的角度來看，這些方法會產生額外的計算模組，這些模組通常計算和時間成本高昂且不穩定。

為了解決這些問題，本章提出了一種生成式多工網路 (GMN)。本章方法的一個關鍵點是只生成高階表示，而不考慮語義關係，這使得模型更具針對性。本章首先透過情緒多工框架 (emotional multi-task network, EMN) 分別辨識出兩種模態及其組合的高階表示情緒向量。在此基礎上，將鑑別任務結合到 EMN。使用每個模態的判別標籤和情緒標籤來同時監督對高階表示的研究，這有助於模型了解每個模態的差異。然後，使用一種模態的表示來生成另一種模態表示，並使用區分標籤來監督生成的模態。最後，僅將單一模態及其生成的表示用於最終的情緒預測。這樣就實現了一個點對點的解決缺失模態問題的方法。實驗結果表示，所生成的模態表示特徵可以有效地幫助另一種模態的情緒辨識。多模態對話互動範例圖如圖 12.1 所示。

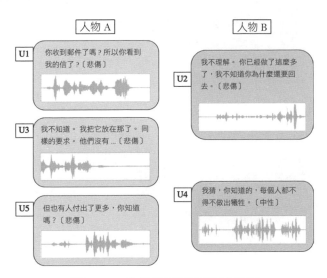

圖 12.1 多模態對話互動範例圖

12.1 方法

本節將介紹所提出的 GMN 模型，其模型結構如圖 12.2 所示。該模型主要包含兩個模組：首先，使用 EMN 模組提取文字和聲音模態表示並將它們融合以分別用於情緒辨識；然後，將鑑別器和生成器增加到 EMN 模組組成 GMN 模

型。其中，以 IEMOCAP 資料集中的 Ses01F impro01 F005 樣本作為輸入範例。

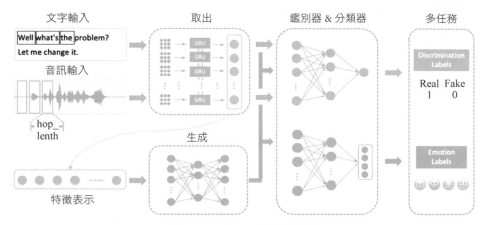

圖 12.2　GMN 模型結構圖

12.1.1　情緒多工網路

透過第 10 章提到的特徵表示方法。本節同樣分別提取了文字和音訊模態的句子級表示特徵 u_{emb}^{T} 和 u_{emb}^{A}，在 EMN 模組將其拼接起來，再透過雙向 GRU 來學習一段對話中的上下文語句之間的資訊。EMN 模型結構圖如圖 12.3 所示。具體計算公式如式 (12.1) 和式 (12.2) 所示。

$$u_{\text{emb}}^{F} = \text{concat}(u_{\text{emb}}^{T}, u_{\text{emb}}^{A}) \tag{12.1}$$

$$M_{j} = \text{GRU}(u_{\text{emb}}, (h_{k-1}, h_{k+1})) \tag{12.2}$$

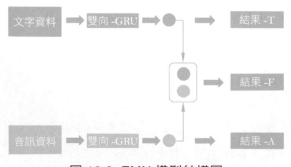

圖 12.3　EMN 模型結構圖

式 (12.2) 中 $u_{\text{emb}} = u_{\text{emb}}^F, u_{\text{emb}}^T, u_{\text{emb}}^A$。再利用 SoftMax 啟動函數將這組實向量轉換為機率。然後將交叉熵損失作為目標函數。具體計算方法如式 (12.3) 和式 (12.4) 所示。

$$E_{M_j}^{\text{pred}} = \text{Softmax}(W_{\text{ER}} \cdot M_j + b_{\text{ER}}) \tag{12.3}$$

$$\text{loss}^E = -\sum_k^{N_i} y_k^E \log E_{M_j}^{\text{pred}} \tag{12.4}$$

最後，將融合模態，文字模態與音訊模態的損失函數相加。整個 EMN 的框架的損失函數如下式 (12.5) 所示。

$$\text{loss}_{\text{EMN}} = \text{loss}_T^E + \text{loss}_A^E + \text{loss}_F^E \tag{12.5}$$

12.1.2 生成式多工模組

受到 Goodfellow 等的生成對抗網路 (GAN) 的啟發 [152]，GMN 的訓練過程分為兩個步驟。在第二步中，本節進行模態特徵表示的生成和最終的情緒預測。訓練過程的虛擬程式碼如下所示：

Algorithm 1　GMN Algorithm
Input：M_j
Output：$E_M^{\text{pred}}, D_M^{\text{pred}}$
Label：y^E, y^D
Step 1：
1：$M_j = T_j, A_j$
2：**for** batch：$[1, N_i]$ **do**
3：　　$E_T, E_A \leftarrow \text{Extractor}(M_j)$
4：　　$E_F \leftarrow \text{Concat}([E_T, E_A]])$
5：$E_T^{\text{pred}}, E_A^{\text{pred}}, E_F^{\text{pred}} \leftarrow \text{Classifier}(E_T, E_A, E_F)$
6：　　$D_T^{\text{pred}}, D_A^{\text{pred}} \leftarrow \text{Discriminator}(E_T, E_A)$
7：$\text{loss}_{\text{el}} \leftarrow \text{CrossEntropyLoss}(E_M^{\text{pred}}, y^E)$
8：　　$\text{loss}_{\text{dl}} \leftarrow \text{BCELoss}(D_M^{\text{pred}}, y^D)$
9：　　$\text{Backwardloss}(\text{loss}_{\text{el}} + \text{loss}_{\text{dl}})$
10：**end for**

Step 2：

1： $M_j = A_j$

2： **for** batch：$[1, N_i]$ **do**

3： $\quad E_A \leftarrow \text{Extractor}(M_j)$

4： $\quad E_G \leftarrow \text{Generator}(E_A)$

5： $\quad E_F \leftarrow \text{Concat}([E_G, E_A])$

6： $\quad E_F^{\text{pred}} \leftarrow \text{Classifier}(E_F)$

7： $\quad D_G^{\text{pred}} \leftarrow \text{Discriminator}(E_G)$

8： $\quad \text{loss}_{\text{e2}} \leftarrow \text{CrossEntropyLoss}(E_M^{\text{pred}}, y^E)$

9： $\quad \text{loss}_{\text{d2}} \leftarrow \text{BCELoss}(D_G^{\text{pred}}, y^D)$

10： $\quad \text{Backwardloss}(\text{loss}_{\text{e2}} + \text{loss}_{\text{d2}})$

11： $\quad E_M^{\text{pred}} \leftarrow E_F^{\text{pred}}$

12： **end for**

13： **return** E_M^{pred}

以 EMN 為基礎，本節增加了模態辨識任務。提取到的模態高階表示由鑑別器區分，該鑑別器由具有 ReLU 和 Sigmoid 啟動函數全連接層組成。需要生成的模態，使用真實標籤 (Real_Label：1) 進行監督訓練，而原始輸入模態使用假標籤 (Fake_Label：0) 進行監督訓練。透過和已經存在 EMN 的情緒辨識的損失函數連接。本節需要最佳化在第一步中更新如下損失函數，如式 (12.6)~ 式 (12.10) 所示。其中式 (12.10) 是第一階段的最終損失函數。

$$\boldsymbol{D}_{M_j} = \text{ReLU}(\boldsymbol{W}_{\text{dis}} \cdot \boldsymbol{u}_{\text{emb}} + \boldsymbol{b}_{\text{dis}}) \tag{12.6}$$

$$\boldsymbol{D}_{M_j}^{\text{pred}} = \text{Sigmoid}(\boldsymbol{D}_{M_j}) \tag{12.7}$$

$$x_n = \boldsymbol{D}_{T_j}^{\text{pred}}, \boldsymbol{D}_{A_j}^{\text{pred}}; \quad y_D = 0, 1 \tag{12.8}$$

$$\text{loss}^D = -[y_D \cdot \log x_n + (1 - y_D) \cdot \log(1 - x_n)] \tag{12.9}$$

$$\text{loss}^{S1} = \text{loss}^E + \text{loss}^D \tag{12.10}$$

在第二步中，使用生成器從主要模態獲取生成的模態，並使用真實標籤 (Real_Label：1) 監督生成的模態。同時，將兩種方式融合以執行情緒辨識任務。值得注意的是，在此步驟中，模型不會更新鑑別器的參數。這使模型在測試過程中只能使用一個單一的模態和一個受過訓練的辨別器來完成情緒預測任務。此時，$x_n = D_{T_j}^{\text{pred}}$ 或 $D_{A_j}^{\text{pred}}$；$y_D = 1$。之後透過上述的兩個損失函數完成最終框架的

損失函數。如式 (12.11) 所示。

$$\text{loss}^{S2} = \text{loss}^E_{\text{Single}} + \text{loss}^D_{\text{Single}} \tag{12.11}$$

12.2　實驗與分析

本節將評價所提出的 GMN 在公開多模態情緒分類資料集 IEMOCAP 和 MELD 的多模態情緒分類性能。

12.2.1　資料集

為了驗證模型方法的有效性，本節在國際公開多模態情緒資料集 IEMOCAP 及 MELD 分別進行了對比實驗。這兩個資料集都是包含至少 2 個説話人的對話資料集，進行實驗時每個資料集的具體劃分的對話與語句數量如表 12.1 所示。

表 12.1　IEMOCAP 與 MELD 資料集的句子統計數量

資　料　集	對話片段 / 語句數量 / 筆		
	訓練集	驗證集	測試集
IEMOCAP_4	96/3441	24/849	31/1241
IEMOCAP_6	96/4525	24/1233	31/1622
MELD	1039/9989	114/1109	280/2610

為了與提到的現有技術進行比較，將一共具有 5 個獨立小節的資料中的前四節作為訓練集合，最後一節作為測試集合。驗證集是從劃分後的訓練集中以 8：2 的比例提取的；同時，選擇一個對話方塊作為批次處理。根據以上條件，得到的訓練、驗證和測試集分別包含 96、24 和 31 組對話。本節對 IEMOCAP 資料集分別進行了 4 分類和 6 分類實驗。將幸福和興奮類別合併為幸福類別。

MELD 多模態 EmotionLines 資料集 (The Multimodal EmotionLines Dataset) 在第 4 章已有介紹，在此不再贅述。

12.2.2 資料前置處理

同樣參考於第 10 章所提到的各個模態的表徵提取方法，在本節對於文字模態的資料，在 IEMOCAP 資料集上依然採用了 word2vec 的生成詞嵌入的方法。而在 MELD 資料集上採用 BERT 預訓練模型獲取了每個詞的 1024 維嵌入表示。其目的是為了公平地與其他基準線模型進行比較。從而排除由於模態表徵的性能差異對整體模型產生的影響。

在文字模態，除了使用 word2vec 生成詞向量外，還使用了 BERT 預訓練語言模型，BERT 是當前最先進的文字預訓練模型。在許多文字任務中取得了重大進展。在本章中，使用 BERT 提取固定的文字特徵向量。而非點對點地微調整個預訓練模型，僅使用預訓練的上下文嵌入，它們是用預訓練模型的隱藏層生成每個輸入 token 的固定上下文表示。透過這種方式，不僅可以緩解大多數記憶體不足的問題，而且還可以獲得比 word2vec 更強大的嵌入表徵性能。

在音訊模態，與之前提到的方法相同，利用 LibROSA 工具套件提取音訊特徵，特徵提取方法已在 11.2.2 節中介紹。

12.2.3 基準線模型

(1) BC-LSTM。一種雙向的上下文 LSTM，透過使用語句級輸入的方法從相鄰話語中捕捉上下文內容。

(2) CMN[146]。一種對話式記憶網路，使用兩個不同的 GRU，從對話歷史中提取兩個說話人發言的上下文資訊，以當前話語作為對兩個不同記憶體網路的查詢，獲得話語的最終表示。

(3) DialogueRNN[153]。一種以對話為基礎的循環神經網路，該網路使用兩個 GRU 來追蹤對話中的各個說話者狀態和全域上下文。一個 GRU 用於透過會話追蹤情緒狀態。

(4) DialogueGCN[154]。一種對話圖卷積網路。利用對話者的自我依賴和說話者的相似度來為情緒辨識建模階段上下文。CMN、dialogueRNN 和 dialogueGCN 均是以對話為基礎的模型。

(5) HiGRU-sf[142]。一種分層 GRU 框架，上下文單字 / 話語嵌入透過將注意力輸出與單一單字 / 話語嵌入和隱藏狀態融合來學習的模型。

(6) HFFN[148]。一種包含注意力機制的雙向跳躍連接 LSTM 網路，可直接連接較遠的本地互動，並整合了兩個層次的注意力機制。

12.2.4 評價指標以及重要參數設定

與 11.2.3 節相同，本章使用了 WA、UWA 和 F1- 測量值作為評測指標。採用 PyTorch 框架來實現本章所提出的生成式多工網路框架。在每輪訓練開始，都會隨機調整打亂訓練集。在文字和音訊模態特徵提取過程中，透過網格搜參的方法，將最後一維參數 d 設定為 100。對於雙向 GRU，隱藏狀態的維數設定為 300。在情緒辨識任務中使用的學習率是 0.00025，模態判別任務的學習率為 0.0003。所有 GRU 模組的層數設定為 1。

12.2.5 情緒分類實驗結果

如表 12.2 所示，本章提出的 EMN 模型在兩種評價指標上均優於最新方法。在所有情緒的整體加權精度中，IEMOCAP 資料集有顯著改善，達到 1.14％。與其他最先進的基準相比，MELD 資料集上的文字模態的 F1 值可進一步提高

表 12.2 在 IEMOCAP-6 和 MELD 資料集上文字模態的實驗結果

方　　法	IEMOCAP-6							MELD
	開心	悲傷	中性	憤怒	興奮	沮喪	平均	平均
	WA							F1
BC-LSTM	29.71	57.14	54.17	57.06	51.17	67.19	55.21	56.44
CMN	25.00	55.92	52.86	61.76	55.52	**71.13**	56.56	—
DialogueRNN	25.69	75.10	58.59	64.17	**80.27**	61.15	63.40	57.03
DialogueGCN	**40.62**	**89.14**	61.92	67.53	65.46	64.18	65.25	58.10
EMN	32.86	76.94	**63.74**	**70.30**	74.50	66.73	**66.39**	**61.01**

注：F1 表示 F1 測量值；黑體表示最佳性能。

2.91％。同時在中性和生氣兩種情緒上，EMN 模型也實現了較好的改善。雖然沒有在所有的情緒上都取得顯著的性能提升，但是透過整體的平均準確率的提升可知該模型所得到的分類結果是更加均衡的。

本章選取了不同的資料集和基準線模型進行比較。在 IEMOCAP-4 分類資料集上，透過觀察現有的基準線模型性能發現，在 HFFN 模型中文字與音訊模態融合甚至還不如單獨使用文字模態，説明有些模型並沒有極佳地把握到模態之間的融合方法。錯誤的融合方式甚至會降低模型的性能。而如預期的那樣，從表 12.3 所示的實驗結果證明了生成模態的性能優於單一模態。其中，對比在測試集合上只使用音訊和文字的模態。GMN 的性能均比 EMN 更好。這是非常令人滿意的結果。透過分別監督兩種模態高階表示的多工學習，本章使用一種簡單的方法實現了一種非常有效的融合方法。

表 12.3　IEMOCAP 資料集情緒分類實驗結果表

方法	模態	生氣	開心	悲傷	中性	UWA
BC-LSTM	T+A+V	76.06	78.97	76.23	67.44	73.60
CMN	T+A+V	89.88	81.75	77.73	67.32	77.60
HFFN	T+A	—	—	—	—	80.40
HFFN	T	—	—	—	—	81.50
HiGRU-sf	T	74.78	89.65	80.50	77.58	82.10
EMN	A	82.82	56.13	73.06	61.30	64.70
GMN	A → T	87.06	57.24	71.02	72.66	68.80
EMN	T	71.76	**90.72**	68.16	**78.91**	80.00
GMN	T → A	70.00	90.50	78.78	77.86	**81.50**

注：其中 T 表示文字，A 表示音訊，V 表示視訊，UWA 表示不加權準確率，T → A 表示由文字生成音訊，A → T 表示由音訊生成文字。黑體表示最優性能。

12.2.6　實驗分析

首先，分析 EMN 模型在 3 個方面所帶來性能改善的原因。可以看出，本章的模型對提高準確性和 F1 分數有一定的影響，無論是單一文字形式還是文

字和聲音融合形式都可以取得更好的效果。F1 分數的提高表示本章模型的分類更加平衡，這使本章提高的準確性具有重要的意義。由於 MELD 資料集是複雜的情緒多分類，在訓練集上，中性情緒為 4710 筆，而恐懼和厭惡的資料分別為 268 筆和 271 筆。本章的方法不僅可以對更多正確的樣本進行分類，而且可以了解少量類別樣本的特徵，從而避免大多數預測都帶有一種情緒的情況，提高了準確性。這表示本章的模型具有更強的堅固性。

其次，實驗結果顯示 EMN 模型改善了情緒辨識任務在 IEMOCAP 和 MELD 資料集的整體性能。IEMOCAP 資料集偏重於參與者情緒的多模態情感資料集，MELD 資料集以電視連續劇 *Friends* 片段為基礎而生成的多模態情感資料集。這兩個資料集是在不同的情景下建構的。其中，MELD 資料集包含許多諷刺和隱喻表達，這使得情緒辨識更加複雜。上述實驗初步證明了模型更具通用性和可攜性。

最後，如表 12.2 所示。使用多工機制不僅有助於提高單一模態的性能，還可以更有效地融合模態。作為挑戰，本章之前曾提到：有時文字與音訊的融合並不能極佳地補充模態之間的資訊。在 IEFNCAP-4(4 分類) 上，HFFN 模型在融合了音訊模態資訊之後，性能下降了 1.1％。在 EMN 框架下，本章的融合方法取得了很大進步，準確率提高了 4％，說明本章提出的融合方法非常有效。

因此，後續需要研究的目標是如何在沒有某種模態資料的情況下學習另一種模態的高階表示，並提高模型的性能。首先，訓練一個可以辨識不同模態的鑑別器，然後，使用鑑別符號和模態標籤控制生成的模態表示向量。這是一個非常輕量級的過程，不會給整個框架帶來太多的訓練參數和資源佔用限制。

透過比較表 12.3 中的實驗結果，GMN 在音訊和文字模態方面實現了這一目標。在單一文字模態下，準確性提高了 1.5％，單一音訊模態則提高了 4.1％。其中，在以音訊模態為基礎的性能提升是非常有意義的。透過圖 12.4 可以觀察到，在文字模態融合了生成的音訊模態後並沒有得到比較明顯的性能改善；而相反，音訊模態在獲得了生成的文字模態後有了很顯著的提升。它是沒有利用 ASR 技術實現的這一改善。可以證明不同模態在情緒辨識上的高階向量之間的相關性是有效的。

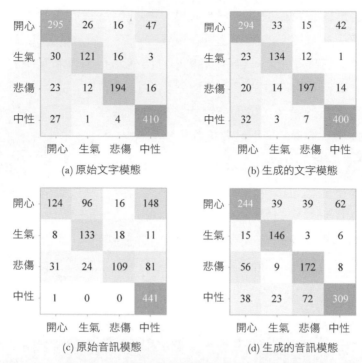

(a) 原始文字模態　　　　　(b) 生成的文字模態

(c) 原始音訊模態　　　　　(d) 生成的音訊模態

圖 12.4　IEMOCAP-4 資料集情緒辨識中不同模態的混淆矩陣

12.3　不足與展望

本章提出了一種 GMN，目的是解決多模態情緒辨識中模態缺失的挑戰。本章已經有效地利用了兩種模態之間的差異和互補性，這正是本章使用多模態資訊進行情緒辨識的初衷。所以本章的工作很有啟發性。本章使用生成網路中用一種模態資訊的知識來模擬另外一種模態的特徵的方法，這種方法有效地利用了多模態資料的連結性。在將來的研究工作中，可以進一步考慮模態之間的更多因素，如說話者資訊、對話資訊，建立模型以產生更有效和更強大的高階表示。

12.4　本章小結

　　本章提出了一種利用不同模態作為先驗知識的 GMN，實現了有效的性能改善。即使音訊模態的性能遠不及多模態資料中的文字模態，但是音訊資訊實際上包含許多重要的情緒辨識功能。與以前僅使用單一音訊的所有最新基準相比，使用 GMN 生成和融合單一音訊模態已取得了很大的進步，這是很有前景的一項工作。在實際情況下，由於多媒體技術的高速發展，本章獲取音訊模態的資訊變得更加容易，而且文字模態的資訊常常不會同時存在。透過 ASR 獲得的文字資訊需要佔用更多的資源，並且準確性難以令人滿意。因此，本章的工作僅著重於情緒辨識的高階表示，這非常實用。與 CMN、對話 RNN 和對話 GCN 相比，本章的模型僅考慮上下文資訊，並沒有從對話或說話者的角度進行建模。這證明了本章的方法還有很大的提升空間。

13

針對非對齊序列的跨模態情感分類

　　情感在人類互動中扮演著重要的角色。情感分類作為人機互動的關鍵技術之一，已經成功應用到很多場景，如人機對話、自動駕駛等。伴隨著行動網際網路的普及，網路社交平臺成為人們日常生活中不可缺少的一部分。因此，人們每天都會產生大量的多模態資料，其中不僅包含文字，而且還有視訊、音訊等非語言資料。文字模態是人類日常生活中不可或缺的一種模態。文字模態透過單字、子句及關係來表達情感，但是僅文字模態所能容納的資訊有限，而且容易受雜訊影響。很多情況下僅靠文字模態很難做出準確的情感預測。音訊模態往往伴隨著文字模態出現，音訊模態的情感透過音調、能量、聲音力度和響度的變化來表達。文字和音訊的互動可以提供更全面的資訊，捕捉更多的情感特徵。圖 13.1 為音訊和文字模態間互動的一個範例。Get out of here 這句話的情感是模棱兩可的，若僅僅根據這些單字來判斷這句話的情感是非常困難的，與之類似，大聲説話在不同情況下也可以表達多種情感。但是如果大聲地説 Get out of here，則可以比較輕鬆地認定説話者的情感為消極，如果在説 Get out of here 時伴隨著笑聲，則會認為此時説話者的情感為積極。

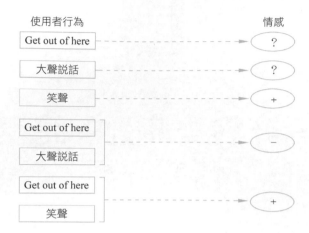

圖 13.1 文字和音訊模態跨模態互動範例圖

　　現階段多模態融合的工作主要以對齊的多模態資料為基礎，然而現實世界中多模態資料往往是非對齊的，如果手工進行對齊將花費大量的人力和物力。為了解決這個困難，本章提出一種自我調整融合表徵學習模式 (self-adjusting fusion representation learning model, SA-FRLM)，該模型可以直接從非對齊的文字音訊模態資料中學習堅固的融合表示。

13.1 SA-FRLM

　　本節將介紹所提出的 SA-FRLM，其模型結構如圖 13.2 所示。該模型主要包含 3 個模組。

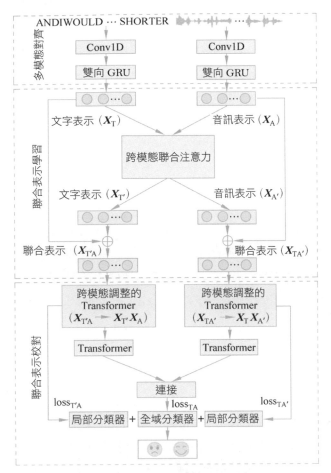

圖 13.2 SA-FRLM 模型結構圖

(1) 多模態對齊模組。將文字和音訊模態特徵表示進行對齊。

(2) 融合表示初始化模組。透過跨模態聯合注意力 (crossmodal collaboration attention) 將文字和音訊模態進行互動並得到初始化的融合表示向量。

(3) 自調節模組。透過跨模態調整的 Transformer(crossmodal adjustment) transformer 分別使用文字和音訊模態的單模態特徵來對融合表示向量進行調整。

13.1.1 多模態對齊模組

由於本章所提出的模型是針對非對齊的文字和音訊模態資料，因此在得到文字和音訊模態特徵 T 和 A 後，它們將透過該對齊模組來進行物理上的對齊。首先，它們將分別透過一個 1D 的卷積層，透過設定不同的卷積核的大小以及步進值長度將文字和音訊模態的特徵向量控制到同一維度，計算過程如式 (13.1) 所示：

$$\mathrm{Conv}_{(T,A)} = \mathrm{Conv1D}((T,A), k_{(T,A)}, s_{(T,A)}) \tag{13.1}$$

其中，$k_{(T,A)}$ 表示文字和音訊卷積核的大小；$s_{(T,A)}$ 表示文字和音訊對應步進值的大小。之後為了方便後續融合表示學習，將對齊後的文字和音訊表示向量分別透過一個雙向 GRU，來學習不同模態時序上的資訊，並得到用於融合表示學習的文字和音訊模態對應的表示向量 X_T 和 X_A。

13.1.2 融合表示初始化模組

融合表示初始化模組的目的是為了將文字和音訊模態進行互動並得到初始化的融合表示向量。受到 MMMU-BA[112] 的啟發，本模組引入一個跨模態協調注意力 (crossmodal collaboration attention) 將文字和音訊模態進行互動並得到初始化的融合表示向量。給定文字和音訊模態對應的表示向量 X_T 和 X_A，首先計算一對融合矩陣 M_{TA} 和 M_{AT}，計算過程如式 (13.2) 和式 (13.3) 所示：

$$M_{TA} = X_T X_A^{\mathrm{T}} \tag{13.2}$$

$$M_{AT} = X_A X_T^{\mathrm{T}} \tag{13.3}$$

之後分別讓 M_{TA} 和 M_{AT} 經過 tanh 函數，然後透過 Softmax 函數來計算注意力分數矩陣 S_{TA} 和 S_{AT}，計算過程如式 (13.4) 和式 (13.5) 所示：

$$S_{TA} = \mathrm{Softmax}(\tanh(M_{TA})) \tag{13.4}$$

$$S_{AT} = \mathrm{Softmax}(\tanh(M_{AT})) \tag{13.5}$$

然後將注意力矩陣分別與文字和音訊模態的特徵向量先進行矩陣乘法,再進行點乘,從而聚焦於文字與音訊模態內較重要的資訊,並得到注意力輸出 $X_{T'}$ 與 $X_{A'}$,計算過程如式 (13.6) 和式 (13.7) 所示:

$$X_{T'} = S_{TA} X_A \odot X_T \tag{13.6}$$

$$X_{A'} = S_{AT} X_T \odot X_A \tag{13.7}$$

最後分別將 X_T 與 $X_{A'}$,$X_{T'}$ 與 XA 進行相加從而得到兩個初始化的融合表示向量 $X_{TA'}$ 與 $X_{T'A}$,計算過程如式 (13.8) 和式 (13.9) 所示:

$$X_{TA'} = w_T X_T + w_{A'} X_{A'} + b_{TA'} \tag{13.8}$$

$$X_{T'A} = w_{T'} X_{T'} + w_A X_A + b_{T'A} \tag{13.9}$$

13.1.3 自調節模組

得到兩個初始化的融合表示向量 $X_{TA'}$ 與 $X_{T'A}$ 之後,以之前提出為基礎的 Crossmodal Transformer[30],本節提出一個模態調整的 Transformer,其模型結構如圖 13.3 所示。它可以利用文字與音訊模態特徵來對融合表示向量進行動態調整,從而得到一個更好的融合表示。每個模態調整的 Transformer 由 2N 個 Crossmodal block 組成。

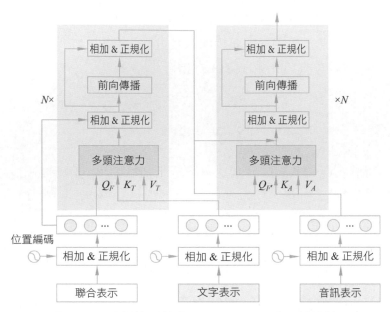

圖 13.3 跨模態調整的 Transformer 模型結構圖

　　本節以融合表示向量 $X_{\mathrm{TA'}}$，文字表示向量 X_{T} 和音訊表示向量 $X_{\mathrm{A'}}$ 為例，跟隨先前的工作，該模組增添了位置編碼，並將它與輸入的 3 個向量分別進行相加並進行正規化：

$$E_{\langle TA',T,A'\rangle} = \mathrm{LN}(\mathrm{PE}_{\langle TA',T,A'\rangle} + X_{\langle TA',T,A'\rangle}) \tag{13.10}$$

　　其中，LN 表示 Layer Normlization；$\mathrm{PE}_{\{TA',T,A'\}}$ 為對應的位置編碼。之後該模組首先使用 N 個 Crossmodal blocks[30] 來利用文字表示向量 E_{T} 調整融合表示向量 $E_{\mathrm{TA'}}$。Crossmodal block 是由 Multi-Head Attention 和前饋網路組成，並且它每 2 層均採用了殘差連接和層標準化。第 i 個 Crossmodal block 中 的 Multi-Head Attention 的 Query、Key 和 Value 定 義 為 $\hat{Q}_{\mathrm{TA'}}^{[i]} = \mathrm{LN}(\hat{O}_{\mathrm{TA'}}^{[i-1]})$，$\hat{K}_{\mathrm{TA'}}^{[i]} = \hat{V}_{\mathrm{TA'}}^{[i]} = \mathrm{LN}(E_{\mathrm{T}})$，其中，$i=1,2,\cdots,N$，$\hat{O}_{\mathrm{TA'}}^{[i-1]}$ 為第 i-1 個 Crossmodal block 的輸出。之後，Multi-Head Attention 的計算見式 (13.11) 和式 (13.12)：

$$\hat{Q}_{\text{TA}'}^{[1]} = \text{LN}(E_{\text{TA}'}) \tag{13.11}$$

$$MH_{\text{TA}'}^{[i]} = \text{Softmax}\left(\frac{\hat{Q}_{\text{TA}'}^{[i]}(\hat{K}_{\text{TA}'}^{[i]})^{\text{T}}}{\sqrt{d}}\right)\hat{V}_{\text{TA}'}^{[i]} \tag{13.12}$$

第 i 個 Crossmodal block 的輸出見式 (13.13) 和式 (13.14)：

$$\hat{M}_{\text{TA}'}^{[i]} = \text{LN}(MH_{\text{TA}'}^{[i]} + \hat{O}_{\text{TA}'}^{[i-1]}) \tag{13.13}$$

$$\hat{O}_{\text{TA}'}^{[i]} = \text{FL}(\text{LN}(\hat{M}_{\text{TA}'}^{[i]})) + \hat{M}_{\text{TA}'}^{[i]} \tag{13.14}$$

其中，FL 表示前饋回饋網路。以前 N 個 Crossmodal block 為基礎的輸出 $\hat{O}_{\text{TA}'}^{[i]}$，該模組又使用額外的 N 個 Crossmodal block 來利用音訊模態表示 $E_{A'}$ 對融合表示 $\hat{O}_{\text{TA}'}^{[i]}$ 進行調整，並得到最終的調節後的融合表示 $O_{\text{TA}'}^{[n]}$。

得到調節後的融合特徵表示 $O_{\text{TA}'}^{[n]}$ 和 $O_{\text{T'A}}^{[n]}$ 後，為了充分考慮不同融合特徵表示的獨立性，該模組將這兩種融合特徵表示分別透過一個局部分類器，用於計算局部損失 $\text{loss}_{\text{TA}'}$ 和 $\text{loss}_{\text{T'A}}$，從而分別對不同融合特徵進行調整。除此之外，該模組還分別將調整的融合特徵表示 $O_{\text{TA}'}^{[n]}$ 和 $O_{\text{T'A}}^{[n]}$ 透過一個 Self-Attention Transformer[155] 來分別學習各自的時序資訊，然後拼接起來透過全域分類器計算全域損失 loss_{TA} 並做出情感分類預測。最終整個模型的損失函式定義見式 (13.15)：

$$\text{Loss} = \text{loss}_{\text{TA}'} + \text{loss}_{\text{T'A}} + \text{loss}_{\text{TA}} \tag{13.15}$$

13.2　實驗與分析

本節將評價所提出的 SA-FRLM 在公開多模態情感分類資料集 CMU-MOSI 和 CMU-MOSEI 的跨模態情感分類性能。本節將從以下幾個方面對實驗詳細說明。首先，13.2.1 節將展示資料集及實驗設定。然後，13.2.2 節將介紹單模態特徵取出及評價指標。然後，緊接著，13.2.3 節將介紹實驗過程中用於對

比的基準線模型。13.2.4 節將展示跨模態情感分類實驗結果。13.2.5 節將探討 Crossmodal block 的數目對實驗的影響。最後，13.2.6 節對實驗進行定性分析。

13.2.1 資料集及實驗設定

為了驗證模型方法的有效性，本節在國際公開多模態情感資料集 MOSI[64] 及 MOSEI[10] 分別進行了對比實驗。MOSEI 資料集與 MOSI 資料集類似，也是從 YouTube 擷取的電影評論視訊片段，與之不同的是，MOSEI 資料集的規模要更大一些，它一共包含 23454 筆視訊片段，每個片段被標記在 [-3, 3] 的範圍中，其中 -3 表示強消極，-2 表示消極，-1 表示弱消極，0 表示中性，1 表示弱積極，2 表示積極，3 表示強積極。

在 SA-FRLM 中，1D-CNN 的輸出通道數被設定為 50。在雙向 GRU 層中有 50 個單元，在 SA-FRLM 中使用的全連接層有 200 個單元，dropout 設定為 0.3。在訓練過程中，batch 的大小和 epoch 的數目分別設定為 12 和 20。此外，本節使用了學習率為 0.001 的 Adam 最佳化器並配合使用 L1 損失函數。

13.2.2 單模態特徵取出及評價指標

在文字模態，本章使用預訓練 GloVe 詞向量將單字序列編碼為 300 維的單字向量。在音訊模態，本章使用 COVAREP[109] 特徵取出工具來取出音訊特徵，每段音訊檔案被表示為一個 74 維的特徵向量，其中包含 12 個 MFCC、音高追蹤和清音 / 濁音分割特徵、聲門來源參數、峰值斜率參數和最大彌散係數等。

本章分別使用七分類準確率 Acc_7、二分類準確率 Acc_2、F1 值、平均絕對誤差 (mean absolutemor,MAE) 和皮爾森相關係數 (pearson correlation,Corr)5 個國際標準評價指標來對模型的性能進行評價。為了保證實驗結果的有效性，實驗過程中共設定了 5 個隨機種子，並將 5 次實驗結果的平均結果作為最終的實驗結果。

13.2.3 基準線模型

EF-LSTM：早期融合長短期記憶網路 (early fusion LSTM, EF-LSTM) 透過將多模態輸入進行拼接，並使用單一 LSTM 學習上下文資訊。

LF-LSTM：晚期融合長短期記憶網路 (late fusion LSTM, LF-LSTM) 利用單一 LSTM 模型學習每個模態的上下文資訊，並將輸出連接起來進行預測。

MCTN[156]：多模態循環翻譯網路 (multimodal cyclic translation network, MCTN) 目的是透過在不同的模態之間進行轉換來學習堅固的聯合表示，它的性能優於僅使用文字模態。

RAVEN[26]：循環注意力編碼網路 (recurrent attended variation embedding network, RAVEN) 對非言語字詞序列的細微性結構進行建模，並以非語言線索動態地改變單字為基礎的表示，在 2 個公開的資料集上實現了多模態情感分析和情感辨識的競爭性表現。

MulT[30]：多模態 Transformer(multimodal Transformer,MulT) 利用方向性成對多模態注意力機制來處理不同時間步的多模態序列之間的相互作用，並潛在地將資料從一個模態適應到另一個模態，這是目前最先進的方法。

13.2.4 跨模態情感分類實驗結果

表 13.1 展示了在 MOSI 資料集上的實驗結果。不難看出，本章所提出的 SA-FRLM 只使用了非對齊的文字和音訊模態資料並相較於大多數使用文字、音訊、視訊 3 種模態的基準線模型有明顯的性能提升。在二分類情感分析任務上，本章所提出的 SA-FRLM 在 Acc-2 和 F1 均取得了 81.1% 的實驗結果，相較於大多數基準線模型，有 3.5%~8.4% 和 3.3%~8.0% 的性能提升。與此同時，在 Acc-7、MAE^l 和 Corr^h 上，SA-FRLM 均取得了很優異的實驗效果。然而相較於使用三種模態的 MulT，本章所提出的 SA-FRLM 沒有較大的性能提升，這是因為本章所提出的方法和 MulT 均是以 Transformer 模型為基礎的，為了更合理地進行對比，在 MulT 模型上只使用文字和音訊模態資料，實驗結果表示，本章所提出的方法在所有評價指標上均優於 MulT。

表 13.1 MOSI 資料集跨模態情感分類實驗結果表

模 型	模 態	Acc-7	Acc-2	F_1	MAE[l]	Corr[h]
EF-LSTM	T+A+V	31.000	73.600	74.500	1.078	0.542
LF-LSTM	T+A+V	33.700	77.600	77.800	0.988	0.624
MCTN	T+A+V	32.700	75.900	76.400	0.991	0.613
RAVEN	T+A+V	31.700	72.700	73.100	1.076	0.544
MulT	T+A+V	39.100	81.100	81.000	0.889	0.686
MulT(our run)	T+A	34.900	79.200	79.100	0.991	0.667
SA-FRLM	T+A	**35.600**	**81.100**	**81.100**	**0.908**	**0.699**

表 13.2 展示了在 MOSEI 資料集上的實驗結果，其中 T 表示文字，A 表示音訊，V 表示視訊。與 MOSI 資料集實驗結果類似，本章所提出的 SA-FRLM 只使用了非對齊的文字和音訊模態資料並相較於大多數使用文字、音訊、視訊三種模態的基準線模型有明顯的性能提升。在二分類任務上，本章所提出的 SA-FRLM 在 Acc-2 和 F_1 分別取得了 80.7% 和 81.2% 的實驗結果，相較於大多數基準線模型，有 1.4%~5.3% 和 1.5%~5.5% 的性能提升。在相同的實驗條件下（只使用文字和音訊模態資料），SA-FRLM 相較於 MulT 在 Acc-2 和 F1 上分別提升了 0.6% 和 0.7%，在 MAE 和 Corr 上分別取得了 0.021 和 0.017 的性能提升，在 Acc-7 上取得了 1.0% 的性能提升。

表 13.2 MOSEI 資料集跨模態情感分類實驗結果表

模 型	模 態	Acc-7	Acc-2	F_1	MAE	Corr
EF-LSTM	T+A+V	33.700	75.300	75.200	1.023	0.608
LF-LSTM	T+A+V	32.800	76.400	75.700	0.912	0.668
MCTN	T+A+V	34.100	77.400	77.300	0.965	0.632
RAVEN	T+A+V	34.700	77.100	77.000	0.968	0.625
MulT	T+A+V	40.000	83.000	82.800	0.871	0.698
MulT(our run)	T+A	48.900	80.100	80.500	0.627	0.656
SA-FRLM	T+A	49.900	80.700	81.200	0.606	0.673

13.2.5 Crossmodal block 的數目對實驗的影響

由於 Crossmodal block 是本節所提出的 SA-FRLM 的核心單元，因此它的數目是影響模型性能的主要超參數之一。圖 13.4 展示了本章所提出的 SA-FRLM 在不同數目 Crossmodal block 下的二分類準確率，可以看出當 Crossmodal block 的數目在 4~10 時，準確率是逐步增加的，並在 10 取得了最優結果。之後因為伴隨著數目的增加，模型的複雜度也逐漸變大，泛化能力越來越差，因此準確率也開始逐漸降低。

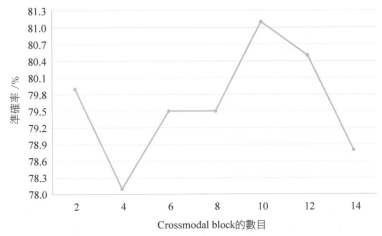

圖 13.4 在 MOSI 資料集上，SA-FRLM 在不同數量的 Crossmodal block 下的二分類準確率

13.2.6 定性分析

透過與 MulT 的比較，本節分析了所提出的 SA-FRLM 的影響。如表 13.3 所示，本節從 CMU-MOSI 資料集中選取了 4 個範例，每個例子都由文字和音訊資訊組成。表 13.3 展示了每個例子的真實標籤，以及本章所提出的模型和 MulT 的預測機率。在例 1 中，文字具有強消極性，說話人的語氣表現為弱積極性。例 1 對應的真值標籤是 -1.0。與 MulT 模型相比，SA-FRLM 獲得了更加準確的預測機率 -1.15。然而，受音訊模態的影響，MulT 的預測機率為 0.33。在例 2 中，文字和音訊資訊都表現出強烈的負面情緒。雖然 SA-FRLM 和 MulT 都

成功地預測了情緒，但 SA-FRLM 預測的機率更接近真實標籤。在例 3 中，説話人所説的句子情感是非常積極的。相反，音訊資訊表現出強烈的負向性。借助於文字和音訊模態之間的模態間互動作用，SA-FRLM 能夠做出正確的預測。但是，MulT 似乎更注重文字情態，這導致了它做出錯誤的情感判斷。例 3 也證明了 SA-FRLM 可以在考慮音訊模態資訊的情況下對情感強度進行適當的修正。在例 4 中，與例 2 類似。

表 13.3 CMU-MOSI 實驗範例

例子	文字＋音訊	真實標籤	SA-FRLM(ours)	MulT
1	"Although I do agree that the look could have been changed to fit actual sabre tooths like with the right hair."＋平和的語氣	-1.00	-1.15	0.33
2	"I can't do it."＋沮喪失望的語氣	-1.60	-1.81	-0.73
3	"Hi, I'm Pretty, I have supposed to know things walk off the screen."＋諷刺的語氣	-0.80	-1.05	0.51
4	"Umm, yeah, it's better than the third one absolutely."＋斷斷續續的語氣	1.60	1.50	2.42

從例 1 和例 3 可以看出，SA-FRLM 可以更好地分配不同模式的權重。這主要是因為 SA-FRLM 不僅充分利用了不同模態之間的相互作用，而且最大限度地保存了不同單模態的原始特性。在例 2 和例 4 中，與 MulT 相比，SA-FRLM 的預測機率更接近實際標籤。主要原因是 SA-FRLM 透過結合不同模態的單模態資訊來動態調整融合表示。因此，調整後的融合表示更具堅固性，能更好地表示未對齊文字和音訊序列的資訊。

13.3 不足與展望

本章以 Transformer 模型為基礎，提出了可以直接從非對齊的文字和音訊序列學習融合表示的 SA-FRLM，雖然相較於其他基準線模型，SA-FRLM 在國際公開資料集 MOSI 和 MOSEI 上表現出了更優秀的情感分類性能，但是目前還

會有著一些缺點和不足。本章旨在根據現存的問題對未來工作進行合理的展望。本章在進行多模態對齊時，只是簡單地進行了物理對齊，後續可以考慮使用對抗生成網路，透過生成模態表示來更好地實現模態對齊。

13.4 本章小結

　　本章提出了一種可以直接從非對齊的文字和音訊序列上學習融合表示的 SA-FRLM。不同於之前的工作，本章不但充分利用了模態間的互動，而且最大化地保存了不同模態的特性。作為 SA-FRLM 的核心模組，跨模態調整的 Transformer 透過利用文字和音訊單模態表示來對融合表示進行調節，從而使得融合表示能夠更好地表達非對齊文字和音訊資料中的情感資訊。本章在 MOSI 及 MOSEI 資料集上進行了實驗，實驗結果表示該模型相較於基準線模型在所有評價指標上均取得了明顯的性能提升。同時本章也進行了定性分析，證明了 SA-FRLM 能夠考慮音訊模態資訊對情感預測機率進行適當地調節，並且調節後的融合表示可以得到更準確的情感分類結果。

14

針對對齊序列的跨模態情感分類

　　隨著網際網路技術的快速發展，通訊技術的不斷進步，Facebook、YouTube
等社交平臺獲得了廣泛的應用，人們普遍喜歡透過社交平臺來向他人展示自己
的生活以及對於某些事情的觀點。因此，每天都會產生大量具有豐富情感資訊
的多模態資料。文字是我們日常生活中的一種重要的模態，它透過詞語、子句
和關係來表達情感。然而，文字模態所包含的資訊是有限的。在一些情況下，
僅僅透過文字資訊很難準確判斷情感，如歧義、反語等情況。日常生活中，文
字模態往往伴隨著音訊模態，音訊模態中包含的情感資訊往往是透過聲音特徵
的變化來表現的，如音調、能量、聲音力度、響度和其他與頻率相關的特徵。
將文字模態和音訊模態進行融合往往可以更真實地還原說話者的狀態，從而獲
取更全面的資訊，捕捉到更多的情感特徵。圖 14.1 是音訊模態和文字模態互動
的一個例子。"But you know he did it" 這些單字所表達的情感是模棱兩可的，
它可以在不同語境下表達不同的情感。僅僅根據這些單字來準確地判斷這句話
的情感是非常困難的。然而在引入這句話對應的音訊資訊後，由於說話者的聲
音聽起來非常低沉，並且伴隨著抽泣聲，因此不難預測出這句話所表達的情感
是消極的。

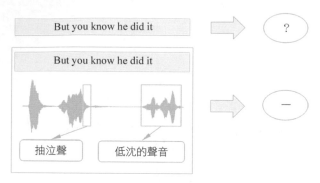

圖 14.1 文字和音訊模態跨模態互動範例圖

本章以預訓練為基礎的 BERT 模型 [31]，提出了一個針對音訊模態和文字模態的 cross modal BERT 模型 (CM-BERT)。該模型透過利用預訓練 BERT 來獲取文字序列的特徵向量，並引入單字層級對齊的音訊模態特徵來輔助文字模態更好地對預訓練 BERT 模型進行微調。其中，Masked Multimodal Attention 作為該模型的核心模組，它利用音訊模態和文字模態的跨模態互動作用來動態地對文字序列中每個單字的權重進行調整，從而得到更好的表示向量，提升情感分類性能。

14.1 問題定義

給定一個文字序列 $T=(T_1, T_2, \cdots, T_n)$，其中，$n$ 表示文字序列中單字的個數。因為預訓練 BERT 模型 Embedding 層會在文字序列前引入一個特殊的分類嵌入 Special Classifier token([CLS])，因此經過 Embedding 層後輸入的原始文字序列會變成 $X_T =[E_{[CLS]}, E_1, E_2, \cdots, E_n]$。為了與文字模態序列長度保持一致，本章在單字級對齊的音訊特徵序列之前增加一個零向量，因此音訊特徵表示為 $X_A =[A_{[CLS]}, A_1, A_2, \cdots, A_n]$，其中，$A_{[CLS]}$ 為零向量。本章所提出的方法的目的是為了利用 X_T 和 X_A 之間的互動作用來動態調整文字序列中每個單字的權重，從而可以更好地對預訓練 BERT 模型進行微調，學習到更好的表示向量，從而提升跨模態情感分類性能。

14.2 音訊特徵取出與對齊

受到 Zadeh[67] 的啟發，本節使用 COVAREP[109] 特徵取出工具來取出音訊特徵，經過工具取出後，每個音訊檔案將會被表示為一個 74 維的特徵向量，其中包含 12 個 MFCC、音高追蹤和濁音 / 濁音分割特徵、聲門來源參數、峰值斜率參數和最大彌散係數。為了與文字模態保持一致，本節對音訊模態進行了單字層級的對齊，透過使用 P2FA[157] 來獲得文字序列中每個單字所對應的時間步進值，然後在對應單字的時間步進值對音訊特徵進行平均並使用零向量填充音訊特徵序列從而與文字模態的序列長度一致。

14.3 CM-BERT 模型

本章以預訓練為基礎的 BERT 模型 [31]，提出了一個針對音訊模態和文字模態的 CM-BERT 模型，其模型結構如圖 14.2 所示。CM-BERT 針對文字、音訊兩種模態資料，一方面，它採用了預訓練的 BERT 模型來將文字資料轉換成對應的文字表示向量；另一方面，透過使用 COVAREP 及 P2FA 可以獲取和文字模態在單字層級對齊的音訊特徵。之後為了消除不同模態特徵維度的影響，它利用 1 維卷積層將不同模態的特徵映射到同一維度，同時也將映射後的特徵向量進行對應的放縮。

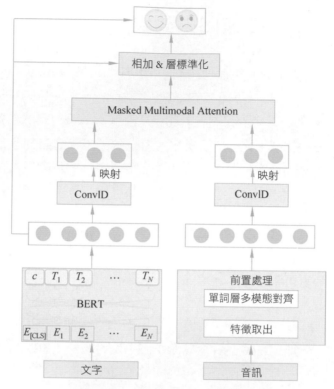

圖 14.2 CM-BERT 模型結構圖

14.3.1 預訓練 BERT 模型

為了得到文字模態的特徵表示，本章使用了預訓練的 BERT 模型來對文字資料進行特徵表示學習。BERT 模型是由 Jacob Devlin 等提出的，因為該模型在 NLP 領域的 11 個方向大幅更新了精度，因此獲得了廣泛的使用 [27, 158-163]。BERT 模型最大的特點是拋棄了傳統的 RNN 和 CNN，它透過 Attention 機制將任意位置的兩個單字的距離轉換成 1，從而有效地解決了 NLP 中棘手的長期依賴問題。

當把文字輸入 BERT 模型後，首先需要對其進行編碼。BERT 對文字進行編碼時，會分別計算單字嵌入、位置嵌入及分割嵌入，並將它們進行相加作為最終的文字輸入表示。之後文字輸入表示將進入 BERT 模型的核心組成

模組：Transformer。Transformer 是一個 encoder-decoder 結構，它由若干編碼器和解碼器堆疊形成[29]如圖 14.2 所示，圖中左側部分為編碼器，它由 Multi-Head Attention 和全連接層組成，用於將輸入語料轉換成特徵向量。右側部分是解碼器，其輸入為編碼器的輸出及已經預測的結果，它由 Masked Multi-Head Attention、Multi-Head Attention 和一個全連接組成。因為預訓練 BERT 模型採用自監督學習方法在巨量資料中進行了訓練，因此，它可以更好地對單字進行特徵表示。因此，本節將 BERT 模型最後一層全連接層的輸出作為文字模態的特徵表示，用於後續的模態互動以及情感分類。

14.3.2 時序卷積層

給定文字特徵表示 X_A 和音訊特徵表示 X_T，為確保輸入序列的每個元素對其鄰域元素都有足夠的感知，本節將文字和音訊的特徵表示分別輸入到一個 1 維的時序卷積層中，計算過程見式 (14.1)：

$$\{\hat{X}_T, \hat{X}_A\} = \text{Conv1D}(\{X_T, X_A\}, k_{\{T,A\}}) \tag{14.1}$$

其中，$k_{\{T,A\}}$ 表示用於文字和音訊模態的卷積核的大小，因為文字的特徵表示維度遠大於音訊的特徵表示，在訓練的過程中，$\hat{X}_T$ 相較於 $\hat{X}_A$ 會越來越大，為了防止點積增長幅度過大，將 Softmax 函數的結果推到極小的梯度區域。本節對 $\hat{X}_T$ 和 $\hat{X}_A$ 進行了映射，映射過程見式 (14.2) 和式 (14.3)：

$$\hat{X}'_T = \frac{\hat{X}_T}{\sqrt{\|\hat{X}_T\|_2}} \tag{14.2}$$

$$\hat{X}'_A = \frac{\hat{X}_A}{\sqrt{\|\hat{X}_A\|_2}} \tag{14.3}$$

在得到 X_T，$\hat{X}'_T$，$\hat{X}'_A$ 之後，為了讓文字模態和音訊模態得到充分的互動，它們將被輸入到 Masked Multimodal Attention 中。

14.3.3 Masked Multimodal Attention

　　Masked Multimodal Attention 作為 CM-BERT 模型的核心，其目的是引入音訊模態的資訊來幫助文字模態動態調整單字的權重，並對預訓練的 BERT 模型進行微調，其模型結構如圖 14.3 所示。首先，分別計算文字和音訊模態下每個單字的權重，文字模態中的 Query 和 Key 定義為：$Q_T = K_T = \hat{X}'_T$，其中，$\hat{X}'_T$ 為映射後的文字特徵表示。音訊模態中的 Query 和 Key 定義為：$Q_A = K_A = \hat{X}'_A$，其中，$\hat{X}'_A$ 為映射後的單字層級對齊的音訊特徵表示。之後，文字模態的注意力矩陣 $\boldsymbol{\alpha}_T$ 和音訊模態的注意力矩陣 $\boldsymbol{\beta}_A$ 定義見式 (14.4) 和式 (14.5)：

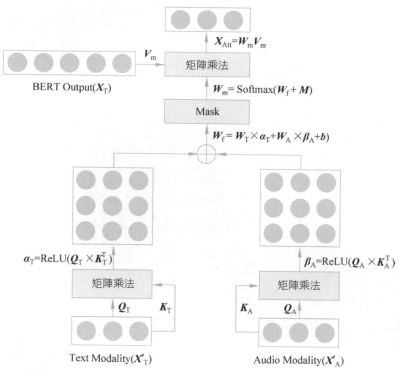

圖 14.3 Masked Multimodal Attention 模型結構圖

$$\boldsymbol{\alpha}_T = \mathrm{ReLU}(Q_T K_T^T) \tag{14.4}$$

$$\boldsymbol{\beta}_A = \mathrm{ReLU}(Q_A K_A^T) \tag{14.5}$$

為了能夠讓文字與音訊模態更好地互動，並對單字權重進行動態調整，將文字與音訊模態的注意力矩陣 $\boldsymbol{\alpha}_T$ 和 $\boldsymbol{\beta}_A$ 進行加權求和，並得到加權融合注意力矩陣 W_f：

$$W_f = w_T * \boldsymbol{\alpha}_T + w_A * \boldsymbol{\beta}_A + b \qquad (14.6)$$

其中，w_T 和 w_A 分別表示文字和音訊模態的權重，b 表示偏差。為了減少填充序列的影響，本節引入了一個 mask 矩陣 M，其中，用 0 表示單字所對應的位置，用 $-\infty$ 表示填充的位置，這樣經過 Softmax 之後，填充序列所得到的權重趨向於 0。因此，多模態注意力矩陣 W_m 定義見式 (14.7)：

$$W_m = \text{Softmax}(W_f + M) \qquad (14.7)$$

在得到多模態注意力矩陣 W_m 之後，將它與 Masked Multimodal Attention 的 Key 相乘，從而得到最終的輸出結果 X_{Att}：

$$X_{Att} = W_m V_m \qquad (14.8)$$

其中 V_m 為 BERT 最後一層編碼器的輸出結果，$V_m = X_T$。

14.4 實驗與分析

在本部分中，將展示所提出的 CM-BERT 模型在情感分類任務上的性能。首先，本節將介紹實驗中所用的資料集和模型評估指標。其次，本節舉出模型的詳細實驗設定。之後，本節將 CM-BERT 模型與當下最為先進的幾種基準線方法進行了模型對比。除此之外本節對 Masked Multimodal Attention 進行了視覺化展示，從而證明該方法引入音訊模態後可以有效地輔助文字模態動態調節句子中單字的權重。

14.4.1 資料集和評價指標

為了驗證模型方法的有效性，本節在國際公開多模態情感資料集 MOSI[64] 及 MOSEI[10] 分別進行了對比實驗。

本章分別使用與 13.2.2 節中相同的評價指標。

14.4.2 實驗設定

為了嚴謹地闡述實驗細節，本節詳細介紹了實驗中所使用的全部參數。本章所有模型均使用 PyTorch 框架實現。CM-BERT 中所使用的預訓練 BERT 為 $BERT_{base}$ 版本，它由 12 個 Transformer 層組成，全連接層神經元數目為 768。為了防止過度擬合，將編碼器層的學習率設定為 0.01，並將其餘層的學習率設定為 2×10^{-5}。為了獲得更好的性能，凍結了編碼層的參數。在訓練過程中，batch 的大小設定為 32，epoch 的數目設定為 3，最佳化器使用 Adam，損失函數設定的為交叉熵。

14.4.3 跨模態情感分類實驗結果

為了驗證模型的有效性，本節首先在 MOSI 資料集與多種多模態模型進行了對比，用於對比的基準線模型如下所示。

EF-LSTM：MCTN、MuIT 已在 13.2.3 節中詳細介紹。

LMF[8]：低秩多模態融合 (low-rank multimodal fusion, LMF) 是一種利用低秩張量使多模態有效融合的方法。它不僅大大降低了計算複雜度，而且顯著提高了性能。

MFN[9]：記憶融合網路 (memory fusion network, MFN) 主要由 LSTM、Delta-memory Attention、Multi-view Gated Memory 組成，它明確地解釋了神經結構中的相互作用，並對它們進行了時序建模。

MARN[149]：多注意力循環網路 (Multi-attention recurrent network ,MARN) 可以利用 Multi-attention 和 Long-short Term Hybrid Memory 來發現和儲存不同模式之間的互動作用。

RMFN[164]：循環多階段融合網路 (recurrent multistage fusion network, RMFN) 將多階段融合過程與循環神經網路相結合，對時間和模態內相互作用進行建模。

MFM[165]：多模態分解模型 (multimodal factorization model, MFM) 可以將多模態表示分解為多模態判別因數和模態特定生成因數，它可以幫助每個因數集中學習多模態資料和標籤的聯合資訊子集。

T-BERT[31]：僅使用文字模態資訊來對預訓練 BERT 進行微調。

本節首先以 MOSI 資料集為基礎對所提出的 CM-BERT 模型進行了對比實驗，我們分別進行了情感二分類任務、情感極性分類任務以及回歸任務，實驗結果如表 14.1 所示，其中 T 表示文字，A 表示音訊，V 表示視訊。從實驗結果不難看出，CM-BERT 在所有評價指標上均有大幅度的性能提升。在情感二分類任務中，CM-BERT 在 Acc-2 上相較於基準線模型有 1.5%~9.2% 的性能提升。在情感極性分類任務中，CM-BERT 的性能提升更加明顯，它在 Acc-7 上相較於基準線模型提升了 4.9%~12.1%。在回歸任務中，CM-BERT 在 MAE 上減少了 0.142~0.294，並在 Corr 上提升了 0.093~0.183。除此之外，除了 T-BERT 以外的所有基準線模型均使用了文字、音訊和視訊 3 個模態的資料，但是本章所提出的 CM-BERT 只使用文字和音訊模態的資料並創造了最優實驗結果。

表 14.1 MOSI 資料集跨模態情感分類實驗結果表

模　型	模　態	Acc-7	Acc-2	F_1	MAE	Corr
EF-LSTM	T+A+V	33.700	75.300	75.200	1.023	0.608
LMF	T+A+V	32.800	76.400	75.700	0.912	0.668
MFN	T+A+V	34.100	77.400	77.300	0.965	0.632
MARN	T+A+V	34.700	77.100	77.000	0.968	0.625
RMFN	T+A+V	38.300	78.400	78.000	0.922	0.681
MFM	T+A+V	36.200	78.100	78.100	0.951	0.662
MCTN	T+A+V	35.600	79.300	79.100	0.909	0.676
MulT	T+A+V	40.000	83.000	82.800	0.871	0.698
T-BERT	T	41.500	83.200	83.200	0.784	0.774
CM-BERT(ours)	T+A	**44.900**	**84.500**	**84.500**	**0.729**	**0.791**

從表 14.1 中可以看出，MulT 的實驗結果要明顯高出 T-BERT 以外的所有基準線方法，這主要是因為 MulT 將 Transformer 模型從文字模態延展到多模態。透過對比 T-BERT 與 MulT 的實驗結果，因為預訓練 BERT 可以得到更好的特徵表示，因此 T-BERT 模型的實驗結果均要優於 MulT。本章所提出的 CM-BERT 將預訓練的 BERT 模型從文字模態拓展到多模態，它透過引入音訊模態的資料來輔助文字模態動態調節單字的權重，從而更好地對預訓練模型 BERT 進行微調。因為 CM-BERT 透過文字與音訊模態的互動可以更全面地展示說話者的情感狀態並捕捉更加豐富的情感特徵，因此它在所有評價指標上的實驗結果相較於 T-BERT 均有明顯的提升。值得注意的是，表 14.1 中 CM-BERT 和 T-BERT 之間的 student-t 檢驗的 p 值在所有指標上都遠遠低於 0.05，這表示 CM-BERT 與 T-BERT 的實驗結果在統計學上有顯著性差異。

除了在 MOSI 資料集，本章還在 MOSEI 資料集上進行了對比實驗來證明 CM-BERT 具有較強的泛化能力。為了便於比較，本節以表 14.1 選取為基礎在 MOSI 資料集性能排名前三的模型 CM-BERT、T-BERT、MulT 在二分類準確率 Acc-2、F1 值進行對比。MulT 在 MOSEI 資料集上分別取得了 82.5% 的 Acc-2 和 82.3% 的 F1 值。T-BERT 在 Acc-2 和 F1 值上分別取得了 83.0% 和 82.7% 的實驗結果，相較於 MulT 分別提升了 0.5% 和 0.4%。CM-BERT 在 Acc-2 和 F1 值上分別取得了 83.3% 和 83.2% 的實驗結果，相較於其他兩個模型在 Acc-2 上提升了 0.3%~0.8%，在 F1 值上提升了 0.5%~1.0%。因此，CM-BERT 在 MOSEI 資料集上依舊表現出了優異的性能。

14.4.4 注意力機制視覺化分析

為了更好地證明 Masked Multimodal Attention 的有效性 [166]，本節分別將文字注意力矩陣 α_T 和多模態注意力矩陣 W_m 視覺化。透過對比二者在單字權重上的差異，可以證明在引入音訊模態資訊後，Masked Multimodal Attention 能夠合理地調整單字的權重。本節從 MOSI 資料集中選取 3 個句子作為範例，展示了 Masked Multimodal Attention 的對單字權重的調整。這些句子的文字注意力矩陣 α_T 和多模態注意力矩陣 W_m 如圖 14.4 所示，其中圖 14.4 (a)~ 圖 14.4(c) 為只是

用文字模態資料的注意力矩陣，14.4 (d)~ 圖 14.4(f) 為引入音訊模態資料後的多模態注意力矩陣。圖 14.4 (a) 和圖 14.4(b) 為句子 THERE ARE SOME FUNNY MOMENTS 對應的注意力矩陣，圖 14.4 (b)~ 圖 14.4(e) 為句子 I JUST WANNA SAY THAT I LOVE YOU 對應的注意力矩陣，圖 14.4 (c)~ 圖 14.4(f) 為句子 I THOUGHT IT WAS FUN 對應的注意力矩陣。矩陣中顏色越深代表單字的權重越大，反之越小。其中，用紅框來強調單字權重中最重要的變化。

第一個例子為句子 THERE ARE SOME FUNNY MOMENTS，圖 14.4 (a) 和圖 14.4(d) 為對應的注意力矩陣。透過對比可以發現引入音訊模態後，單字權重發生了很明顯的變化。例如在圖 14.4 (a) 中，單字 FUNNY 和 ARE 之間有較高的得分，然而這是無意義的，從這兩個單字中無法捕捉到任何情感相關資訊，引入音訊模態資訊後，Masked Multimodal Attention 有效地減少了 FUNNY 和 ARE 之間的權重，並合理地增加了 FUNNY 在 SOME 和 MOMENTS 的權重。第二個例子為句子 I JUST WANNA SAY THAT I LOVE YOU，圖 14.4 (b) 和圖 14.4(e) 為對應的注意力矩陣。透過對比圖 14.4 (b) 和圖 14.4(e) 可以發現 Masked Multimodal Attention 可以有效地提高相關單字的權重，並減少無關單字的權重。例如在圖 14.4(e) 中，單字 LOVE 和 YOU 的權重獲得了有效提升，單字 JUST 和 THAT 之間的權重獲得了合理降低。透過指定相關詞更多的權重，我們可以捕捉到更豐富的情感資訊，減少雜訊資訊的影響。第三個例子為句子 I THOUGHT IT WAS FUN，對應的注意力矩陣為圖 14.4 (c) 和圖 14.4(f)。與前兩個例子類似，單字 I 和單字 THOUGHT、FUN 之間的權重獲得了合理的提高，因為這些詞包含豐富的情感資訊，它們對正確預測情感具有重要意義。透過以上 3 個例子，本節可以得出這樣的結論：本章所提出的 Masked Multimodal Attention 能夠合理地動態調整詞的權重，並且能夠透過文字和音訊模態之間的互動作用來捕捉較為重要的資訊。

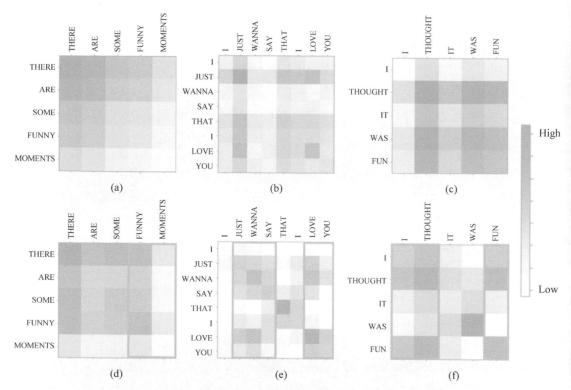

圖 14.4 Masked Multimodal Attention 視覺化展示圖

14.5 不足與展望

　　本章以預訓練語言模型 BERT 為基礎，提出了用於文字和音訊跨模態情感分類的 CM-BERT 模型，雖然在國際公開資料集 MOSI 和 MOSEI 上取得了更為先進的實驗結果，但還是存在一些缺點和不足，本節旨在根據現存的問題對未來工作進行合理展望。首先，使用預訓練 BERT 模型在大規模資料集例如 MOSEI 上的訓練時間銷耗較大，還需要對伺服器的 GPU 性能有較高的要求。其次，本節只引入了音訊模態來輔助文字模態動態調整單字權重，後續可以考慮將視訊模態也引入進來，從而更好地微調預訓練 BERT 模型。

14.6　本章小結

　　本章提出了一種新的多模態情感分析模型，稱為 CM-BERT。不同於以往的工作，將預訓練的 BERT 模型從文字模態擴充到多模態。透過引入音訊模態資訊來幫助文字模態微調 BERT 並獲得更好的表示。作為 CM-BERT 模型的核心單元，Masked Multimodal Attention 透過利用文字與音訊模態間的互動來動態調整單字的權重，從而捕捉到更多與情感相關的資訊。本章在 MOSI 及 MOSEI 資料集上進行了實驗，實驗結果表示該模型相較於基準線模型在所有評價指標上均取得了明顯的性能提升。透過對 Masked Multimodal Attention 進行視覺化展示，可以有力地證明該方法引入音訊模態後，可以合理地調節單字權重。

本篇小結

　　本篇所介紹的研究工作進展層層遞進，從輸入到融合，再到解決實際問題，一步步探索了在多模態情緒辨識任務上的研究方法。每個步驟本篇都展示了詳細實驗結果來證明所提出方法的有效性，並對已完成的工作進行了全面的分析，也對未來的工作有了明確的方向。

　　本篇在跨模態情緒辨識和情感分析領域，提出了一個可以解決模態對齊與否這種實際問題的模型。該模型同樣在準確辨識情緒的任務上取得了較好的性能。然而，這項工作還有很多值得進一步深入的地方。首先，本篇沒有涉及對視訊模態的處理，仍然缺失了從人們面部表情這一角度來把握情緒資訊。對於視訊模態的表徵提取工作仍然是充滿挑戰的。在未來工作中，會繼續研究視訊模態的情緒辨識方法，並類比於已有的工作基礎，建構出更加豐富和有效的情緒辨識模型。

第五篇

多模態資訊的情感分析

本篇將圍繞多工學習機制提出幾種多模態情感分析模型。每種方法都對應地解決了在多模態情感分析問題中所遇到的侷限,並透過大量的實驗證明了各方法的有效性。

15

以多工學習為基礎的多模態
情感分析模型

　　多工學習透過同時最佳化多個學習型目標提升學習型表示特徵的資訊量，進而提升模型的堅固性。因此，將多工學習應用於多模態情感分析中，主要目的是為了提升多模態融合前後的特徵表示能力。例如，Akhtar 等 [59] 以硬共用機制聯合學習多模態情感分析和情緒辨識任務為基礎，獲得了情感資訊更加豐富的多模態表示，從而獲得了更優的情感辨識性能。但是帶有統一標注的多模態等級任務仍然僅能提升模態表示的一致性資訊，難以彌補差異化資訊的缺失。在最近的一項研究工作中，研究者嘗試加入多個自監督的子任務約束，用於引導模型學到更具模態一致性和模態差異性的單模態表示 [11]。如圖 15.1 所示，在獲得 3 個單模態表示之後，作者首先將其分別映射到一致性和差異性空間，然後引入了額外的 3 個結構性最佳化目標：相似度損失、差異性損失和重構損失。相似度和差異性損失最佳化分別用於增強單模態表示的一致性和差異性，重構損失用於避免映射後的表示特徵與原特徵差異過大。但是模態語義中的一致性和差異性難以在空間維度上進行有效度量，所以這種做法並沒有取得顯著的效果。

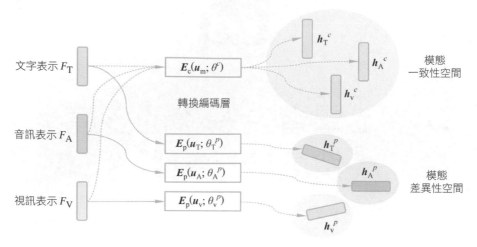

圖 15.1 模態一致性和模態差異性學習模型

　　整體上，現有研究中將多工與多模態情感分析相結合的工作還比較缺乏。在本章後續研究中，將考慮在多模態情感分析主任務的基礎上，引入額外的單模態子任務，引導模型學到更多的模態差異性資訊。

　　本章將在此基礎上開展主線任務 —— 以多工學習範式聯合學習多模態和單模態情感分析任務為基礎。以先前標注為基礎的多模態多標籤的中文多模態情感分析資料集，建構有監督的多工多模態情感分析框架，在框架中引入 3 個主流的融合結構，透過對比實驗充分驗證單模態子任務對多模態主任務的輔助作用。

15.1 以多工學習為基礎的多模態情感分析模型概述

15.1.1 模型整體設計

　　圖 15.2 展示了本章以多工學習為基礎的多模態情感分析框架 (multi-task Multi-modal sentiment analysis, MMSA)，這是一種典型的獨立表示的後期融合結構。整個模型分為輸入層、表示學習層、融合層和分類輸出層 4 部分。輸入層以 3 個單模態資料作為輸入，表示學習層包含 3 個單模態表示學習子網路，融合層將單模態表示進行融合得到一個融合後表示。前 3 部分與其他多模態情

感分析模型沒有明顯差異,重點在於第 4 部分——分類輸出層。在得到每個單模態表示之後,除了將其輸入融合層執行多模態分析任務外,還分別被用於執行各個單模態情感分析任務。因此,各個單模態表示學習子網路均獲得了兩部分的聯合監督:多模態監督和單模態監督。以上對本章的模型進行了整體性介紹,下面將對其中各個部分進行詳細介紹。

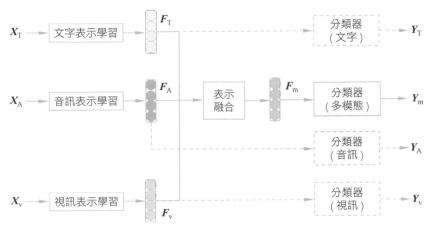

圖 15.2 以多工學習為基礎的多模態情感分析框架圖

15.1.2 單模態表示學習網路

　　單模態表示學習網路是對單模態原始資料進行建構和學習的過程,由於本章聚焦於模型的後向引導和最佳化過程,以及為了便於與現有模型方法作對比,因此這部分的模型設計主要參考於文獻 [4]。下面對各單模態表示學習網路進行詳細介紹。

1. 文字表示學習

　　文字是典型的非數值型態資料,不能直接輸入網路模型中,為此需要先將文字轉換為數值型向量。近兩年,以 BERT[31] 為代表的預訓練語言模型成為主流的文字向量化模型。特別地,BERT 可以提取字等級的向量表示,因此也不需要對中文句子進行分詞處理,僅需在句子開頭和結尾加上對應的指示符號。於是,可將文字資料直接輸入到預訓練過的 BERT 中得到每個句子中的字向量

特徵。在多模態情感分析中,所處理的文字更偏向口語化,相較於書面語言,更容易出現停頓及意義不大的語氣詞,例如,「這個,額,我覺得有點,不是很好看」。而 BERT 是以單模態的書面文字作為預訓練素材,沒有考慮到日常口語的特點。為了解決此問題,可以在提取的句子向量基礎上加入 LSTM[28] 和全連接映射層。LSTM 具有更新記憶和選擇性遺忘的特點,而全連接層可以結合非線性變化,將不重要資訊的權重拉低。由此,可以過濾掉不重要的文字資訊,避免對後續判斷產生干擾。

圖 15.3 展示了文字表示網路的詳細結構。給定一個句子並限定其最大長度為 l,利用預訓練的 BERT 得到句子的字向量 $\boldsymbol{X}_\mathrm{T} \in \mathbf{R}^{l_t \times 768}$,將其輸入到單向 LSTM 網路中獲得隱狀態表示,最後經過全連接層轉換得到文字表示為

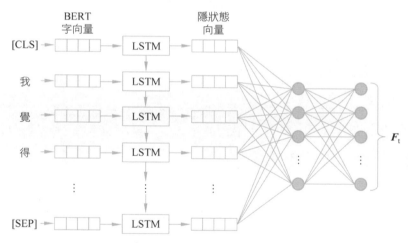

圖 15.3 文字表示學習網路

$$\boldsymbol{h} = \mathrm{LSTM}(\boldsymbol{X}_\mathrm{T}; \boldsymbol{W}_{ld}) \tag{15.1}$$

$$\boldsymbol{F}_\mathrm{T} = U_1(\boldsymbol{h}; \boldsymbol{W}_l) \in \mathbf{R}^{d_\mathrm{T}} \tag{15.2}$$

其中,$\boldsymbol{h}$ 是 LSTM 輸出的隱狀態向量;U_1 是全連接網路;$\boldsymbol{d}_\mathrm{T}$ 是最終得到的文字表示維度。

2. 音訊表示學習

對於每個音訊片段，以 22050Hz 的取樣速率進行分幀處理 (大約 23ms/ 幀)，然後針對每個音訊幀，採用 LibROSA 工具套件[108] 提取一系列的音訊特徵，包括 1 維的過零率、20 維的 MFCC 和 12 維的常數 Q 變換特徵。這些特徵中包含了說話人聲音中的不同特點，文獻 [167] 已經驗證了這些特徵與音訊情感密切相關。隨後，沿著時間維度將同一個音訊片段中不同音訊幀的特徵進行平均池化得到原始的音訊特徵 X_A。

由於已經提取獲得了豐富的音訊特徵，因此一個淺層的神經網路便足以實現後續的表示學習過程。為此，將 X_A 輸入 3 層全連接網路中，以 ReLU 作為非線性啟動函數，對音訊原始特徵進行再次學習和轉換：

$$F_A = U_A(X_A; W_A) \in \mathbf{R}^{d_A} \tag{15.3}$$

其中，U_A 是附帶 ReLU 啟動的 3 層全連接網路；d_A 是最終得到的音訊表示維度。

3. 視訊表示學習

一段視訊可視為隨時間變化的圖片序列，因此首先從視訊中以 30Hz 的頻率取出出幀序列 (每秒視訊中提取 30 張圖片)。然後，考慮到說話人的臉部是最能表現情感色彩的視覺資訊，因此結合 MTCNN 演算法[137] 從圖片中框出人臉，並且根據眼睛和嘴巴的位置進行人臉對齊。接著，利用 OpenFace 2.0 工具套件[136] 從對齊的人臉圖片中提取出 68 個臉部關鍵點座標、17 個人臉動作單元、頭部姿態、頭部扭曲角度和眼神狀態等與人臉表情相關的特徵，最終每張人臉圖片均獲得了 709 維的原始人臉特徵。隨後，沿著時間維度將同一個音訊片段中不同音訊幀的特徵進行平均池化得到原始的視訊特徵 X_v。

與音訊表示學習過程類似，將 X_v 輸入 3 層全連接網路中，以 ReLU 作為非線性啟動函數，對視訊原始特徵進行再次學習和轉換：

$$F_v = U_v(X_v; W_v) \in \mathbf{R}^{d_v} \tag{15.4}$$

其中，U_v 是附帶 ReLU 啟動的 3 層全連接網路；dv 是最終得到的視訊表示維度。

15.1.3 表示融合和分類

為了充分驗證加入單模態子任務後學到的表示是否能夠更好地促進融合效果，本節引入了 3 種經典的多模態融合結構：簡單拼接、張量融合網路 TFN[4] 和低階張量融合網路 LMF[8]。為了區別已有模型，將得到的 3 個新的模型分別命名為 MLF-DNN、MTFN、MLMF。由於上述融合結構在 2.2.3 節有詳細介紹，此處不再贅述。不失一般性，表示融合的運算式如下：

$$F_m = F(F_T, F_A, F_v; \theta) \tag{15.5}$$

其中，F 為特定的融合模型，θ 為融合模型的參數。單模態表示不僅參與表示融合過程，還參與各自的分類輸出。為了便捷性和統一性，本模型在 3 個單模態子任務和一個多模態主任務上都採用了多層全連接網路作為最終的分類器，輸出情感分析結果。鑒於資料集是回歸類型標注的特點，最終輸出的結果為 1 維的回歸值，而非多維的分類值。

$$Y_i = U_c^i(F_i; W_c^i) \in \mathbf{R} \tag{15.6}$$

其中，$i \in \{m, t, a, v\}$，U_c^i 為模態 i 的分類器；W_c^i 為其對應的參數。

15.1.4 多工最佳化目標

除了各個任務中的訓練損失，以 L2 為基礎的正規化被用於約束任務之間的共用參數。因此，整體的最佳化目標為

$$L = \frac{1}{N_t} \sum_{n=1}^{N_t} \sum_i \alpha_i \left| y_i^n - \hat{y}_i^n \right| + \sum_j \beta_j \left\| W_j \right\|_2^2 \tag{15.7}$$

其中，N_t 是訓練樣本的數量；$i \in \{m, t, a, v\}$；$j \in \{t, a, v\}$；W_j 是單模態任務 j 和多模態任務之間的共用參數；α_i 是用於權衡不同任務訓練過程的超參數；β_j 代表單模態表示學習子網路 j 的權重衰減因數。

15.2 實驗設定和結果分析

15.2.1 實驗設定

本節詳細介紹後續實驗中需要用到的多模態基準線方法、訓練設定和結果的評價指標。

1. 基準線方法

EF-LSTM；TFN[4]；LMF[8]；MFN[9]；MuIT[30] 已在 13.2.3 節和 14.4.3 節中詳細介紹了。以晚期融合為基礎的深度神經網路 (LF-DNN)：與 EF-LSTM 相反，LF-DNN 首先學習各個單模態表示，然後將這些學習型表示進行簡單拼接得到融合後的表示。

2. 訓練設定

在隨機打亂所有的視訊片段後，按照 6：2：2 的比例將其劃分為訓練集、驗證集和測試集，如表 15.1 所示。由於不同的樣本具有不同的序列長度，而模型需要大小一致的資料作為輸入量。因此，有必要為所有樣本在同一模態的資料設定固定的長度值。傳統的做法一般採用最大值或者均值作為固定的序列長度。但是，前者易造成輸入資料封包含過多無效值，影響模型訓練速度和收斂性能；後者會導致超過均值的片段被人為裁剪，造成大量有效資訊的遺失。為了解決上述問題，本章採用所有樣本長度的均值加 3 倍標準差的結果作為固定長度。其理由是，假設所有樣本的長度符合正態分佈，那麼這種方法可以覆蓋 99.73% 的樣本，同時避免了因單一片段長度過長而引入大量的無效資訊。

表 15.1　SIMS 資料集訓練設定表

類別	強消極	弱消極	中性	弱積極	強積極	總量
訓練集	452	290	207	208	211	1368
驗證集	151	97	69	69	70	456
測試集	151	97	69	69	71	457

對於所有的基準模型和本章提出的方法,採用網格搜索策略調整超參數,選擇驗證集上二分類準確性最好的結果作為最終的模型參數。由於深度學習模型具有初始化參數,而這些參數帶有一定的隨機性,並且會對模型結果產生較大影響。因此,為了增加不同方法比較的公平性,每組實驗被用 5 個不同的隨機種子 (1, 12, 123, 1234, 12345) 跑了 5 次,以 5 輪結果的均值作為最終的彙報結果。

3. 評價指標

與文獻 [4] 一致,本章以兩種任務形式記錄實驗結果:多分類和回歸。此處,值得注意的是整個模型輸出的是回歸值,多分類的結果是將回歸值按照表 15.1 進行類別轉換得到的。對於多分類結果,記錄多分類準確率 Acc-k,其中 $k \in \{2, 3, 5\}$,分別表示二分類、三分類和五分類準確率,以及加權的 F1 分數。對於回歸型結果,記錄 MAE 和 Corr。除了 MAE 指標,其餘的評價指標都是值越高代表性能越好。

15.2.2 結果與分析

在本節,以 SIMS 資料集為基礎主要探索以下 4 方面的實驗內容。

(1) **多模態結果分析**。此部分首先將本章提出的多工多模態情感分析演算法與傳統的單任務多模態情感演算法進行了結果對比,目的在於驗證多工演算法的有效性,及為 SIMS 資料集設定基準線模型。

(2) **單模態結果分析**。由於 SIMS 帶有獨立的單模態標注,因此可以更全面地分析單模態和多模態演算法之間的效果差異,目的在於驗證多模態演算法的有效性以及為 SIMS 設立單模態情感分析的基準模型。

(3) **控制變數分析**。透過控制單模態子任務的引入數量,驗證不同單模態組合對多模態情感分析的結果影響程度,目的在於進一步探索單模態子任務與多模態主任務之間的關係。

(4) **表示差異性分析**。以 t-SNE 分析技術為基礎,此部分對單模態子任務引入前後的模型所學到的各個模態表示進行二維視覺化。其目的在於分析單模態

子任務是否能夠輔助模型學到更具有差異化的單模態表示分佈。

下面，依次分析上述 4 方面的實驗結果。

1. 多模態結果分析

在此部分，將多工模型與單任務基準線模型的結果進行對比並且僅考慮多模態任務的結果。實驗結果如表 15.2 所示，表中附帶 * 標記的是以現有工作改進後為基礎的多工模型，▽ 所在的行指示引入單模態子任務後的效果增益。從表 15.2 中可以看出，相比基準線模型，多工模型在絕大多數評價指標上均取得了更好的性能。特別地，所有的 3 個改進模型 (MLF-DNN、MTFN、MLMF) 都在原始模型 (LF-DNN、TFN、LMF) 的基礎上取得了顯著的性能提升。以上的結果表示，獨立的單模態子任務的引入可以顯著提升現有多模態情感分析演算法的性能。並且，注意到 MulT 模型在 SIMS 上的表現並不像其在英文資料集上盡如人意 [30]。這表示設計一個強堅固性的跨語言多模態情感分析模型仍然是一個充滿挑戰的任務，也是本章建構一個中文的多模態情感分析資料集的原因之一。

表 15.2　SIMS 資料集上的多模態模型結果對比表

模 型	Acc-2	Acc-3	Acc-5	F1	MAE	Corr
EF-LSTM	69.37	51.73	21.02	81.91	59.34	-04.39
MFN	77.86	63.89	39.39	78.22	45.19	55.18
MulT	77.94	65.03	35.34	79.10	48.45	55.94
LF-DNN	79.87	66.91	41.62	80.20	42.01	61.23
MLF-DNN*	82.28	69.06	38.03	82.52	40.64	67.47
▽	↑2.41	↑2.15	↓3.59	↑2.32	↓1.37	↑6.24
TFN	80.66	64.46	38.38	81.62	42.52	61.18
MTFN*	82.45	69.02	37.20	82.56	40.66	66.98
▽	↑1.79	↑4.56	↓1.18	↑0.94	↓1.86	↑5.80
LMF	79.34	64.38	35.14	79.96	43.99	60.00
MLMF*	82.32	67.70	37.33	82.66	42.03	63.13
▽	↑2.98	↑3.32	↑2.19	↑2.70	↓1.96	↑3.13

2. 單模態結果分析

由於 SIMS 上含有獨立的單模態情感標注,因此對每個模態分別做了 2 組對比實驗。在第一組實驗中,真實的單模態標籤被用於監督單模態任務的學習過程,用於驗證單模態情感分析性能。在第二組實驗中,用多模態標籤替代單模態標籤,驗證模型在僅知道單模態資訊時對多模態資訊所指向的人物真實情感的預測能力。

實驗結果如表 15.3 所示。首先,對於相同的單模態任務,在單模態標籤 (標籤類別不為 M) 下的結果均優於在多模態標籤下 (標籤類別為 M) 的結果。其次,在多模態標籤下,實驗結果顯著低於表 11.4 中結合多個模態資訊得到的結果。以上觀察結果說明僅依靠單一模態資訊難以判斷人物的真實情感狀態,驗證了執行多模態分析的必要性。

表 15.3 SIMS 資料集上的單模態情感分析結果對比表

任務	標籤類別	Acc-2	F1	MAE	Corr
A	A	67.70	79.61	53.80	10.07
	M	65.47	71.44	57.89	14.54
V	V	81.62	82.73	49.57	57.61
	M	74.44	79.55	54.46	38.76
T	T	80.26	82.93	41.79	49.33
	M	75.19	78.43	52.73	38.55

3. 控制變數分析

在此部分,將不同的單模態子任務與多模態主任務進行組合實驗,其目的在於進一步探索不同單模態子任務對多模態主任務的影響程度。實驗結果如表 15.4 所示。結果表示在僅含部分單模態子任務的情況下,多模態主任務的效果並沒有明顯提升,甚至出現下降情況。經過分析,上述現象可能與兩個因素有關:不同單模態表示的差異性和不同單模態子網路收斂過程的非同步性。前者指單模態子任務會增強各模態表示之間的差異性,對模型性能產生正向效果;後者指單模態子任務可能會造成各單模態子網路收斂程度不一樣,降低模型性

能。以任務 M，A 為例，音訊表示學習子網路受多模態和單模態監督的共同作用，而文字和視訊子網路僅受多模態監督。因此，在參數的每輪更新過程中，音訊子網路相當於更新了 2 次，而文字和視訊子網路僅更新了一次。由此導致的非同步性問題會有損多工模型的性能。但是，隨著單模態子任務數量的增加，非同步性問題得以緩解，並且不同模態表示的差異性得以增強，所以模型的效果也逐步提升。在 3 個單模態子任務全部引入時，模型的性能達到了最佳水準。

表 15.4 以 MLF-DNN 測得為基礎的不同任務結合的結果對比表

任務組合	Acc-2	F1	MAE	Corr
M	80.04	80.40	43.95	61.78
M,T	80.04	80.25	43.11	63.34
M,A	76.85	77.28	46.98	55.16
M,V	79.96	80.38	43.16	61.87
M,T,A	80.88	81.10	42.54	64.16
M,T,V	80.04	80.87	42.42	60.66
M,A,V	79.87	80.32	43.06	62.95
M,T,A,V	**82.28**	**82.52**	**40.64**	**64.74**

4. 表示視覺化分析

最後，為了驗證單模態子任務的引入會增強各單模態表示的差異性，此部分以 t-SNE 視覺化技術為基礎對 3 組模型學到的單模態表示進行降維視覺化。3 組模型分別是 LF-DNN 和 MLF-DNN、TFN 和 MTFN、LMF 和 MLMF。可見在每組模型中，唯一的差別是有無 3 個獨立的單模態子任務。視覺化結果如圖 15.4 所示，在每個子圖中，紅色、綠色、藍色的點分別代表文字 (T)、音訊 (A) 和視訊 (V) 的模態表示分佈情況，以及同一列中的兩個子圖形成一組對照關係。從圖中可以看出，未引入單模態子任務的模型得到的各單模態表示在分佈上更趨於一致，尤其是 LMF 的結果。而在引入單模態子任務後，單模態的表示分佈差異明顯更大。因此，單模態子任務可以幫助模型獲得更具有差異化的資訊，從而增強不同模態之間的互補性資訊。

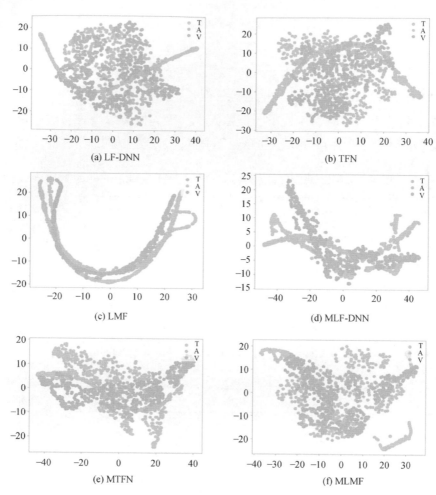

圖 15.4 單模態表示的視覺化

15.3 本章小結

　　本章以先前標注為基礎的多模態多標籤的中文多模態情感分析資料集 SIMS 建構了 MMSA。在框架中聯合學習 3 個單模態子任務和一個多模態主任務,並且將典型的 3 種融合結構引入此框架中。此外,4 個方面的對比實驗結果充分驗證了獨立的單模態子任務能夠輔助多模態模型學到更具有差異化的單模態表示資訊,進而提升模型效果。

16

以自監督學習為基礎的多工多模態情感分析模型

在第 15 章中以 SIMS 建構了以多工學習為基礎的多模態情感分析模型,並且取得了較好的實驗效果。但是此模型存在以下 3 個明顯不足:①獨立的單模態標注需要大量的人力和時間銷耗,並且因為現有資料集中沒有此類標注資訊,所以無法在其他資料集上驗證單模態子任務的效果;②在音視訊單模態表示學習子網路中,使用平均池化忽略了資料隨時間變化的特性;③在多工學習策略中,不同任務的損失權重是人為設定的超參數,過於依賴人工經驗,並且易導致不同子網路學習過程產生非同步性問題。

為了解決上述問題,本章提出一種以自監督學習策略為基礎的多工多模態情感分析模型。該模型在沒有人工標注的單模態標籤的引導下,仍然可以以多工學習聯合訓練單模態和多模態情感分析任務為基礎。並且,以時序模型最佳化了單模態表示學習子結構為基礎,同時提出一種自我調整的多工損失函數,使得模型更加關注多模態和單模態標籤差異性大的訓練樣本,有效解決了不同子網路學習的非同步性問題。最終,在 3 個資料集上進行了大量的實驗,充分驗證了模型的有效性和方法的可行性。

16.1 **以自監督學習為基礎的單模態偽標籤生成模型**

在本節，將對本章所提出的以自監督學習為基礎的多工多模態情感分析 (self-supervised multi-task multimodal sentiment analysis, Self-MM) 模型進行詳細介紹。自監督學習 (self-supervised learning, SSL) 是無監督學習 (unsupervised learning) 的一種，其利用資料和模型的自身特點得到任務的監督資訊。在本章中，自監督學習特指 3 個單模態子任務的訓練過程是不需要人工標注的，而多模態主任務仍然由人工標籤監督。因此，與第 15 章所提出的模型類似，Self-MM 仍是一個多工模型，透過聯合學習單模態子任務和多模態主任務促使模型學到兼具模態差異性和模態一致性的單模態表示。下面將詳細介紹 Self-MM 的具體實現。

16.1.1 模型整體設計

Self-MM 的整體模型如圖 16.1 所示。與第 15 章提出的 MMSA 結構類似，Self-MM 模型仍然由一個多模態主任務 (見圖 16.1 左側) 和 3 個單模態子任務 (見圖 16.1 右側) 組成。在不同任務之間，採用硬共用策略共用底層網路參數。下面分多模態任務和單模態任務兩個部分對模型整體進行介紹。

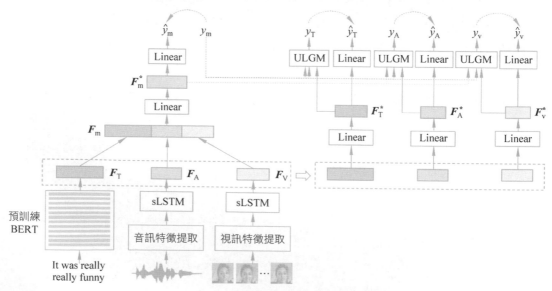

圖 16.1 Self-MM 的模型整體方塊圖

1. 多模態任務

對於多模態任務，採納了一種典型的多模態情感分析結構，其包含 3 個獨立的單模態表示學習網路、特徵融合網路和分類輸出網路。在文字模態，12 層的預訓練 BERT 被用於提取句子表示特徵，經驗上，最後一層的第一個詞向量被選為整個句子的表示 F_T：

$$F_T = \text{BERT}(I_T; \theta_T^{\text{bert}}) \in \mathbf{R}^{d_T} \tag{16.1}$$

第 15 章提出的 MMSA 中 BERT 僅被用做參數固定的特徵提取工具，但在 Self-MM 中 BERT 的參數並沒有被完全固定，而是會參與模型的訓練過程，參數會隨著網路更新而微調。因此，Self-MM 中沒有使用 LSTM 去捕捉句子間的時間特徵。

對於音視訊模態，與第 15 章工作和文獻 [4] 類似，首先以成熟為基礎的特徵提取工具從原始資料中獲得音訊和視訊的原始特徵集 I_A 和 I_V。然後，利用單向的 LSTM 網路捕捉資料中的時序性特徵，將其最後一個隱狀態作為音視訊的序列表示：

$$F_A = \text{sLSTM}(I_A; \theta_A^{\text{lstm}}) \in \mathbf{R}^{d_A} \tag{16.2}$$

$$F_V = \text{sLSTM}(I_V; \theta_V^{\text{lstm}}) \in \mathbf{R}^{d_V} \tag{16.3}$$

然後，拼接各個單模態表示並將其映射到一個較低維度的表示空間：

$$F_m^* = \text{ReLU}(W_{l1}^{\text{mT}}[F_T; F_A; F_V] + b_{l1}^{\text{m}}) \tag{16.4}$$

其中，$W_{l1}^{\text{m}} \in \mathbf{R}^{(d_l + d_A + d_V) \times d_m}$。

最後，融合表示 F_m^* 被用於預測多模態情感結果：

$$\hat{y}_m = W_{l2}^{\text{mT}} F_m^* + b_{l2}^{\text{m}} \tag{16.5}$$

其中，$W_{l2}^{\text{m}} \in \mathbf{R}^{d_m \times 1}$。

2. 單模態任務

對於 3 個單模態子任務而言，它們與多模態主任務之間共用表示學習網路。為了降低各個模態表示之間的維度差異，首先將各個單模態表示映射到一個新的特徵空間：

$$F_s^* = \mathrm{ReLU}(W_{l1}^{s\mathrm{T}} F_s + b_{l1}^s) \tag{16.6}$$

$$\hat{y}_s = W_{l2}^{s\mathrm{T}} F_s^* + b_{l2}^s \tag{16.7}$$

其中，$s \in \{T, A, V\}$。

為了指導單模態任務的訓練過程，單模態偽標籤生成模組 (unimodal label generation module, ULGM) 被用於生成各個單模態監督值。此模組的細節將在 16.1.2 節中詳細介紹。

$$y_s = \mathrm{ULGM}(y_m, F_m^*, F_s^*) \tag{16.8}$$

其中，$s \in \{T, A, V\}$。

最終，在人工標注的多模態標籤和自監督策略生成的單模態偽標籤指導下聯合訓練多個任務。特別地，與 MMSA 類似，僅在訓練階段需要單模態子任務參與。

16.1.2 ULGM

ULGM 的目的是以多模態人工標注和各個模態表示生成單模態監督值為基礎。為了避免由於網路參數更新帶來的非必要性干擾，ULGM 被設計為一個無參模組。其以 2 筆經驗性假設為基礎。

(1) 某個樣本預測結果的值與其模態表示到各個類中心的距離成正相關關係，例如，若文字表示到情感積極中心的距離大於消極中心，那麼文字的情感結果應該也更趨近積極。

(2) 單模態與多模態的情感標籤高度相關，即單模態標籤可以透過多模態標籤加上一個偏移量計算得到。如圖 16.2 所示，給定一個訓練樣本，它的多模態

表示 F_m^* 更接近其積極中心 (m-pos)，而單模態表示更接近其消極中心 (s-neg)。因此，需要在人工標注的多模態標籤 y_m 基礎上增加一個負向偏移 δ_{sm} 得到此樣本的單模態監督值。下面詳細介紹此模組的內部細節。

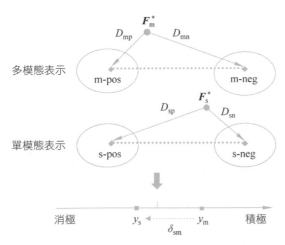

圖 16.2　單模態偽標籤生成圖例

1. 相對距離度量

由於不同的模態表示存在於不同的特徵子空間中，無法使用絕對距離進行度量，因此本章提出相對距離度量的概念，以此評價不同模態表示到其類中心的距離。首先，在每輪訓練過程中，更新維護不同模態的情感積極和消極中心位置：

$$C_i^p = \frac{\sum_{j=1}^{N} I(y_i(j) > 0) \cdot F_{ij}^g}{\sum_{j=1}^{N} I(y_i(j) > 0)} \tag{16.9}$$

$$C_i^n = \frac{\sum_{j=1}^{N} I(y_i(j) < 0) \cdot F_{ij}^g}{\sum_{j=1}^{N} I(y_i(j) < 0)} \tag{16.10}$$

其中，$i \in \{m, T, A, V\}$，N 是訓練樣本的總數，$I(\bullet)$ 是指示函數（內部條件為真時為 1，否則為 0）。F_{ij}^{g} 是模態 i 中第 j 個樣本的全域表示。

然後，利用 L2 範數計算當前樣本的模態表示 F_i^* 與各個類中心的距離：

$$D_i^p = \frac{\|F_i^* - C_i^p\|_2^2}{\sqrt{d_i}} \tag{16.11}$$

$$D_i^n = \frac{\|F_i^* - C_i^n\|_2^2}{\sqrt{d_i}} \tag{16.12}$$

其中，$i \in \{m, T, A, V\}$，d_i 是特徵的表示維度大小，在此處被用作縮放因數。

在此基礎上，進一步定義相對距離度量值：

$$\alpha_i = \frac{D_i^n - D_i^p}{D_i^p + \varepsilon} \tag{16.13}$$

其中，$i \in \{m, T, A, V\}$，ε 是一個極小的正數，避免除零異常。

2. 偏移量推導

結合上述分析過程，相對距離度量 α_i 與模型的輸出結果成正相關。為了得到單模態監督值和預測結果之間的聯繫，考慮以下兩類關係

$$\frac{y_s}{y_m} \propto \frac{\hat{y}_s}{\hat{y}_m} \propto \frac{\alpha_s}{\alpha_m} \Rightarrow y_s = \frac{\alpha_s * y_m}{\alpha_m} \tag{16.14}$$

$$y_s - y_m \propto \hat{y}_s - \hat{y}_m \propto \alpha_s - \alpha_m \Rightarrow y_s = y_m + \alpha_s - \alpha_m \tag{16.15}$$

其中，$s \in \{T, A, V\}$。

在公式 (16.14) 中，當 $y_m = 0$ 時，其生成的 y_s 總等於 0。因此，引入式 (16.15) 的目的是為了解決這種「零值不變問題」。為了方便，此處假設上述兩層關係的權重相等，因此，等權相加得到單模態偽標籤為

$$y_s = \frac{y_m \cdot \alpha_s}{2\alpha_m} + \frac{y_m + \alpha_s - \alpha_m}{2}$$

$$= y_m + \frac{\alpha_s - \alpha_m}{2} \times \frac{y_m + \alpha_m}{\alpha_m} \qquad (16.16)$$

$$= y_m + \delta_{sm}$$

其中，$s \in \{T, A, V\}$。則 $\delta_{sm} = ((\alpha_T - \alpha_m)/2) \times ((y_m + \alpha_m)/\alpha_m)$ 表示單模態偽標籤與多模態標注之間的偏移量大小。

3. 迭代式的模態標籤更新策略

由於每輪學習過程中，模態表示都會發生變化。因此，透過式 (16.16) 計算得到的單模態偽標籤不是足夠穩定的。為了避免這種情況影響網路參數的收斂性，本章引入了一種迭代式的模態標籤更新策略。

$$y_s^{(i)} = \begin{cases} y_m & i = 1 \\ \dfrac{i-1}{i+1} y_s^{(i-1)} + \dfrac{2}{i+1} y_s^i & i > 1 \end{cases} \qquad (16.17)$$

其中，$s \in \{T, A, V\}$，y_s^i 是第 i 個輪次計算得到的單模態偽標籤，$y_s^{(i)}$ 是在 i 個輪次後所生成的單模態偽標籤。

形式上，假設模型訓練的總輪次為 n，則透過式 (16.17) 可得到 y_s^i 的權重為 $2i/n\,(n+1)$。可見，在後面輪次計算得到的結果所占的權重大於前面輪次的結果。這種設計可以加速偽標籤的收斂速度，避免了前期由於模型不穩定而產生的不確定性結果。另外，由於 $y_s^{(i)}$ 是所有輪次得到的 y_s^i 的加權和，因此，$y_s^{(i)}$ 在足夠的迭代之後必會趨於穩定 (在後續實驗中，大概迭代 20 次後便趨於穩定)。最終，所有單模態子任務的訓練過程也會趨於穩定。詳細的更新演算法如演算法 16.1 所示。

演算法 16.1 單模態偽標籤生成策略

輸入：單模態輸入資料 I_1，I_A，I_V，多模態標籤 y_m

輸出：單模態偽標籤 $y_T^{(i)}$，$y_A^{(i)}$，$y_V^{(i)}$，其中 i 指訓練的迭代輪次數

1: 初始化網路參數 $M(\theta\,;x)$

2: 初始化單模態偽標籤 $y_T^{(1)}=y_m$，$y_A^{(1)}=y_m$，$y_V^{(1)}=y_m$

3: 初始化全域模態表示 $F_T^g=0$，$F_A^g=0$，$F_V^g=0$，$F_m^g=0$

4: for $n\in[1, \text{end}]$ do

5:      for mini-batch in dataLoader do

6:          計算 mini-batch 的模態表示 F_T^*，F_A^*，F_V^*，F_m^*

7:          利用式 (16.18) 計算損失 L 值

8:          計算參數梯度 $\dfrac{\vartheta L}{\vartheta \theta}$

9:          更新模型參數：$\theta=\theta-\eta\dfrac{\vartheta L}{\vartheta \theta}$

10:             if n ≠ 1 then

11:                 利用式 (16.9)~ 式 (16.13) 計算相對距離度量值 $\alpha_m, \alpha_T, \alpha_A, \text{and } \alpha_V$

12:     利用式 (16.16) 計算 y_T，y_A，y_V

13:     利用式 (16.13) 更新 $y_T^{(n)}$，$y_A^{(n)}$，$y_T^{(n)}$

14:     end if

15:     利用 F_s^* 更新全域表示 F_s^g，其中 $s\in\{m, T, A, V\}$

16:     end for

17: end for

16.1.3 自我調整的多工損失函數

如何平衡不同任務的損失權重是多工學習中非常重要的一個問題，在第 15 章中採用經驗性賦權的方法過於依賴人工調參。本章引入一種自我調整的平衡策略。其核心是利用單模態偽標籤和多模態任務之間的差異大小作為損失項的權重，目的在於引導單模態表示學習子網路更多的關注於標籤差異性大的樣本。再結合 L1 損失項作為各個任務的基礎損失函數，得到最終的多工損失：

$$L = \frac{1}{N} \sum_i^N (| \hat{y}_m^i - y_m^i | + \sum_s^{\langle T,A,V \rangle} w_s^i * | \hat{y}_s^i - y_s^{(i)} |) \tag{16.18}$$

其中，N 是樣本總數，$W_s^i = \tanh(| y_s^{(i)} - y_m |)$ 是任務 s 中第 i 個樣本的損失權重。

16.2 實驗設定和結果分析

在本節，首先介紹實驗設定部分，包括用到的基準資料集、基準模型和訓練細節，然後對所有的實驗結果進行細緻分析。

16.2.1 實驗設定

1. 基準資料集

在本章中，除了第 15 章提出的 SIMS 資料集外，還用了兩個常用的多模態情感分析資料集，MOSI[64] 和 MOSEI[10]。資料集詳細介紹見第 4 章。

2. 基準線方法

除了第 15 章用到的部分基準線方法 (TFN、LMF、MFN、MulT)，本章中新增了以下基準模型。

(1) **MFM** 已在 14.4.3 節中詳細介紹。

(2) **RAVEN** 回歸式的注意力變分編碼網路 (RAVEN)[26]：利用音視訊資料生成文字的注意力權重，以此權重動態調整預訓練為基礎得到的詞向量表示。

(3) **MAG-BERT** 以 BERT 為基礎的多模態門控調節模型 (MAG-BERT)[27]：將 RAVEN 的賦權思想引入 BERT 的層與層之間。

(4) **MISA** 模態特異性和一致性表示學習方法 (MISA)[11]：透過引入空間上的一致性、差異性和重構損失，以後向引導的方式引導模型學到兼顧一致性和特異性的模態表示。

3. 訓練細節和評價方法

1) 訓練細節

Adam 被用作全域最佳化器，BERT 參數的初始學習率被設定為 5×10^{-5}，其他部分是 1×10^{-3}。為了對比的公平性，對於本章所提模型 (Self-MM) 和兩個性能最佳的模型 (MISA 和 MAG-BERT)，實驗結果部分展示 5 輪結果的平均值。

2) 評價方法

與第 15 章類似，Acc-2 和 F1 被用作分類指標，MAE 和 Corr 被用作回歸指標。不同的是，由於樣本的情感標注包含中性 (標籤為 0)，因此，依據是否考慮 0 值將分類結果劃分為「零值 / 非零值」和「負值 / 正值」兩種形式。

16.2.2 結果與分析

1. 與基準線模型的對比結果

表 16.1 和表 16.2 分別展示了 Self-MM 模型與其他基準線模型在 MOSI 和 MOSEI 兩個資料集上的結果對比，表中：(B) 指文字特徵是以 BERT 模型為基礎；"1" 和 "2" 標記的行指實驗結果分別來自文獻 [11] 和 [27]，附帶 ＊ 標記的行是在同等條件複現得到的結果。在分類指標 Acc-2 和 F1 中，反斜線 "/" 左右兩邊的結果分別以「零值 / 非零值」和「負值 / 正值」作為劃分標準進行計算。根據輸入資料的類型，將模型劃分為了「非對齊」和「對齊」兩個部分。這裡的「對齊」指多模態資料的輸入在文字單字等級的基礎上進行了對齊。相比於非對齊資料登錄，使用對齊資料作為輸入的模型可以取得更好的實驗結果 [30]。首先，與非對齊模型 (TFN 和 LMF) 進行對比，Self-MM 在所有性能指標上都取得了明顯的提升。其次，與對齊模型比較，Self-MM 也超過了大部分方法，並且與當前最好模型 (MAG-BERT) 的論文實驗性能接近。特別地，與同等實驗條件下複現的結果進行對比，Self-MM 取得了超過上述模型的最佳效果。由於 SIMS 資料集僅包含未對齊資料，因此僅將 Self-MM 模型與 TFN 和 LMF 進行對比。此外，使用了人工標注的單模態標籤替代 Self-MM 生成的偽標籤作為對比模型 (Human-MM)，實驗結果如表 16.3 所示。從結果中可以看出，Self-MM 取得了比 TFN 和 LMF 更好的結果，並且實現了與 Human-MM 接近的結果。以上的結

果表示 Self-MM 可以被用於不同的資料場景下，以及在原基準線模型上均取得了顯著的性能提升。

表 16.1 MOSI 資料集上的實驗結果統計表

模　型	MAE	Corr	Acc-2	F1	資料型態
TFN(B)[1]	90.10	69.80	—/80.80	—/80.70	非對齊
LMF(B)[1]	91.70	69.50	—/82.50	—/82.40	非對齊
MFN[1]	96.50	63.20	77.40/—	77.30/—	對齊
RAVEN[1]	91.50	69.10	78.00/—	76.60/—	對齊
MFM(B)[1]	87.70	70.60	—/81.70	—/81.60	對齊
MulT(B)[1]	86.10	71.10	81.50/84.10	80.60/83.90	對齊
MISA(B)[1]	78.30	76.10	81.80/83.40	81.70/83.60	對齊
MAG-BERT(B)[2]	71.20	79.60	84.20/86.10	84.10/86.00	對齊
MISA(B)*	80.40	76.40	80.79/82.10	80.77/82.03	對齊
MAG-BERT(B)*	73.10	18.90	82.54/84.3	82.59/84.3	對齊
Self-MM(B)*	**71.30**	**79.80**	**84.00/85.98**	**84.42/85.95**	非對齊

表 16.2 MOSEI 資料集上的實驗結果統計表

模　型	MAE	Corr	Acc-2	F1	資料型態
TFN(B)[1]	59.3	70.0	—/82.5	—/82.1	非對齊
LMF(B)[1]	62.3	67.7	—/82.0	—/82.1	非對齊
MFN[1]	—	—	76.0/—	76.0/—	對齊
RAVEN[1]	61.4	66.2	79.1/—	79.5/—	對齊
MFM(B)[1]	56.8	71.7	—/84.4	—/84.3	對齊
MulT(B)[1]	58.0	70.3	—/82.5	—/82.3	對齊
MISA(B)[1]	55.5	75.6	83.6/85.5	83.8/85.3	對齊
MAG-BERT(B)[2]	—	—	84.7/—	84.5/—	對齊
MISA(B)*	56.8	72.4	82.59/84.23	82.67/83.97	對齊
MAG-BERT(B)*	53.9	75.3	83.79/85.23	83.74/85.08	對齊
Self-MM(B)*	53.0	76.5	82.81/85.17	82.53/85.30	非對齊

表 16.3 SIMS 資料集上的實驗結果統計表

模　型	MAE	Corr	Acc-2	F1
TFN	42.8	60.5	79.86	80.15
LMF	43.1	60.0	79.37	78.65
Human-MM	40.8	64.7	81.32	81.73
Self-MM	41.9	61.6	80.74	80.78

2. 單模態偽標籤收斂過程分析

圖 16.3 展示了 Self-MM 在 3 個資料集上的單模態偽標籤的收斂過程，每行圖下面的 # 符號指訓練過程的迭代輪數。在第一次迭代中，所有單模態的偽標籤都被初始化為人工標注的多模態標籤。在迭代初期，網路參數更新快，偽標籤的變化程度更大。隨著迭代輪次的增加，偽標籤的分佈逐漸收斂，最後基本保持不變。這說明單模態偽標籤生成的過程具有較好的收斂性，符合模型的設計預期。此外，Self-MM 在 MOSEI 資料集上展示了更快的收斂速度。這是因為 MOSEI 有更多的訓練樣本，從而具有更穩定的分類中心，也更加適合自監督學習過程。

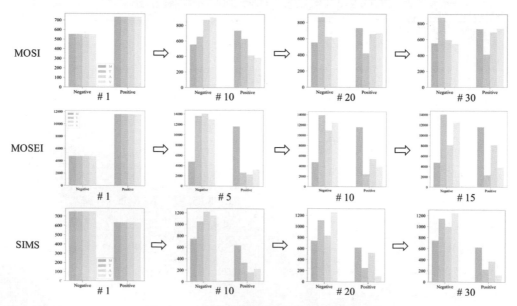

圖 16.3 單模態偽標籤收斂過程演變圖

3. 控制變數分析

與第 15 章類似，為了探索不同子任務對結果的影響程度，此部分比較了在結合不同單模態子任務時，對多模態主任務的影響程度。實驗結果如表 16.4 所示。從結果中可以看出，加入的單模態子任務越多，結果越好。相比於第 15 章的結果 (見表 15.4)，此次沒有出現在僅有部分單任務時，多工性能低於基準線模型的情況。這是因為 Self-MM 中引入了自我調整的多工損失，不同任務的訓練過程獲得了更好的平衡，緩解了各個單模態子網路學習的非同步性問題。綜合比較下，還可以發現文字 (T) 和音訊 (A) 子任務的引入效果略優於視訊 (V) 子任務。

表 16.4 Self-MM 中加入不同單模態子任務組合的結果對比表

Tasks	MSE	Corr	Acc-2	F1_Score
M	73.0	78.1	82.38/83.67	82.48/83.70
M,V	73.2	77.5	82.67/83.52	82.76/83.55
M,A	72.8	79.0	82.80/84.76	82.85/84.75
M,T	73.1	78.9	82.65/84.15	82.66/84.10
M,A,V	71.9	78.9	82.94/84.76	83.05/84.81
M,T,V	71.4	79.7	84.26/85.91	84.33/86.00
M,T,A	71.2	79.7	83.67/85.06	83.72/85.06
M,T,A,V	71.3	79.8	84.00/85.98	84.42/85.95

4. 範例分析

最後，為了展示所生成的單模態情感偽標籤的合理性，從 MOSI 資料集中選擇了 3 筆多模態實例資料，如圖 16.4 所示。在第 1 和第 3 個例子中，人工標注的多模態標籤分別是 0.80 和 1.40，生成的單模態偽標籤在此基礎上疊加了負向偏移，獲得了更傾向負向的情感色彩，這與例子中單模態資訊所表現的情感特點是一致的。同理，第 2 個例子展示了正向偏移的效果。一方面，這 3 個實例驗證了單模態偽標籤生成模組的合理性；另一方面，這種不同模態的情感差異性也能進一步說明 Self-MM 的設計動機。

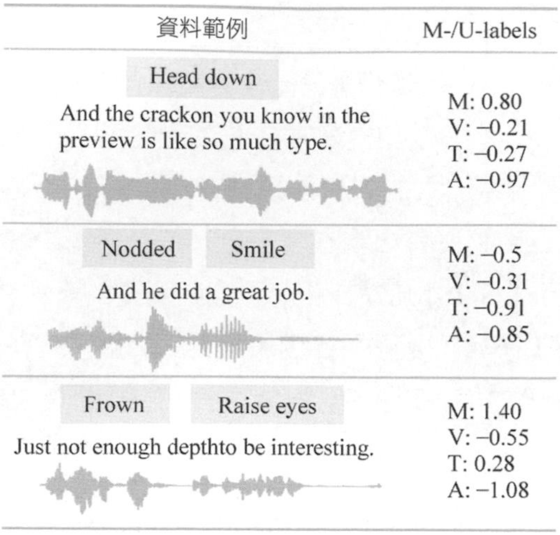

資料範例	M-/U-labels
Head down And the crackon you know in the preview is like so much type.	M: 0.80 V: −0.21 T: −0.27 A: −0.97
Nodded　Smile And he did a great job.	M: −0.5 V: −0.31 T: −0.91 A: −0.85
Frown　Raise eyes Just not enough depthto be interesting.	M: 1.40 V: −0.55 T: 0.28 A: −1.08

圖 16.4　範例分析

16.3　本章小結

　　為了在更多資料集上驗證引入單模態子任務對多模態主任務的輔助性作用，本章設計並實現了單模態偽標籤生成模組。該模組利用模態表示與情感結果之間的正向連結性，計算出單模態與多模態情感之間的偏移關係，以此得到單模態子任務的偽標籤。此外，本章設計了自我調整的多工最佳化策略，使得單模態子任務更加關注單模態與多模態情感標籤差異大的樣本，有效地解決了各個單模態表示學習子網路的收斂非同步性問題。最後，透過大量的實驗驗證了單模態偽標籤生成結果的合理性和穩定性。此外，進一步指明加入單模態任務後能夠有效提升多模態情感分析的效果。

17

以交叉模組和變數相關性為基礎的多工學習

17.1 概述

如圖 17.1 所示，演算法流程可以分為資料登錄、向量展現層、權值共用層、多工學習層、決策層、損失函數回饋、遷移學習 6 部分。其中，多工學習層是本章的主要工作，在本章將介紹權值共用層和多工學習層的工作。權值共用層，所有模態資料聯合訓練；但是到了多工學習階段，權重不再共用，正式進入了多工模式。因此，可以視為特徵提取層只是一個初步的聯合預訓練，讓任務之間有一定的連結性，子任務表現各自差異性的部分則出現在獨立訓練階段。本章的核心演算法也是集中在這一步驟上。本章將首先介紹權值共用層的結構，然後引入皮爾森相關係數的概念，並且介紹如何將這個係數應用到多工框架當中，緊接著介紹交叉模組的概念及其應用。上述兩個方法都有對應的實驗來證明其有效性。最後是本章的簡單小結。

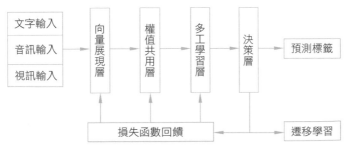

圖 17.1 整體演算法模組化示意圖

17.2 權值共用層框架

本節重點介紹演算法在權值共用層 (也即單任務階段) 所用到的相關工作。在單任務階段沒有再重新提出新的框架，而是使用了現有的成熟演算法。考慮到多模態情感資料集有時序性的特點，因此本章選擇了 MFN 作為單任務階段的框架之一。接下來將對記憶融合網路進行簡單介紹。

MFN[9] 是一種近年來針對時序特徵的資料所提出的以 LSTM[28] 為基礎的模型。對於帶有時間序列特徵的多模態資料集而言，除了同時間不同模態的特徵互動以外，還會有同模態不同時間的特徵互動。這篇文章提出了記憶融合網路方法對不同模態的序列資料進行處理，兼顧了時序性和跨模態的互動。

如圖 17.2 所示，該演算法大致劃分為 3 部分。

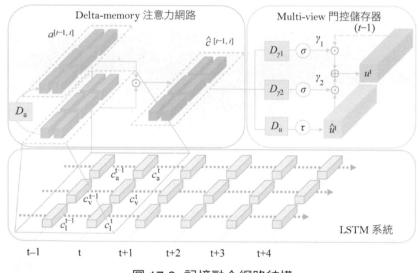

圖 17.2 記憶融合網路結構

(1) LSTM 對各自模態單獨建模。此 LSTM 系統為每個模態分配了一個 LSTM 功能，以提取特定模態的特徵。

(2) 前後記憶注意力網路。它可以發現長短期記憶網路系統之間的不同模態

互動。具體來説，前後記憶注意力網路透過將相關性得分與每個 LSTM 的維度相連結來實現不同模態互動。

(3) 多模態門控機制。它將跨時序的跨模態資訊儲存在多視圖門控記憶體中。

MFN 的 3 個模態輸入可以表示為集合 $N=\{T, A, V\}$；對於第 n 個時刻的模態輸入可以表示為 $\boldsymbol{x}_n = \{\boldsymbol{x}_n^t : t \leqslant T, \boldsymbol{x}_n^t \in \mathbf{R}^{d_{x_n}}\}$，其中，$d_{x_n}$ 是第 n 個輸入的維度。首先，這些資料將會輸入到長短期記憶網路系統當中，公式如下：

$$\boldsymbol{i}_n^t = \sigma(\boldsymbol{W}_n^i \boldsymbol{x}_n^t + \boldsymbol{U}_n^i \boldsymbol{h}_n^{t-1} + \boldsymbol{b}_n^i) \tag{17.1}$$

$$\boldsymbol{f}_n^t = \sigma(\boldsymbol{W}_n^f \boldsymbol{x}_n^t + \boldsymbol{U}_n^f \boldsymbol{h}_n^{t-1} + \boldsymbol{b}_n^f) \tag{17.2}$$

$$\boldsymbol{o}_n^t = \sigma(\boldsymbol{W}_n^o \boldsymbol{x}_n^t + \boldsymbol{U}_n^o \boldsymbol{h}_n^{t-1} + \boldsymbol{b}_n^o) \tag{17.3}$$

$$\boldsymbol{m}_n^t = \boldsymbol{W}_n^m \boldsymbol{x}_n^t + \boldsymbol{U}_n^m \boldsymbol{h}_n^{t-1} + \boldsymbol{b}_n^m \tag{17.4}$$

$$\boldsymbol{c}_n^t = \boldsymbol{f}_n^t \odot \boldsymbol{c}_n^{t-1} + \boldsymbol{i}_n^t \odot \boldsymbol{m}_n^t \tag{17.5}$$

$$\boldsymbol{h}_n^t = \boldsymbol{o}_n^t \odot \tanh(\boldsymbol{c}_n^t) \tag{17.6}$$

其中，t 是當前時間步；i_n、f_n、o_n 分別是 LSTM 系統第 n 個輸入、遺忘、輸出門的內容；m_n 是第 n 個 LSTM 的記憶更新；$\boldsymbol{c}_n = \{\boldsymbol{c}_n^t : t \leqslant T, \boldsymbol{c}_n^t \in \mathbf{R}^{d_{c_n}}\}$ 是第 n 個 LSTM 的記憶儲存；$\boldsymbol{h}_n = \{\boldsymbol{h}_n^t : t \leqslant T, \boldsymbol{h}_n^t \in \mathbf{R}^{d_{c_n}}\}$ 是 LSTM 的第 n 個時間步輸出，其中，d_{c_n} 是第 n 個 LSTM 的記憶儲存維度。

LSTM 系統的記憶輸出將作為前後記憶注意力網路的輸入，以此得到跨時序和模態的記憶矩陣；前後記憶注意力網路的公式如下：

$$\hat{\boldsymbol{c}}^{[t-1,t]} = \boldsymbol{c}^{[t-1,t]} \odot a^{[t-1,t]} \tag{17.7}$$

其中，$a^{[t-1,t]} = D_a(c^{[t-1,t]})$。$D_a$ 是獲得注意力係數的網路；$a^{[t-1,t]}$ 是 $t-1$ 時刻至 t 時刻的指數歸一化函數值。$\hat{\boldsymbol{c}}^{[t-1,t]}$ 是重新獲得權重分配後的記憶儲存；$\odot$ 是元素乘積。

多模態門控記憶儲存與長短期記憶網路一樣需要即時更新，更新公式如下：

$$\hat{u}^t = D_u(\hat{c}^{[t-1,t]}) \tag{17.8}$$

$$\gamma_1^t = D_{\gamma1}(\hat{c}^{[t-1,t]}), \quad \gamma_2^t = D_{\gamma2}(\hat{c}^{[t-1,t]}) \tag{17.9}$$

$$\boldsymbol{u}^t = \gamma_1^t \odot \boldsymbol{u}^{t-1} + \gamma_2^t \odot \tanh(\hat{u}^t) \tag{17.10}$$

其中，D_u 是生成記憶更新的網路；γ_1、γ_2 分別表示控制遺忘門與更新門；tanh 是對應啟動網路。有了以上網路，就可以得到最終的輸出特徵：

$$\boldsymbol{h}^T = \bigoplus_{n \in N} \boldsymbol{h}_n^T \tag{17.11}$$

其中，$\oplus$ 是拼接函數。

17.3 多工學習層框架

17.3.1 多工交叉模組

多工階段的交叉模組 [43] 是多工學習當中針對增強子任務連結度的一種常用方法。本章提出了多工交叉單元，利用該單元，單一網路可以捕捉所有的子任務資訊。它會自動學習共用表示形式和任務表示形式的最佳組合。同時，這種多工交叉網路可以比暴力列舉和搜索類型的網路實現更好的性能。如圖 17.3 所示，這個模組的實現比較直觀，主要思想就是透過機器學習的方式將兩個子任務在某一階段的特徵聯繫起來，二者可以透過線性重組的形式輸入到下一階段各自的網路中。將這兩個子任務聯繫起來的模組就是交叉模組，線性參數透過學習得到。使用 α 參數化此線性組合，具體公式如下：

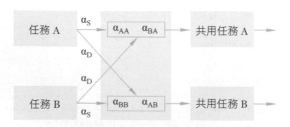

圖 17.3 交叉模組結構

$$\begin{bmatrix} \tilde{x}_A \\ \tilde{x}_B \end{bmatrix} = \begin{bmatrix} \alpha_{AA} & \alpha_{AB} \\ \alpha_{BA} & \alpha_{BB} \end{bmatrix} \begin{bmatrix} x_A \\ x_B \end{bmatrix} \tag{17.12}$$

其中，α 是交叉模組線性組合的可訓練參數。使用交叉模組的意義在於，讓子任務分支不再完全獨立，而是有部分的學習共用。交叉模組透過組合啟動特徵映射來學習和實施共用表示，從而幫助規範了這兩項任務。這種機制有助於訓練資料少的任務。子任務相對於損失函數的偏導計算如下

$$\begin{cases} \begin{bmatrix} \dfrac{\partial L}{\partial x_A} \\ \dfrac{\partial L}{\partial x_B} \end{bmatrix} = \begin{bmatrix} \alpha_{AA} & \alpha_{BA} \\ \alpha_{AB} & \alpha_{BB} \end{bmatrix} \begin{bmatrix} \dfrac{\partial L}{\partial \tilde{x}_A} \\ \dfrac{\partial L}{\partial \tilde{x}_B} \end{bmatrix} \\ \dfrac{\partial L}{\partial \alpha_{AB}} = \dfrac{\partial L}{\partial \tilde{x}_B} x_A, \quad \dfrac{\partial L}{\partial \alpha_{AA}} = \dfrac{\partial L}{\partial \tilde{x}_A} x_A \end{cases} \tag{17.13}$$

具體到本章演算法的多工訓練階段，需要對交叉模組的位置進行探討。首先是對多工學習階段流程的介紹。在輸入端，該部分獲得了權值共用層的四組輸入：

$$\text{Output}_{\text{share}} = \text{Input}_{\text{MTL}} = [f_T, f_A, f_V, f_{\text{Mem}}] \tag{17.14}$$

其中，$\text{Output}_{\text{share}}$ 是權值共用層的輸出，即多工學習層的輸入；f_T、f_A、f_V 是 3 個模態經過權值共用層後提取得到的特徵；f_{Mem} 是以 MFN[23] 為基礎的網路提取得到的記憶特徵，儲存了同模態的時序資訊以及不同模態的互動資訊。緊接著，如圖 17.4 所示，有 3 個模態對應的 3 個子任務，在本章中子任務訓練採用多層全連接網路。子任務訓練階段的 3 個模態分支將會進行獨立訓練。得到 3 個獨立訓練後的特徵 γ_T、γ_A、γ_V 之後，與 f_{Mem} 進行拼接形成最終的決策層輸入，也即融合模態特徵 $\text{Output}_{\text{MTL}}$：

$$\gamma_T = \text{ReLU}\,(fc\,(f_T))^3 \tag{17.15}$$

$$\gamma_A = \text{ReLU}\,(fc\,(f_A))^3 \tag{17.16}$$

$$\gamma_{\mathrm{V}} = \mathrm{ReLU}\,(fc(f_{\mathrm{V}}))^3 \tag{17.17}$$

$$\mathrm{Output}_{\mathrm{MTL}} = \mathrm{Concat}(\gamma_{\mathrm{T}}, \gamma_{\mathrm{A}}, \gamma_{\mathrm{V}}, f_{\mathrm{Mem}}) \tag{17.18}$$

其中，ReLU 是本章使用的啟動函數，也叫作線性整流函數。其公式為：$\mathrm{ReLU}(x)=\max(0,x)$。當 $x<0$ 時，線性整流函數直接將其歸零；當 $x>0$ 時，其原值不變。線性整流函數作為啟動函數的優勢在於，它可以使訓練出來的網路具有一定的稀疏性，具有稀疏性的網路不容易過擬合。而本章實驗使用的資料集量級偏小、容易出現過擬合現象。因此，使用線性整流函數可以恰好抑制過擬合現象的發生。同時線性整流函數也可以壓縮資料、去掉容錯的部分，造成加快收斂速度、節省空間的作用。

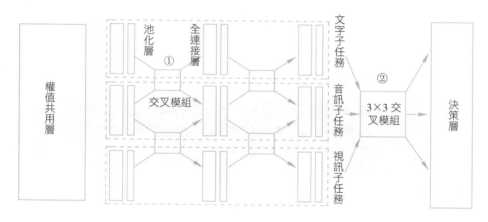

圖 17.4　子任務訓練階段

圖 17.4 中的數字①、②分別表示兩種交叉模組策略。

針對這樣的多工學習結構，本章提出了 2 種加入交叉模組的策略。第一種策略的思想是每一層全連接層後到下一層全連接層之間，3 個分支都可以使用交叉模組。3 個模態可以使用多個兩兩交叉的 2×2 模組，也可以使用一個 3×3 模組。交叉模組可以將這 3 個子網路組合成一個多工網路，使任務可以監督需要多少共用，並將這些組合作為輸入提供給融合層。第二種策略的思想是除了在每個池化層到下一個全連接層之間使用交叉模組以外，還可以考慮在每個子

任務已經學習完畢、在特徵進行融合之前使用交叉模組。這樣的策略與第一種策略有著明顯的不同。首先，由於格式限制，只能使用 3×3 的交叉模組；其次，決策層前的交叉模組僅代替了拼接策略，並沒有直接參與到各個子任務學習當中，因此可以看作是一種融合的策略。本章對這兩種策略均進行了對應的對比實驗，實驗結果在 17.4.3 節中表現。

17.3.2 以皮爾森相關係數為基礎的特徵融合

皮爾森相關係數 [169] 是衡量線性連結性的程度，它的幾何意義是兩個變數均值形成的向量之間夾角的餘弦值。因此，皮爾森相關係數取值為 [-1, 1]。其公式定義為：兩個變數 (X, Y) 的皮爾森相關係數等於它們的協方差除以它們各自標準差的乘積。具體的數學公式如下：

$$\rho_{X,Y} = \frac{\text{cov}(X,Y)}{\sigma_X \sigma_Y} = \frac{E((X-\mu_X)(Y-\mu_Y))}{\sigma_X \sigma_Y}$$

$$= \frac{E(XY) - E(X)E(Y)}{\sqrt{E(X^2) - E^2(X)} \sqrt{E(Y^2) - E^2(Y)}} \tag{17.19}$$

其中，$\rho_{X,Y}$ 是 X，Y 的皮爾森相關係數；$\text{cov}(X, Y)$ 是它們的協方差；σ_X、σ_Y 是各自的標準差；$E(X)$、$E(Y)$ 是 X、Y 的數學期望。當取值大於 0 時，說明兩個向量是正相關的，值越大相關度越高；當取值小於 0 時同理。特殊情況下，當取值為 0 時，說明兩個向量不相關。

在權重共用層訓練之後，我們透過既定的框架獲得了初步提取的特徵，這一步驟中使用了特徵展現層提取得到的向量序列。由於 SIMS 資料集中的每個資料都是視訊片段，因此初步的向量表示也是序列形式；此外還可以透過偽對齊的方式使得 3 個模態向量的序列長度相同。借助皮爾森相關係數的思想，3 個模態間的特徵隨著時間變化，互相之間具有一定的相關性。相關性越高說明特徵之間的情感變化是高度一致的，那麼認為這樣的特徵在最後的特徵融合層應該佔有更高的權重。假設向量展現層獲得了 T_{seq}、A_{seq}、V_{seq} 3 個向量序列，其大小為 (batchstize,len,dim)，分別對應了一批輸入的數量、序列長度和向量維

度。那麼則可以對三個模態兩兩之間計算皮爾森相關係數，得到的相關係數矩陣如式 (17.20) 所示：

$$\begin{pmatrix} 1 & \rho_{\mathrm{T,A}} & \rho_{\mathrm{T,V}} \\ \rho_{\mathrm{A,T}} & 1 & \rho_{\mathrm{A,V}} \\ \rho_{\mathrm{V,T}} & \rho_{\mathrm{V,A}} & 1 \end{pmatrix} \tag{17.20}$$

本章從權重共用層獲得了皮爾森相關係數矩陣，針對皮爾森相關係數同樣提出了兩種策略。第一種策略是將其用於權值共用層。更細節地說是針對記憶融合網路每一個時間步都要生成記憶特徵的特性，透過皮爾森相關係數調整模態時域矩陣中的值，式 (17.21) 表示了記憶融合網路中，每個時間步的輸入矩陣。其中，prev、new 表示是當前時間步還是上一時間步；T、A、V 表示模態。正常情況下矩陣中的每一個元素取值就是長短期記憶網路的輸出值。本章以皮爾森相關係數為基礎的矩陣將有所調整，對式 (17.21) 中的元素 $A_{i,j}$，都有 $A'_{i,j} = A_{i,j} + \rho_{j,k}A_{i,k} + \rho_{j,l}A_{i,l}$。其中，$j$、$k$、$l$ 表示任意的模態之一；i 表示時間步。

$$\begin{pmatrix} \mathrm{prev}_{\mathrm{T}} & \mathrm{prev}_{\mathrm{A}} & \mathrm{prev}_{\mathrm{V}} \\ \mathrm{new}_{\mathrm{T}} & \mathrm{new}_{\mathrm{A}} & \mathrm{new}_{\mathrm{V}} \end{pmatrix} \tag{17.21}$$

第二種策略，同時也主要探討的策略，用於特徵融合層。經過子任務獨立訓練階段之後，共用層提取的 3 個模態的特徵分別依據單模態標籤進行了進一步的訓練，最後將在特徵融合層組成決策層的輸入向量，這個向量的數學含義就是 3 個模態對資料的綜合表示。傳統的融合方式為特徵拼接，也即 $F = [F_{\mathrm{T}}, F_{\mathrm{A}}, F_{\mathrm{V}}, F_{\mathrm{M}}]$，其中 F_{T}、F_{A}、F_{V} 是子任務獨立訓練後得到的代表單模態決策的特徵；F_{M} 是可選項，例如，在記憶融合網路中會生成一個儲存了三模態序列間資訊的記憶矩陣，F_{M} 就是記憶矩陣壓縮成一維後的表示。這樣的融合方式過於簡單，會導致最後的特徵損失了部分關鍵資訊。以這樣為基礎的情況，我們需要突出相關程度更高的模態對，抑制與其他特徵相關程度低，甚至是負相關的模態特徵。因此，本章提出的最終融合特徵表現形式如下：

$$F = [F'_{\mathrm{T}}, F'_{\mathrm{A}}, F'_{\mathrm{V}}, F_{\mathrm{M}}] \tag{17.22}$$

$$F'_{\mathrm{T}} = F_{\mathrm{T}} + \rho_{\mathrm{T,A}} F_{\mathrm{A}} + \rho_{\mathrm{T,V}} F_{\mathrm{V}} \tag{17.23}$$

$$F'_{\mathrm{A}} = F_{\mathrm{A}} + \rho_{\mathrm{A,T}} F_{\mathrm{T}} + \rho_{\mathrm{A,V}} F_{\mathrm{V}} \tag{17.24}$$

$$F'_{\mathrm{V}} = F_{\mathrm{V}} + \rho_{\mathrm{V,T}} F_{\mathrm{T}} + \rho_{\mathrm{V,A}} F_{\mathrm{A}} \tag{17.25}$$

其中，$\rho_{\mathrm{X,Y}}$ 就是皮爾森相關係數矩陣中對應的值，見式 (17.20)。最後的融合特徵雖然還是採用了拼接的形式，但是每個單獨的特徵都覆蓋了 3 個模態相關度的資訊。相關度高的特徵將佔據融合特徵更大的比例，相關度低的特徵在最後的表示中將會受到抑制。

17.4　多工學習演算法實驗

17.4.1　實驗評測指標

在正式進入實驗結果部分之前，首先需要對本章的實驗評價指標進行介紹。本章研究的是分類任務，因此選取了分類準確率與 F1 值作為主要的評測指標。對於一個模型 $f(\bullet)$，輸入任意資料 x 都會輸出一個預測值 $y_{pred} = f(x)$，$y_{pred} \in [-1, 1]$。這是一個回歸值而並非直接的標籤值，但是可以根據需要的分類數對回歸值進行合適的分類，例如，對於二分類、三分類和五分類。

$$\mathrm{label}_2 = \begin{cases} 0, & y_{\mathrm{pred}} \leqslant 0 \\ 1, & y_{\mathrm{pred}} > 0 \end{cases} \tag{17.26}$$

$$\mathrm{label}_3 = \begin{cases} 0, & y_{\mathrm{pred}} < 0 \\ 1, & y_{\mathrm{pred}} = 0 \\ 2, & y_{\mathrm{pred}} > 0 \end{cases} \tag{17.27}$$

$$\mathrm{label}_5 = \begin{cases} 0, & y_{pred} \in [-1, -0.5) \\ 1, & y_{pred} \in [-0.5, 0) \\ 2, & y_{pred} = 0 \\ 3, & y_{pred} \in (0, 0.5] \\ 4, & y_{\mathrm{pred}} \in (0.5, 1] \end{cases} \tag{17.28}$$

F1 值用於綜合評價模型的精確度與召回率。假設 TP、FP、FN 分別表示預測正確、其他類預測為本類、本類預測錯誤的數量,那麼精準度 (precision) 和召回率 (recall) 的定義分別如下:

$$\text{precision}_k = \frac{\text{TP}}{\text{TP} + \text{FP}} \tag{17.29}$$

$$\text{recall}_k = \frac{\text{TP}}{\text{TP} + \text{FN}} \tag{17.30}$$

綜合的 F1 值 score 需要求各個類的均值平方後得到。F1 值越大,說明模型的精準度與召回率都越高、模型效果越好,反之同理。

本章節及後續章節中出現的所有實驗都以上述指標作為評價標準,後文不再贅述。

17.4.2 實驗條件

本次實驗使用的 GPU 為英偉達 RTX2070 一片,GPU 記憶體 8GB。CPU 為英特爾 i7-6800K。所有實驗均隨機打亂資料集,測試五次取平均值作為最後結果。使用資料集為 SIMS,經過前置處理後的資料格式按照文字、音訊、視訊的順序分別為 (128, 39, 768)、(128, 1, 33)、(128, 1, 709);其中第一維是每一批次輸入資料的數量;第二維是序列長度;第三維是特徵維度。提前結束量為 50;學習率為 1×10^{-3};子任務全連接層的輸入輸出維度均為 32。

17.4.3 實驗結果

為了驗證交叉模組與皮爾森相關係數在多工學習中起的作用,分別進行了對比實驗。實驗結果如表 17.1 所示。從結果可以看出,使用了交叉模組後的結果比正常的特徵拼接準確率高,但是效果最好的是使用了皮爾森正相關係數生成最後融合特徵的模型。實驗結果證明了兩種方法對於多工訓練層都是有效的。表 17.1 使用交叉模組與皮爾森相關係數的多工學習效果,本實驗的權值共用層模型均採用記憶融合網路。ACC_i 表示 i 分類的準確率;F1_Score 表示 F1 值,

「無」表示不使用多工策略；附帶 * 的組表示第二種交叉模組策略；皮爾森相
關係數後的 (-)、(+) 指代負相關或正相關計算最後的融合特徵；(*) 指代皮爾森
相關係數用於權值共用層。

表 17.1 SIMS 資料集實驗結果

多工策略	Acc-5	Acc-3	Acc-2	F1_Score
無	37.64	61.71	76.37	76.98
2×2 交叉模組	39.12	64.64	77.20	77.62
3×3 交叉模組 *	39.47	63.59	77.51	78.15
3×3 交叉模組	39.12	64.64	77.20	77.62
皮爾森相關係數 (*)	40.74	64.51	77.07	77.56
皮爾森相關係數 (-)	40.88	64.20	76.89	77.09
皮爾森相關係數 (+)	**41.14**	**65.65**	**78.03**	**78.30**

17.5 本章小結

　　本章主要介紹了多工訓練階段使用的一些方法。首先是能夠使得學習部分
共用的交叉模組；其次根據特徵皮爾森相關係數調整融合特徵的方法；最後透
過對比實驗證明了兩種方法都能夠提升分類準確率。

18

以互斥損失函數為基礎的
多工機制研究

18.1　概述

本章主要是對於演算法框架中損失函數的介紹。首先介紹演算法建構的損失函數用到的基礎損失函數，即中心損失函數和互斥損失函數。其中，互斥損失函數也是建立在中心損失函數基礎上的。之後介紹以多工學習機制為基礎的互斥損失函數，這也是 3 個創新點之一，這個損失函數直接促進了多工機制中子任務對於多模態主任務的輔助效果。最後一節是對本章的總結。

18.2　常用損失函數

本節主要介紹現階段較為常用的損失函數。其中，基礎損失函數、中心損失函數將作為實驗中對比的物件；互斥損失函數是文中以多工機制為基礎的互斥損失函數的基礎。

18.2.1　基礎損失函數

本節主要介紹常用的損失函數，包括平均絕對損失函數 (L1 Loss)、均方差損失函數 (MSE Loss) 和交叉熵損失函數 (Cross Entropy Loss)[170]。這 3 個損失

函數也是於本章提出的多工互斥損失函數的對比物件。3 個損失函數的公式定
義分別如下：

$$\text{MAE} = \frac{\sum_{n=1}^{n} |f(x_i) - y_i|}{n} \tag{18.1}$$

$$\text{MSE} = \frac{\sum_{i=1}^{n} (f_{x_i} - y_i)^2}{n} \tag{18.2}$$

$$H(p, q) = -\sum_{i=1}^{n} p(x_i) \log(q(x_i)) \tag{18.3}$$

其中，x、y 表示輸入值與真實值；$f(\bullet)$ 是預測函數；$p(\bullet)$、$q(\bullet)$ 分別表示
預測分佈與真實分佈。L1 Loss 梯度穩定，收斂速度慢，不會導致梯度爆炸；
MSE Loss 梯度變化，收斂速度快，但是容易受到離群點的影響；交叉熵損失函
數以預測回歸值為基點，能夠衡量預測值與真實值機率分佈的差異程度。

18.2.2 中心損失函數

中心損失函數 (center loss, CLoss) 是最初提出在簡單分類任務上的一種損
失函數。該函數的提出背景是在現有的深度學習演算法中損失函數往往採取最
普遍的常規損失函數，不具有特異性；而在分類任務中，不同標籤的資料應該
具有明顯的差距，這一點並沒有在常用損失函數中表現，因此 Wen 等 [126] 在
2016 年提出了中心損失函數。傳統的卷積神經網路使用 Softmax 函數，這會懲
罰分類錯誤的樣本，從而迫使不同類別的特徵分開。如圖 18.1(a) 所示，學習到
的特徵在特徵空間中形成與不同表達相對應的聚類。但是，由於類內差異較大，
每個標籤類集合中的特徵通常分散。此外，由於類間相似性高，這些集合會存
在重疊的現象，會影響分類準確率。最近，中心損失函數被引入到卷積神經網
路中，以減少用於面部辨識的學習特徵的類內變化。如圖 18.1(b) 所示，與僅使
用 Softmax 損失學習的樣本相比，樣本以較小的組內變化被拉到其對應的中心。
中心損失函數的公式定義如下：

$$L_C = \frac{1}{2} \sum_{i=1}^{m} \| x_i - c_{y_i} \|_2^2 \quad (18.4)$$

其中，$c_{y_i} \in \mathbf{R}_d$ 表示特徵的第 y_i 類中心。該公式描述了類內變化。但是，由於每一輪學習都會更新每個類的中心點，每次迭代中計算整個訓練集類的中心會消耗大量的時間，這在實際訓練中是不切實際的。因此，目前的卷積神經網路中沒有直接使用中心損失函數。

(a)   (b)

圖 18.1 特徵表示示意圖

為了解決這個問題，需要進行兩個必要的修改。首先，不再以整個訓練集更新中心為基礎，而是以小批次為基礎執行更新，在每次迭代中，透過對對應類的特徵求平均值來計算中心。其次，為了避免少量貼有錯誤標的樣本引起的大擾動，使用純量 α 來控制中心的學習率。這樣，損失函數相對中心和特徵的梯度更新公式為

$$\frac{\partial L_C}{\partial x_i} = x_i - c_{y_i} \quad (18.5)$$

$$\Delta c_j = \frac{\sum_{i=1}^{m} \delta(y_i = j) \cdot (c_j - x_i)}{1 + \sum_{i=1}^{m} \delta(y_i = j)} \quad (18.6)$$

其中，$\delta(\text{condition})$ 如果滿足則為 1，否則為 0，$\alpha \in [0,1]$。

18.2.3 互斥損失函數

18.2.2 節提到的中心損失中未考慮類間相似性，直覺上可以透過增加不同表達之間的差異來進一步增強學習的深度特徵的判別能力。Cai 等 [127] 提出了一個「島嶼」狀的損失函數 (Island Loss, Iloss)，壓縮每個類集合的同時擴大各個類集合的中心距離，就好像成為了一座座「孤島」。後文將用互斥損失函數指代這樣的「島嶼」狀損失函數。如圖 18.2 所示，Softmax 類之間不僅存在著重疊現象，同類之間的資料分佈也很鬆散；中心損失函數使得同類間分佈緊密，但是依舊存在類之間重疊的現象；互斥損失函數則在中心損失函數的基礎上使各個類的中心保持距離，解決了重疊問題。互斥損失函數公式如下：

$$L_{IL} = L_C + \lambda_1 \sum_{c_j \in N} \sum_{\substack{c_k \in N \\ c_k \neq c_j}} \left(\frac{c_k \cdot c_j}{\|c_k\|_2 \|c_j\|_2} + 1 \right) \tag{18.7}$$

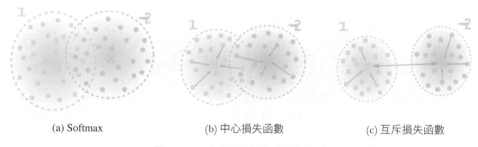

(a) Softmax   (b) 中心損失函數   (c) 互斥損失函數

圖 18.2　各種損失函數的對比

其中，N 是運算式標籤集；c_k 和 c_j 分別用 L2 範數表示第 k 個和第 j 個中心；(•) 代表點積。具體來說，第一項損失約束樣本與其對應中心之間的距離，第二項損失約束運算式之間的相似性。λ_1 用於平衡這兩項。透過最小化互斥損失函數，相同運算式的樣本將彼此靠近，而不同運算式的樣本將被推開。

18.3 以多工機制為基礎的互斥損失函數

前面的互斥損失函數看似極佳地解決了問題，但是僅限於單任務的模式，即只有一個 < 資料，標籤 > 對的情況。但是，本書研究的是多工機制下的多模態情感分類任務，根據第二篇的介紹，SIMS 資料集有一個多模態標籤和 3 個單模態標籤一共 4 個標籤，以及 $<X，YM>$、$<X，YT>$、$<X，YA>$、$<X，YV>$ 4 個標籤資料對，顯然互斥損失函數不再適用於多工學習的情況。

對此，本章提出了以多工機制為基礎的互斥損失函數 (multitask island loss, MIloss)。多工學習機制和多標籤的出現使得損失函數比單任務模式下更加複雜。如圖 18.3 所示，大體上要處理四類 < 資料，標籤 > 對的關係。

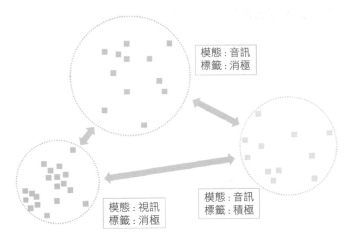

圖 18.3 不同 < 資料，標籤 > 對的特徵空間示意圖

(1) 同類別、同模態標籤的資料。這種情況與單任務相同，在特徵空間中屬於需要增大相似度的特徵。

(2) 同類別、不同模態標籤的資料。這類特徵雖然都被分為同一類，但是所標注的標籤類型不同 (例如，一個是文字標籤的積極，另一個是音訊標籤的積極)。因為提取特徵的模態與其標籤類型是對應的，所以模態標籤不同說明了特徵類型也不同。一方面，這樣的特徵類別是相同的，應該懲罰距離過遠的情況

出現;但是另一方面,由於特徵所屬的模態不同,天生就存在著結構上的差異,不僅如此,多工機制應該保留不同模態間特徵的差異性。綜合上述兩點,這一類特徵在損失函數中的懲罰尺度應該比普通的不同質資料要小。

(3) 不同類別、同模態標籤的資料。與第一點類似,這種情況也屬於單任務的不同類特徵,按照正常方法將這樣的特徵距離增大。

(4) 不同類別、不同模態標籤的資料。與第二點類似,由於不同模態的特徵天然存在差異性,直接計算這樣的特徵距離來作為損失函數的評價標注顯然會導致損失函數值過大。因此,需要對這樣的損失函數進行一定程度的抑制。

根據以上 4 種關係,在設計以多工機制互斥損失函數為基礎時需要考慮同時滿足多模態主任務分支的效果,以及子任務之間的特徵差異性、同類任務的相似性。因此,本章演算法使用的損失函數的公式定義如下:

$$L = L_{l_1} + \lambda_1 L_{MI} \tag{18.8}$$

其中,L_{l_1} 代表多工 L1 損失函數,L_{MI} 代表以多工機制為基礎的互斥損失函數;λ_1 是權重係數。具體而言,兩種損失函式定義如下:

$$L_{l_1} = L_{Ml_1} + \sum_{i \in [T,A,V]} \lambda_i L_{il_1} \tag{18.9}$$

$$L_{M_I} = \frac{\alpha_M L_{MIM} + \sum_{j \in [T,A,V]} \alpha_j L_{MI_j}}{\sum_{j \in [M,T,A,V]} \alpha_j} \tag{18.10}$$

其中,L_{il_1} 是平均絕對誤差損失函數,對於模型預測值 $f(x_i)$ 和真實值 y_i,其平均絕對誤差 (MAE) 計算公式為 $\text{MAE} = \dfrac{\sum_{n=1}^{n} |f(x_i) - y_i|}{n}$;$L_{MI_j}$ 是各個子任務的互斥損失函數,公式同式 (18.7),但是需要注意的是 < 預測,標籤 > 對中的標籤是每個模態各自的標籤;α_j、λ_i 都是權重係數;L_{MI} 是 L_{MI_j} 的加權和。

18.4 損失函數策略對比實驗

18.4.1 實驗條件

本章的實驗條件與 17.4.2 節的實驗條件相同，在此不再贅述。

18.4.2 實驗結果

為了研究以多工機制為基礎的互斥損失函數所起的作用，以及其關鍵超參數的設定，本節進行了一系列針對損失函數的對比實驗。首先為了驗證以多工機制為基礎的互斥損失函數在多模態情感分類任務中起的作用，保持所用的演算法框架不變，只修改損失函數，並使用常用的 L1 Loss、MSE Loss、CrossEntropy Loss 和前面提到的中心損失函數、互斥損失函數與以多工機制為基礎的互斥損失函數進行對比，實驗所用資料集為 SIMS，採用訓練 5 次取平均作為結果。

損失函數對比實驗結果如表 18.1 所示，可以看到在 MMFN 模型中，以多工機制為基礎的互斥損失函數的二分類、三分類和五分類準確率都是最高的，只有 F1_Score 低於中心損失函數。但是中心損失函數的其餘結果都最低，F1_Score 卻最高，說明出現了過擬合的現象。常規的損失函數 L1 Loss 與 MSE Loss 效果相當，都弱於互斥損失函數；互斥損失函數的效果又不如以多工機制為基礎的互斥損失函數。MLF_DNN 的效果類似，在最具有參考價值的二分類準確率中，以多工機制為基礎的互斥損失函數的表現都優於 L1 Loss 和 MSE Loss。綜上所述，以多工機制為基礎的互斥損失函數在處理多工機制的任務時更能凸顯不同類特徵的差異性、縮小因特徵來源模態不同導致的誤差。

表 18.1 各類損失函數在 SIMS 情感分類任務中的性能比較

模 型	失函	**Acc-5**	**Acc-3**	**Acc-2**	**F1_Score**
MMFN	L1Loss	37.64	61.71	76.37	76.98
	MSELoss	25.60	63.68	76.81	77.82
	CLoss	22.10	54.27	69.37	**81.91**
	ILoss	38.29	65.21	77.46	77.63
	MILoss	**42.89**	**66.08**	**78.77**	79.41
MLF_DNN	L1Loss	**43.11**	66.52	79.43	79.85
	MSELoss	35.01	**67.18**	79.43	80.26
	MILoss	24.51	63.46	**80.74**	**82.54**

另一個實驗是超參數的補充實驗，分為兩部分：多工 L1 損失函數的係數 λ 的大小和多模態子任務互斥損失函數係數 αM 的大小。為了保持一致性，超參數補充實驗統一設定如下：使用的單任務框架為 MMFN；學習率 $l_r = 5 \times 10^{-4}$；使用 5 次實驗結果取平均值。針對第一個超參數 λ 的實驗結果如表 18.2 所示，可以得出結論，當 $\lambda = 3 \times 10^{-1}$ 時實驗效果最佳。

表 18.2 以多工機制為基礎的互斥損失函數 λ 不同取值下的結果

λ	**Acc-5**	**Acc-3**	**Acc-2**	**F1_Score**
1.5×10^{-1}	37.42	63.46	76.59	76.76
2×10^{-1}	41.36	66.11	77.02	77.24
3×10^{-1}	**42.23**	**66.52**	**80.00**	**80.56**
5×10^{-1}	39.17	64.55	78.34	78.60
1	39.82	63.89	79.12	78.51

第二個測試的超參數多模態子任務互斥損失函數係數 α_M 的大小。在進行這個實驗之前首先進行了預實驗，測試出以多工機制為基礎的互斥損失函數的量級大致是 2.5×10^2。因此，α_M 的值設定為 10^{-3} 左右。實驗結果如表 18.3 所示，可以看出，最合適的 α_M 取值為 1×10^{-3}。

表 18.3　以多工機制為基礎的互斥損失函數的係數 αM 不同取值下的結果

模型	α_M	Acc-5	Acc-3	Acc-2	F1_Score
MMFN	1×10^{-4}	39.82	64.99	77.02	77.14
	5×10^{-4}	37.42	63.46	76.76	76.59
	1×10^{-3}	**42.89**	**66.08**	**78.77**	**79.41**
MLF_DNN	1×10^{-4}	40.48	65.43	79.87	80.23
	5×10^{-4}	35.01	**67.18**	79.43	80.26
	1×10^{-3}	**42.89**	63.46	**80.74**	**82.54**

18.5　本章小結

　　本章主要研究了損失函數在本章演算法中的作用。首先提出了常用損失函數，接著針對最近廣泛使用的互斥損失函數提出了針對多工機制的損失函數，能夠造成增大不同類差異性、減小不同模態來源導致的誤差等作用。最後透過將以多工學習機制為基礎的互斥損失函數與其他損失函數的對比實驗，證明了理論層面分析的正確性，也說明了以多工學習機制為基礎的互斥損失函數在多工場景下的優勢。

19

以多工多模態演算法為基礎的
遷移學習探究

19.1　概述

　　本章的主要內容是探究多工多模態情感分類演算法的遷移學習能力。首先介紹遷移學習的意義和定義，然後介紹本次遷移實驗所用到的單標籤資料集，緊接著將介紹遷移實驗的實驗條件以及實驗結果，最後是對本章內容的小結。

19.2　遷移學習概述

19.2.1　遷移學習的背景

　　隨著機器學習場景的複雜化，效果理想的監督學習演算法需要大量標注的資料集進行訓練。但是資料集的標注與製作是一項工程量巨大的任務，不可能針對每一項任務都提供指定的資料集。具體到本領域，不論是多模態情感資料集的數量，還是資料集量級都較小，多標籤的資料集更是近年才提出的新概念，因此無法使用其他的多標籤資料集進行驗證。目前大多數多模態資料集都是單標籤的，如何將多標籤資料集上表現優異的演算法移植到常用資料集中是一個具有應用價值的問題；同時，遷移學習能力也是一個演算法普適性的表現。

19.2.2 遷移學習的定義

遷移學習是將學習到的模型參數轉移到新模型，使得新模型不需要重新訓練就能夠有理想的效果。給定一個來源域 $D_S=\{X_S, f_S(X)\}$ 和來源任務 T_S，以及目標域 $D_T=\{X_T, f_T(X)\}$ 和目標任務 T_T，遷移學習的目標是使用 D_S、T_S 的知識幫助提升目標域 D_T 的預測函數 $f_T(\bullet)$。在任務相近、資料集類型也相似的情景下，可以利用這種相關性來減少不必要的重複訓練；透過遷移學習，可以將某些模型參數（也可以視為模型學到的知識）共用給新模型，從而快速最佳化學習效率。

19.3 遷移資料集

本章選用了經典的 MOSI[64] 作為遷移實驗的資料集。MOSI 是一個語料庫，用於研究線上共用網站（如 YouTube）中視訊的情感和主觀性。評論視訊的內容多變且節奏快，演講者通常會在話題和評論之間切換。為了解決這個問題，作者提出了一種主觀性註釋方案，用於線上多媒體內容中的細微性評論細分。MOSI 資料集中有 3702 個視訊片段，其中包括 2199 個觀點片段。每個觀點領域的情感都被標注為介於高度肯定和高度否定之間的標籤。在本章的實驗中，我們將標籤按照值的大小劃分為了二分類、五分類和七分類的標籤。

19.4 遷移實驗

本節將介紹遷移實驗的條件設定，及最終的遷移效果。

19.4.1 實驗條件

本實驗使用的設定與 17.4.2 中一致。所有實驗均隨機打亂資料集，測試 5 次取平均值作為最後結果。實驗使用多層全連接網路或者記憶融合網路作為權

值共用層的訓練框架，並使用了前面部分所提出的多工互斥損失函數。學習率為 10^{-3}。其餘實驗設定與前文提到的模型相同。需要注意的是，在資料登錄階段，SIMS 資料集訓練中使用了規範化、偽對齊資料的方法。按照 (批資料大小，序列長度，特徵維度) 的格式，以全連接網路做框架為例，SIMS 文字、音訊、視訊向量大小分別為 (128, 39, 768)、(128, 1, 33)、(128, 1, 709)；而 MOSI 資料集的文字、音訊、視訊向量大小分別為 (128, 50, 30)、(128, 50, 5)、(128, 50, 20)。由於遷移學習模型要求輸入端格式必須完全一致，因此在 MOSI 資料集上驗證之前又分別增加了三個全連接層對向量維度進行了調整；對於記憶融合網路這樣對序列長度有要求的框架，我們固定了序列的長度。這樣的做法會損失一定的資訊，在未來的工作中可以在資料前置處理部分修改 MOSI 資料集的序列長度和輸出向量維度，從根本上解決格式不一致的問題。

19.4.2　實驗結果

遷移實驗結果如表 19.1 所示。

表 19.1　遷移實驗結果

模　型	Acc-7	Acc-5	Acc-2	F1_Score
記憶融合網路	15.50	15.50	74.21	59.00
多工記憶融合網路	**20.17**	**20.17**	**74.30**	**60.00**
全連接網路	15.50	15.50	74.21	59.00
多工全連接網路	19.50	19.50	74.23	59.40

從表 19.1 中可以看到，縱向對比：使用了多工機制的網路遷移學習的效果均略高於對應的單任務模型。橫向對比：多工記憶融合網路的效果比多工全連接網路更加理想。這個實驗證明了多工多模態演算法的遷移學習是有效的。在其基礎模型引入了多工機制之後，各類分類準確率都有提升。

19.5 本章小結

　　本章探究了多工機制對於遷移學習的作用。首先介紹了遷移學習的概念；然後介紹了實驗所使用的遷移資料集，以及實驗參數設定；最後透過一系列對比試驗證明，多工多模態情感分析演算法的遷移學習能力比單任務多模態情感分析演算法更強。

20

以模態缺失為基礎的多模態
情感分析方法

　　本章的研究內容是在模態特徵序列含有隨機缺失的情況下，利用不同模態
特徵之間的互補性，取出、融合各個單模態有效資訊並進行最終的情感分類。
針對上述任務，本章提出了一種以注意力機制為基礎的特徵重構網路以解決不
完整資料的多模態情感分類任務。該模型在多模態情感分析任務基礎上，引入
了模態序列特徵恢復子任務，引導模型表示學習含有完整模態特徵資訊，進而
在一定程度上解決了模態特徵隨機缺失問題。並利用實驗驗證了所提出方法的
有效性，利用消融實驗進一步證明了模態內注意力結構、模態特徵重構模組、
以卷積為基礎的門控網路的有效性。

20.1　任務定義

　　本節介紹不完整資料的多模態情感分類的任務定義。如圖 20.1 所示，模
型在訓練和測試時均使用含有模態特徵缺失的模態序列及含有序列長度資訊
的掩膜作為模型輸入，將含有缺失的文字、音訊、視訊的模態特徵序列記為
$U'_\mathrm{T} \in \mathbf{R}^{T_\mathrm{T} \times d_\mathrm{T}}$，$U'_\mathrm{A} \in \mathbf{R}^{T_\mathrm{A} \times d_\mathrm{A}}$，$U'_\mathrm{V} \in \mathbf{R}^{T_\mathrm{V} \times d_\mathrm{V}}$，將對應的掩膜記為 $M_\mathrm{T} \in \mathbf{R}^{T_\mathrm{T}}$，
$M_\mathrm{A} \in \mathbf{R}^{T_\mathrm{A}}$，$M_\mathrm{V} \in \mathbf{R}^{T_\mathrm{V}}$。在訓練過程中，完整模態特徵序列及特徵缺失位置的
掩膜被使用，以提供特徵表示學習的監督訊號，將完整的文字、音訊、視訊的
模態特徵序列記為 $U_\mathrm{T} \in \mathbf{R}^{T_\mathrm{T} \times d_\mathrm{T}}$，$U_\mathrm{A} \in \mathbf{R}^{T_\mathrm{A} \times d_\mathrm{A}}$，$U_\mathrm{V} \in \mathbf{R}^{T_\mathrm{V} \times d_\mathrm{V}}$，將含有特徵缺

失位置資訊的掩膜記為 $M'_T \in \mathbf{R}^{T_T}$，$M'_A \in \mathbf{R}^{T_A}$，$M'_V \in \mathbf{R}^{T_V}$。模型的最終目標是判斷不完整模態資料中參與者的情感類別或情感強度。

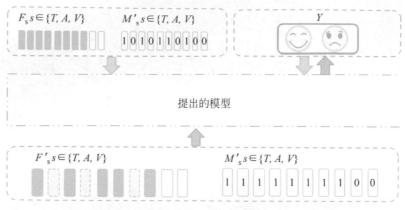

圖 20.1 不完整資料的多模態情感分類任務定義

20.2 處理資料缺失方法概述

目前在多模態情感分析領域處理資料缺失的方法有兩類不同的方法，以模態翻譯方法 [156] 為基礎，以及以張量正規化為基礎的方法 [171-172]。儘管還有一些處理多模態機器學習問題中資料缺失的方法，如以矩陣為基礎的補全方法 [173] 及以深度生成網路為基礎的缺失補全模型 [174-176]，然而這些方法由於使用場景的限制 (如以矩陣為基礎的補全方法往往用於視覺多模態資訊補全中) 無法直接使用到多模態情感分析任務中。

20.2.1 以模態轉譯方法為基礎

以模態轉譯方法為基礎解決模態特徵缺失問題為基礎的核心出發點是模態間相互翻譯能使得編碼器學習得到同時包含兩種模態資訊的聯合表示。測試時，可以只需要來源模態特徵作為模型輸入，就能得到同時含有來源模態及目標模態特徵資訊的聯合表示。典型的模型結構圖如圖 20.2 所示。

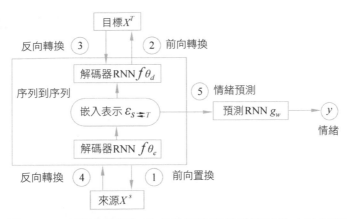

圖 20.2　以模態翻譯為基礎的解決模態特徵缺失方法框架

　　該類方法的不足之處在於，對測試時模態缺失的限制過高，其要求訓練資料中缺失情況僅發生在某一固定模態，該模態資料完全缺失，其餘模態資料完整，由於其對缺失情況的限制，導致方法的應用場景嚴重受限，不能解決大多數真實場景中的情感分析問題。

20.2.2　以張量正規化方法為基礎

　　以張量正規化方法為基礎的核心出發點是完整模態資料融合特徵的低秩結構。在文獻 [171] 中模型顯性地計算了同一時刻三模態特徵外積融合特徵並透過對融合矩陣的秩上界估計進行正規化，引導融合特徵像完整資料融合特徵學習。文獻 [172] 透過引入時間視窗的概念使模型能夠對時域上不同模態的互動資訊進行建模，並透過理論推導隱式地完成將「融合特徵」映射到最終輸出的過程，將計算的時間複雜度由 $O(kRNL)$ 降低到 $O(kNL^2)$。兩種以張量正規化方法模型結構為基礎對比圖如圖 20.3 所示。

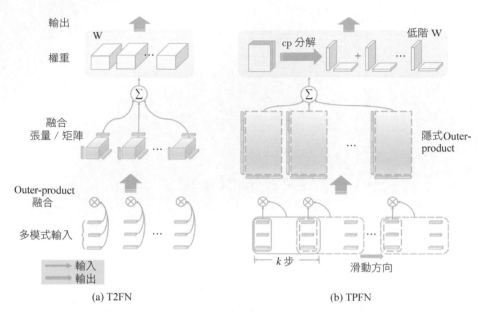

圖 20.3 兩種以張量正規化方法為基礎模型結構對比圖

該類方法的不足之處在於，要求使用對齊的模態序列特徵，而其在模態對齊任務上本身已經使用了完整模態資料，使得模型缺乏説服力。同時，該類方法作為張量融合方法中的一個分支，本身還具有所有張量融合方法的模型表達能力不足等問題。

本章針對已有工作需要無法針對不同模態組合及需要對齊資料的不足，開展了在非對齊隨機模態缺失情況下的研究工作。

20.3 模型的框架結構

本節介紹以多工學習方法為基礎的不完整資料的多模態情感分類模型結構。如圖 20.4 所示，提出的以注意力為基礎的特徵重構網路模型 (簡記為 TFR-Net) 可以被分成 3 個主要部分。模態序列特徵取出模組、序列特徵重構模組和模態融合模組。對於含有隨機缺失的不同模態特徵序列，利用一維卷積及序列

位置編碼增強模態序列特徵。然後利用模態內、模態間注意力機制提取餘態序列各個位置的隱層特徵。接著，模態重構網路使用每個位置的隱層特徵作為輸入進行模態序列的特徵重構，並利用重構特徵與完整模態特徵的 SmoothL1Loss 作為監督，引導隱層特徵表示學習過程。最後，模態融合模組使用特徵提取模組得到的隱層特徵進行模態融合並使用簡單的線性分類器進行最終情感極性預測。

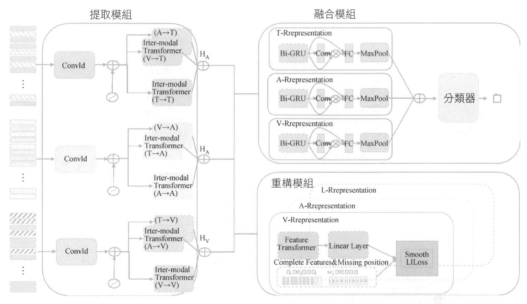

圖 20.4　以多工學習方法不完整資料為基礎多模態情感分類模型框架結構

從模型的整體結構上來說，模型的特徵取出模組和模型的特徵重構模組組成了一種編碼器─解碼器結構。這種編碼器─解碼器結構在隱層能夠編碼同時包含輸入來源和輸出來源的特徵。因此，完整模態的資訊作為輸出端透過這種網路結構設計得以在隱層表示中表現。利用編碼器─解碼器獲得的隱層表示，特徵融合模組使用一種後期融合的策略，進行多模態表示學習，並利用融合得到的多模態特徵進行最終的情感極性分類。

20.3.1 特徵取出模組

本節介紹模型特徵取出模組計算各個模態隱層特徵序列的方法。首先，一維卷積神經網路和位置編碼被用於對原始含有缺失的模態特徵序列進行前置處理，然後將模態前置處理序列分別透過跨模態注意力網路及模態內自注意力網路進行相關特徵取出，最後拼接兩種取出資訊得到最終的隱層特徵序列。

1. 模態序列特徵前置處理

模態序列特徵前置處理首先使用一維卷積層處理不完整的模態序列輸入，以確保輸入序列中的每個元素能夠獲取其相鄰元素資訊。

$$H_m = \text{Conv1}d\left(U'_m, k_m\right) \in \mathbf{R}^{T_m \times d}, m \in \{\text{T}, \text{A}, \text{V}\} \tag{20.1}$$

其中，k_T，k_A，k_V 分別為模態 T，A，V 的卷積核的大小，而 d 是預先定義的模態前置處理維度。然後，向卷積序列引入位置編碼，使得前置處理序列中各個元素包含其位置資訊。

$$H'_m = H_m + PE_m\left(T_m, d\right) \tag{20.2}$$

其中，$PE(\bullet)$ 表示位置編碼函數。這樣得到的前置處理特徵，包含相鄰位置元素資訊及原始位置資訊，將作為後續跨模態注意力、模態內自注意力模型的輸入。

2. 跨模態注意力網路

跨模態注意力網路被提出用於充分挖掘不同模態資訊之間的互補性。該結構將不同模態的相關資訊融合進模態序列的隱層表示中，為後續網路提供模態序列的有效資訊，具體結構如圖 20.5 所示。

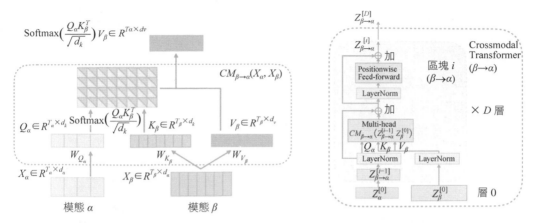

圖 20.5 模態序列 α 與模態序列 β 之間的跨模態注意力網路結構

為了統一後續的方法介紹，將首先舉出 Transformer 自注意力機制的定義，並使用該定義完成跨模態注意力網路的說明。Transformer 自注意力網路是一種以縮放為基礎的點積注意力方法。其定義式為

$$\mathbf{Attention}(\boldsymbol{Q}, \boldsymbol{K}, \boldsymbol{V}) = \mathrm{Softmax}\left(\frac{\boldsymbol{Q}\boldsymbol{K}^T}{\sqrt{d_h}}\right)\boldsymbol{V} \tag{20.3}$$

其中，Q、K、V 分別指注意力機制中的查詢、鍵值和權值矩陣。Transformer 自注意力網路平行處理的計算多個這樣的注意力，其中每組不同的注意力稱為一個注意力頭。第 i 個注意力頭由下式計算。

$$\mathrm{head}_i = \mathbf{Attention}(\boldsymbol{Q}W_i^q, \boldsymbol{K}W_i^k, \boldsymbol{V}W_i^v) \tag{20.4}$$

其中，W_i^q、W_i^k、$W_i^v \in \mathbf{R}^{d_h \times d_h}$ 對應第 i 個注意力頭的線性映射變換。最終 **Transformer**$(\bullet)$ 函數被定義為各個注意力頭的拼接結果，即 $[\mathrm{head}_1, \cdots, \mathrm{head}_n]$。

這樣，利用上述 **Transformer**$(\bullet)$ 函式定義，舉出如下跨模態注意力機制的計算方法。

$$\mathrm{H}_{\beta \to \alpha i} = \mathbf{Transformer}(H_\beta', H_\alpha', H_\alpha') \in \mathbf{R}^{T_m d} \tag{20.5}$$

其中，$\mathbf{H}_{\beta \to \alpha}$ 表示跨模態注意力的計算結果。

3. 模態內自注意力網路

模態內注意力網路用於充分挖掘同一模態內時域上的相關資訊，將模態內不同時刻的相關資訊融合進模態序列的隱層表示中。該網路也是以 Transformer 自注意力機制而實現為基礎的。

$$H_{\alpha \to \alpha} = \mathbf{Transformer}(H_{\alpha}', H_{\alpha}', H_{\alpha}') \in \mathbf{R}^{T_m \cdot d} \tag{20.6}$$

最後，特徵取出模組將透過模態內、模態間注意力機制獲得的所有特徵拼接作為最終的隱層模態特徵序列。

$$H_m'' = \mathrm{Concat}([H_{\alpha \to \alpha}; H_{\beta_1 \to \alpha}; H_{\beta_2 \to \alpha}]) \in \mathbf{R}^{T_m \cdot 3 \times d} \tag{20.7}$$

其中，$m \in \{T, A, V\}$；β_1、β_2 代表 α 以外的兩種模態。隱層模態特徵序列透過利用模態之間的互補性來提取缺失的模態特徵的有效表示。該隱層特徵序列也可以被視為模型級模態融合結果。

20.3.2 模態重構模組

本節介紹特徵重構模組的設計目的以及其網路結構。處理多模態情感分析中的非對齊隨機特徵缺失問題的核心挑戰在於捕捉不完整模態序列稀疏的語義資訊。現有的模型無法獲得模態序列中缺失部分的語義資訊，因此模型對於隨機模態特徵缺失的效果有限。因此，模態特徵重構被提出，透過重構損失引導特徵取出模組學習缺失部分的語言資訊。

對於每種形態，首先在特徵維度上進行 Transformer 自注意力計算，以捕捉提取的不同取出特徵之間的連結性。

$$H_m^* = \mathrm{Concat}([H_{\alpha \to \alpha}; H_{\beta_1 \to \alpha}; H_{\beta_2 \to \alpha}]) \in \mathbf{R}^{T_m \cdot 3 \times d} \tag{20.8}$$

其中，$m \in \{T, A, V\}$；H_m^* 為變換後的序列特徵。然後，利用線性變換將轉換後的序列特徵映射到原始模態的輸入空間中。

$$\hat{U}_m = W_m \cdot H_m^* + b_m \tag{20.9}$$

其中，m∈{*T, A, V*}；W_m、b_m 是線性層的參數。作為監督，模型將原始模態序列輸入與重構模組生成的缺失位置元素使用 SmoothL1Loss(●) 計算生成損失 L_g^m，以評價缺失重構的效果。

$$L_g^m = \text{SmoothL1Loss}(\hat{U}_m * (M_m - M_m'), U_m * (M_m - M_m')) \tag{20.10}$$

其中，m∈{*T, A, V*}；M_m 為模態 *m* 顯示序列長度的掩膜；M_m' 為模態 *m* 顯示缺失位置的掩膜。

20.3.3　模態融合模組

本節介紹利用提取的隱層模態序列表示進行融合，並進行最終情感分類的融合模組。對於各個隱層模態特徵序列，首先使用提出的以卷積門控為基礎的編碼器進行模態序列編碼，然後將不同模態特徵向量進行拼接得到最終的情感分類結果。接下來，將重點介紹將隱層模態特徵映射到模態表示向量的以卷積門控為基礎的編碼器結構。

以卷積門控為基礎的編碼器

以卷積門控為基礎的編碼器將隱層模態序列輸入映射成模態的特徵向量表示。首先，該模組採用雙向 GRU 層處理隱層模態特徵序列 $\overline{H}_m$，並使用 tanh 啟動函數來更新模態序列表示 H_m''。

$$\overline{H}_m = \tanh(\text{BiGRU}(H_m'')) \tag{20.11}$$

在得到更新模態序列表示 H_m'' 後，該模組提供了一種卷積門控組建用於過濾對於後續分類任務無關的序列資訊。具體來說，模組將 H_m'' 輸入視窗大小為 *k* 的一維卷積網路並使用了 Sigmoid 啟動函數以計算序列中每個元素的相關度 g_i。卷積操作使用了填充策略以確保貢獻度向量 g 與更新模態序列表示 H_m'' 具有相同的序列長度：

$$g = \text{Sigmoid}(\text{Conv}1d\,(\overline{\boldsymbol{H}}_m)) \tag{20.12}$$

其中，$m \in \{T, A, V\}$，$\text{Conv}1d(\bullet)$ 是一維卷積運算；g 表示更新後模態序列表示的貢獻度，透過與更新模態序列表示 $\boldsymbol{H}''_m$ 進行諸元素乘法來過濾掉模態序列中對情感分類任務沒有幫助的上下文資訊。

$$\overline{\boldsymbol{H}}'_m = \overline{\boldsymbol{H}}_m \otimes \boldsymbol{g} \tag{20.13}$$

其中，$\otimes$ 表示逐元素乘積。另外，模組將得到的 $\overline{\boldsymbol{H}}'_m$ 與更新模態序列表示 $\boldsymbol{H}''_m$ 拼接，將拼接結果 $[\overline{\boldsymbol{H}}'_m ; \boldsymbol{H}''_m]$ 進行非線性變化來得到最終的單字級表示形式 $\boldsymbol{H}^*_m$：

$$\boldsymbol{H}^*_m = \tanh(W \cdot \text{Concat}(\overline{\boldsymbol{H}}'_m, \boldsymbol{H}''_m) + b) \tag{20.14}$$

最後，模組使用最大池化操作提取序列中具有較大影響的上下文特徵。由此，最終模態表示 U^*_m 表示如下：

$$U^*_m = \text{Maxpool}\{H^*_m\} \in \mathbf{R}^{h_m} \tag{20.15}$$

其中，h_m 表示模態 m 的隱層維度。三種模態表示的拼接被視為最終晚期融合的結果。

$$U^* = \text{Concat}(U^*_\text{T}, U^*_\text{A}, U^*_\text{V}) \tag{20.16}$$

將得到的融合結果輸入到一個簡單的全連接神經網路分類器中以計算最終的情感分類結果。

$$\hat{y} = W_1 \cdot \text{LeakyReLU}(W_2 \cdot \text{BatchNorm}(U^*) + b_2) + b_1 \tag{20.17}$$

其中，LeakyReLU 被用作神經網路的啟動函數。

20.3.4 模型訓練

本節介紹提出模型的訓練過程。本節採用了一種多工的學習方法進行模型訓練，使用模態重構子任務輔助多模態情感分析任務。對於情感分析任務，模型使用情感強度的預測值與真實標注值的 L1 Loss 作為基本最佳化目標；對於特徵重構任務，提出模型分別計算各個模態序列的重構損失 $L_g^m, m \in \{T, A, V\}$，透過對不同模態重構損失加權求和的方式整合各個損失函數，引導模型參數的學習過程：

$$L_{\text{gen}} = \sum_{m \in \{T, A, V\}} \lambda_m \cdot L_g^m \tag{20.18}$$

$$L = \frac{1}{N} \sum_i^N (|\hat{y}^i - y^i|) + L_{\text{gen}} \tag{20.19}$$

其中，$\lambda_m, m \in \{T, A, V\}$ 是確定每個模態重建損失 L_g^m 對總損失 L 的貢獻的權重。這些分量損失中的每一個都負責每個模態子空間中的表示學習。

20.4 實驗

20.4.1 多模態情感分析資料集

實驗在兩個公開多模態情感分析基準資料集 MOSI[64]、SIMS 上對模型處理不完整模態特徵序列的能力進行評價，兩個資料集的正負樣本統計資訊如表 20.1 所示。MOSI 和 SIMS 資料集其他資訊見第二篇的介紹，在這裡不再贅述。

表 20.1 資料集統計資訊 (消極 / 中性 / 積極)

Dataset	#Train	#Valid	#Test	#Al
MOSI	552 / 53 / 679	92 / 13 / 124	379 / 30 / 277	2199
SIMS	742 / 207 / 419	248 / 69 / 139	248 / 69 / 140	2281

20.4.2 模態序列特徵取出

在 MOSI 和 SIMS 資料集上，對於文字、音訊、視訊 3 種不同模態資訊，

分別採用了以下方法進行各自模態特徵取出工作。

1. 文字模態

對於 MOSI 和 SIMS 資料集，實驗都使用 Pre-trained BERT[31] 進行原始文字輸入到文字模態特徵序列的轉換，該方法將文字單字序列編碼為 768 維的文字模態序列特徵，作為原始模態序列輸入。

2. 音訊模態

對於音訊特徵提取工作，實驗在 MOSI 資料集上使用 COVAREP[109] 音訊特徵提取工具，而在 SIMS 資料集中使用 LibROSA[108] 工具提取音訊特徵。MOSI 資料集中取出的音訊特徵維度 d_A 為 5，而 SIMS 資料集中取出的音訊特徵維度為 33。

3. 視訊模態

對於視訊特徵提取工作，實驗在 MOSI 資料集上使用 Facet 提取面部表情特徵，在 SIMS 資料集上先使用 MTCNN[137] 提取人臉位置資訊 (如果無法辨識有效的人臉位置，則使用置中截取)，然後使用 OpenFace 2.0[136] 工具套件提取人臉表情特徵。MOSI 資料集中取出的視訊特徵維度 d_V 為 20，而 SIMS 資料集中取出的視訊特徵維度為 709。

20.4.3　基準線模型

本節介紹與提出的以注意力特徵為基礎重構網路對比的基準線模型。由於本章研究的問題使用非對齊模態序列資料，因此對比實驗的基準線模型也應具有處理多模態情感分析中非對齊模態序列資料的能力，實驗使用了 TFN[4, 15]，MulT[30] 和 MISA[11] 作為基準線模型，模型詳細資訊見本書 15.2.1 節。

20.4.4　實驗設定

首先，說明本章中建構模態序列特徵隨機缺失的方法。對於文字模態輸入，將原始的標記序列中的部分標記使用 [UNK] 標記替代，以模擬隨機文字模態特

徵缺失的情況；對於音訊、視訊模態輸入，將透過特徵提取器提取得到的模態特徵序列中部分時刻的模態特徵替換為全零向量，以模擬由於感測器故障等原因導致的隨機音視訊模態特徵缺失的情況。在訓練、測試過程中，實驗首先設定各個模態特徵缺失率，在訓練、驗證和測試資料集上使用上述缺失建構方法生成符合預先設定的缺失率的模態特徵序列。

對於模型超參數選擇，提出模型涉及的重要超參數包括特徵前置處理模組中的一維卷積中的卷積核大小，網路各層的 dropout 率，模態內、跨模態 Transformer 注意力數量，融合特徵向量的維度及 3 種模態的重構損失權重等。實驗在兩種多模態資料集中根據模型在驗證集上的效果對以上超參數進行了細緻的調參過程。使用 Adam 最佳化器進行模型參數更新，並在 MOSI 資料集中設定學習率為 0.002，在 SIMS 資料集中設定學習率為 0.001。所有實驗結果均為三個不同隨機種子在資料集上實驗的平均值。

20.4.5　評價標準

為了評價模型對不同缺失程度的堅固性，實驗記錄了隨著特徵缺失率增大，提出模型和基準線模型在 MOSI 及 SIMS 測試集上的二分類準確度、五分類準確度、平均絕對誤差及皮爾遜相關係數 4 種評價指標。其中，二分類準確度指標使用小於 0 和大於 0 作為消極、積極情感分類的標準，這樣的分類標準在文獻 [27] 指出，更準確地表述消極和積極的類別。此外，本章還對 4 種不同的評價指標計算指標曲線下面積值，用於定量評價處理不完整模態輸入的整體性能。指標曲線下面積值定義如下。

給定模型評價結果序列 $X=\{x_0, x_1, \cdots, x_t\}$ 隨著模態特徵缺失率 $\{r_0, r_1, \cdots, r_t\}$ 的增加，定義指標線下圖面積 (AUILC) 為：

$$\text{AUILC}_X = \sum_{i=0}^{t-1} \frac{(x_i + x_{i+1})}{2} \cdot (r_{i+1} - r_i) \tag{20.20}$$

對於上述所有指標，具有較高的評價指標表示模型具有更強的性能，平均絕對誤差指標除外。

20.5 實驗分析

20.5.1 模型對缺失程度堅固性研究

首先，驗證提出模型對不同程度的模態序列特徵缺失的堅固性。在模型的訓練及測試過程中，在控制各個模態缺失率 p 一致的前提下，逐漸提升模態序列特徵缺失率 $p \in \{0.0, 0.1, \cdots, 0.9\}$，並採用結構性隨機缺失策略，即每一時刻各模態特徵均以 p 的機率完全缺失。

首先舉出以注意力機制為基礎的特徵重構網路和各基準線模型在 MOSI 及 SIMS 資料集上指標隨模態特徵序列缺失率變化的曲線。如圖 20.6 所示，在 MOSI 資料集上，對於所有不同缺失程度 $p \in \{0.0, 0.1, \cdots, 0.9\}$，提出的模型在大多數評價指標上均超過了基準線模型。如圖 20.7 所示，在 SIMS 資料集上，提出模型在較低缺失率的情況下，即當 $p \in \{0.0, 0.1, \cdots, 0.5\}$ 時，提出的模型性能優於基準線模型，而在較高缺失率的情況下，即當 $p \in \{0.6, \cdots, 0.9\}$ 時，所有模型的表現差異不大，均在某一穩定值左右浮動。將模型在 SIMS 資料集中高缺失率情況下所有模型表現類似的情況歸因於資料集中存在的類別偏置問題。根據表 20.1 中每個資料集的正負樣本個數統計資訊，可以看到在 SIMS 資料集上存在明顯的類別偏置。由於類別不均衡的問題，使用驗證集中的回歸結果的平均值進行預測的平凡模型反而能夠取得不錯的效果。隨著模態特徵缺失率的增加，各個模型難以在資訊匱乏的序列資料中超越平凡模型，最終導致模型退化現象。

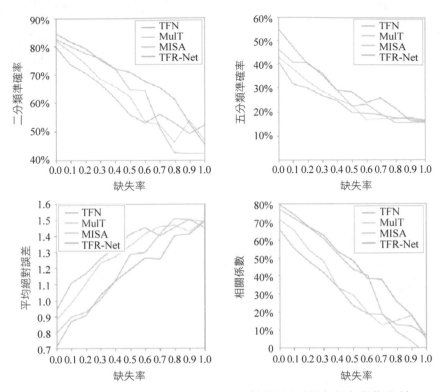

圖 20.6 各個模型在 MOSI 資料集上性能指標隨缺失率變化曲線

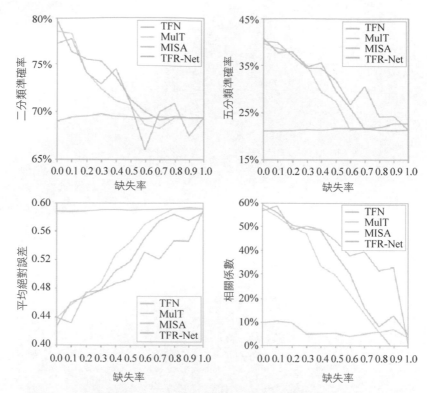

圖 20.7　各個模型在 SIMS 資料集上性能指標隨缺失率變化曲線

除了上述模型性能曲線圖，實驗還記錄了模型在兩個資料集上各項指標的曲線下面積作為定量分析指標評價模型對於不同程度缺失的堅固性的指標，表 20.2 展示了該結果，考慮到前面提到的類別偏置影響，在 MOSI 資料集上使用

表 20.2　MOSI 和 SIMS 資料集上各個模型不同評價指標的曲線下面積 AUILC 值

Models	MOSI				SIMS			
	Acc-2 (↑)	Acc-5 (↑)	MAE (↓)	Corr (↑)	Acc-2 (↑)	Acc-5 (↑)	MAE (↓)	Corr (↑)
TEN	0.604	0.233	1.327	0.300	0.373	0.181	0.233	0.259
MulT	0.618	0.244	1.288	0.334	0.370	0.173	0.244	0.227
MISA	0.632	0.271	1.209	0.403	0.347	0.106	0.294	0.038
TFR-Net	**0.690**	**0.304**	**1.155**	**0.467**	**0.377**	0.180	0.237	0.249

$p \in \{0.0, 0.1, \cdots, 0.9\}$ 完整缺失程度區間上的 AUILC 值，而在 SIMS 資料集上使用 $p \in \{0.0, 0.1, \cdots, 0.5\}$ 部分缺失程度區間的 AUILC 值。該實驗定量結果進一步驗證了提出的模型在處理不同程度模態序列特徵隨機缺失問題的優越性。

20.5.2 模型對缺失模態組合堅固性研究

除了對於不同缺失程度的堅固性之外，實驗還驗證了提出的模型對於不同模態缺失組合的堅固性。實驗在 MOSI 測試集上將不同模態組合作為模型輸入 (p=0.0)，並將其餘模態序列視為 p=1.0，即模態特徵完全缺失，進行了模型效果測試。

實驗結果如表 20.3 所示，對比所有以單一模態序列特徵作為輸入的實驗結果，可以看到提出的模型在僅保留完整文字模態序列特徵時保持了具有競爭力的性能，當僅含有音訊、視訊模態序列特徵時，模型性能下降較大，這樣的實驗結果是符合預期的，它證明了文字模態資訊在現有的多模態情感分類任務中的核心地位，並對更合理的音視訊特徵取出方法提出了挑戰。對比所有以兩種不同模態序列特徵作為輸入的實驗結果，文字模態序列與視訊模態序列特徵作為輸入的模型能夠取得最佳的性能，甚至較三模態完整輸入相比取得了更好的平均絕對誤差和皮爾遜相關係數。根據以上結果，我們驗證了提出模型對於不同模態缺失組合具有很好的堅固性。

表 20.3 以注意力為基礎的特徵重構網路在不同缺失模態組合下各評價指標結果

Test Input	MOSI			
	Acc-2(↑)	Acc-5(↑)	MAE(↓)	Corr(↑)
{A}	55.150	16.570	1.419	0.214
{V}	60.110	17.490	1.381	0.164
{T}	83.490	50.140	0.786	0.778
{A,V}	62.650	19.050	1.334	0.231
{T,A}	83.990	52.920	**0.731**	**0.788**
{T,V}	82.620	49.370	0.772	0.778
{T,A,V}	**84.100**	**54.660**	0.754	0.783

20.5.3 消融實驗

為了驗證提出方法各個組成模組的有效性，在 MOSI 資料集上進行了模型重要模組的消融實驗。消融實驗分別測試了去掉模態內注意力模組 (w/o a)、去掉模型特徵重構模組 (w/o g)、去掉卷積門控模組 (w/o c) 後的模型性能，實驗結果如表 20.4 所示。

從實驗結果中可以看出，去掉以上 3 個模組中的任何一個模組都會對模型性能產生影響。具體而言，去掉模態內注意力模組對模型性能的影響最大，其導致二分類準確度的 AUILC 值下降了 2%。而作為額外監督的特徵重構模組對模型性能的影響相對較小。為了進一步分析特徵重構模組的有效性，在 MOSI 資料集控制各個模態序列特徵缺失率為 0.3，展示了訓練過程中訓練、驗證集上的重構損失及回歸損失的變化趨勢曲線。

表 20.4 MOSI 資料集上模型消融實驗結果

Dataset Metrics (AUILC-)	MOSI			
	Acc-2(↑)	Acc-5(↑)	MAE(↓)	Corr(↑)
TFR-Net(w/o a)	0.671	0.292	1.175	0.461
TFR-Net(w/o g)	0.682	0.301	1.231	0.455
TFR-Net(w/o c)	0.682	0.295	1.167	0.462
TFR-Net	**0.690**	**0.304**	**1.155**	**0.467**

如圖 20.8 所示，隨著模型的訓練，訓練集和驗證集上重構損失及回歸損失值均保持下降趨勢。模態特徵序列的重構損失和回歸損失變化趨勢一致，驗證了透過重構缺失位置特徵可以引導模型表示學習過程，進而獲得較好的情感分析結果。

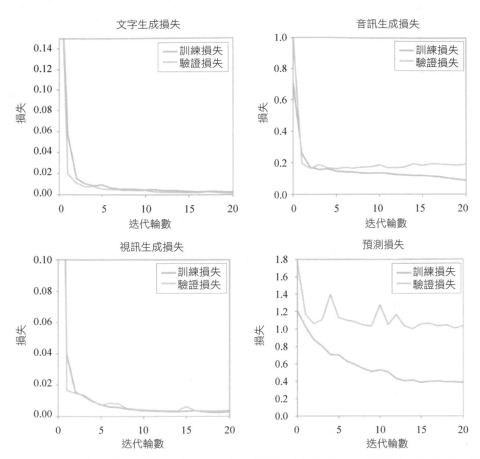

圖 20.8 MOSI 資料集上缺失率為 0.3 時,分類損失及各模態重構損失函數變化曲線

20.6 本章小結

本章針對模態缺失問題,提出了一種以注意力機制為基礎的特徵重構網路以解決不完整資料的多模態情感分類任務。首先,回顧了不完整資料的多模態情感分析的任務定義及現有方法的概述;然後,討論了一種以注意力機制為基礎的特徵重構網路以解決不完整資料的多模態情感分類任務;最後,設計實驗驗證了提出模型對於不同缺失程度的堅固性並分析了提出模型針對不同模態缺失組合的效果。

首先，本篇以 SIMS 資料集為基礎建構了多工的多模態情感分析框架 MMSA。在框架中聯合學習 3 個單模態子任務和一個多模態主任務，並且將典型的 3 種融合結構引入此框架中。透過大量的實驗充分驗證了獨立的單模態子任務能夠輔助多模態模型學到更具有差異化的單模態表示資訊，進而提升模型效果。

為了在更多資料集上驗證引入單模態子任務對多模態主任務的輔助性作用，本篇緊接著設計了單模態偽標籤生成模組及自我調整的多工最佳化策略，透過大量的實驗驗證了單模態偽標籤生成結果的合理性和穩定性，並且進一步指明加入單模態任務後能夠有效提升多模態情感分析的效果。

其次，本篇介紹了多工訓練階段使用的一些方法。首先是能夠使得學習部分共用的交叉模組，還有根據特徵皮爾森相關係數調整融合特徵的方法，最後透過對比實驗證明了兩種方法都能夠提升分類準確率。

針對最近廣泛使用的互斥損失函數提出了針對多工機制的損失函數，能夠造成增大不同類差異性、減小不同模態來源導致的誤差等作用。大量的對比實驗說明了以多工學習機制為基礎的互斥損失函數在多工場景下的優勢。

然後，本篇探究了多工機制對遷移學習的作用。透過大量實驗驗證了多工多模態演算法的遷移學習能力比單任務多模態演算法更強。

最後，本篇針對模態缺失問題提出了一種以注意力機制為基礎的特徵重構網路以解決不完整資料的多模態情感分類任務。大量實驗驗證了提出的模型對於不同缺失程度的堅固性並分析了提出模型針對不同模態缺失組合的效果。

第六篇

多模態情感分析平臺及應用

　　本篇介紹一個多模態情感分析實驗平臺—M-SENA 和一個多模態中醫體質評價系統—TCM-CAS。M-SENA 是首個以主動學習為基礎的多模態資料標注，多模態資料和多模態情感分析模型管理，模型訓練和評價的綜合、開放原始碼的多模態情感分析平臺。透過提供易於操作的使用者介面和直接操作，幫助研究人員節省在無關緊要的細節上的精力，更多地專注於分析資料和模型。為了更好地幫助研究人員進行分析，該平臺還為實驗結果提供了全面的統計和視覺化功能。此外，該平臺整合了一個點對點即時演示模組，以評價模型在其他資料上的性能。目前，M-SENA 包含 3 個多模態資料集，多個最新的基準線模型，並且具有高度的可擴充性。該系統可以在 GitHub[①]和 DockerHub[②]上下載，並提供完整的文件。此外，為了擴充多模態資訊挖掘分析研究工作的思路，以多模態機器學習技術為基礎，本篇介紹了一個針對中醫臨床多模態辨識資訊而實現的一個點對點體質評價系統 TCM-CAS。該系統透過對現場擷取的中醫臨床資訊進行處理，自動評價患者的中醫體質。在保證資料品質的前提下，該系統可以很容易地擴充應用於中醫臨床疾病評價與分析任務，如疾病輔助診斷。該系統還具有中醫資料探勘、中醫臨床特徵學習表示等協助工具，可以更好地幫助中醫科學研究人員實現對於臨床多模態辨識資訊的挖掘與分析。

---

① https://github/thuiar/Books。
② https://hub.docker.com/repository/docker/flamesky/msena-platform。

21

多模態情感分析實驗平臺簡介

21.1 概述

多模態情感分析 (MSA)[177-178] 的目標是透過視訊分析說話人的多模態資訊，包括聽覺、語言和視覺資訊，來判斷說話人的情感。在互補性和特異性的其他模態資訊的補充下，與以文字為基礎的模型相比，多模式模型有更好的堅固性，在處理社交媒體資料時可以實現顯著的效果提升。

之前的工作已經在基準資料集上取得了令人印象深刻的改進 [4, 9, 27, 91]。但是，目前還沒有用於 MSA 任務的整合平臺。本章將介紹首個專為 MSA 設計的綜合多模態情感分析平臺 M-SENA。它旨在解決以下 4 個問題。

(1) 與純文字資料不同，多模態資料封包含了聲音和視覺資訊，這使得在無圖形化介面的伺服器上查看和管理語料庫變得困難。M-SENA 提供了一個視覺化的介面，使用者可以輕鬆地完成這些任務。

(2) 生成高品質的標記資料集需要較大的人力成本。因此，當前多模態資料集的數量級相對於 NLP 區域的數量級較小。M-SENA 提供了以主動學習為基礎的資料標注策略，希望能夠減少大規模標注資料集的時間和人力消耗。

(3) 多模態融合是表現多模態模型相對於單模態模型優勢的關鍵步驟。然

而，這一步的視覺化仍然不明確，具有挑戰性。M-SENA 利用 PCA[179] 對融合前後的表示進行降維，並提供對應的視覺化。

(4) 多模態模型評價過度依賴公共資料集。目前還沒有評價這些模型在真實世界資料上的表現。

M-SENA 包括即時演示，以評價模型在非集合資料上的性能，並讓研究人員直觀地了解模型如何建構每種模態資料的特徵。M-SENA 可以幫助研究人員進行資料管理、資料標注、模型訓練和分析。它是多模態情感分析領域內第一個整合和視覺化的多模態情感分析實驗平臺，該平臺具有如下 3 方面的顯著優勢。(1) M-SENA 是第一個為 MSA 研究人員提供資料管理、視覺化和以主動學習為基礎的資料標記的開放原始碼視覺化分析實驗平臺。

(2) M-SENA 提供了一套豐富的工具和設定手段來分析現有的 MSA 模型，使研究人員能夠在相同的環境中比較不同的方法。

(3) 除了對公共資料集進行數值評價外，M-SENA 還提供了對自訂樣本的點對點評價。

21.2 平台概覽

M-SENA 平臺設計的目的是為多模態情感分析領域的研究人員提供方便，具有友善的圖形化使用者介面 (graphical user interface, GUI)，涵蓋盡可能多的功能。該平臺的系統結構如圖 21.1 所示。M-SENA 主要由資料端、模型端和分析端 3 部分組成。資料終端的目的是幫助研究人員查看和分析多標籤多模態的資料集。透過將主動學習演算法合併到標注過程中，可以顯著降低資料標注的人工成本。在模型端，M-SENA 平臺實現了一個可擴充的多模態情感分析管線，該管線整合了多種主流的多模態情感分析演算法。管線和 GUI 一起提供了一種直觀的方式來訓練和最佳化具有不同參數的模型。分析端可以從多個角度分析訓練好的模型，包括以時間為基礎的結果分析、特徵表示視覺化和案例研究。該平臺還實現了一個點對點的現場演示，透過在模型端訓練的模型來分析現場錄製的視訊片段中說話人的情緒。使用者可以使用它設計不同的案例，更好地

分析不同模型的功能。除了這 3 個主要部分外，還整合了任務管理機制，以告知使用者不同任務的當前狀態。

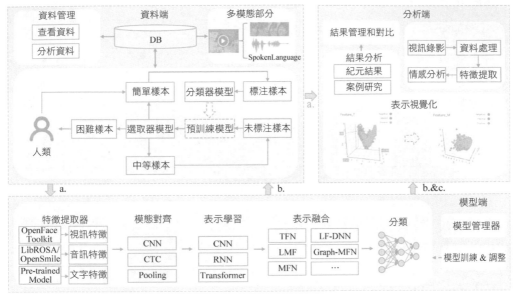

圖 21.1　M-SENA 的整體架構

21.3 資料端

如圖 21.1 所示，資料端由資料管理模組和資料標注模組組成。

21.3.1 資料管理

資料管理模組可以幫助研究人員更直觀地展示多模態資料集。只需幾次點擊，資料集的詳細資訊就會呈現在使用者面前，包括對資料分佈的簡單分析、資料樣本清單和每個樣本的視訊播放機。使用者還可以透過內建的篩檢程式搜索樣本以獲得所需的資料群組。為了獲得更好的可伸縮性，該平臺還引入了一種向平臺增加新資料集的簡單方法。此外，還提供了一個安全鎖機制。資料標記模組只顯示未鎖定的資料集，鎖定後的資料集不能修改。資料管理介面如圖 21.2 所示。

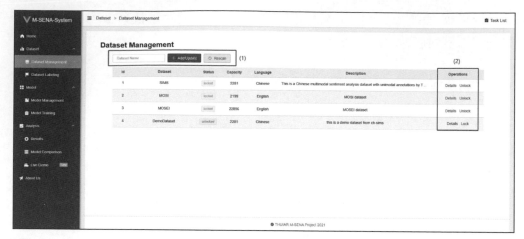

圖 21.2　資料管理介面

目前，M-SENA 整合了 3 個公共 MSA 資料集：MOSI[64]、MOSEI[10] 和 SIMS。前置處理後的特性可以在 Github① 中找到。

21.3.2　資料標注

為了節省多模態資料標注的時間和人力成本，該平臺整合了一個主動學習框架。功能實現上，它主要包含兩個關鍵元件：分類器和選取器。分類器使用附帶標籤的樣本進行訓練和微調，選取器使用分類器的輸出將樣本分為三類：難、中、易。難樣本對於演算法來説很難預測標籤，因此需要人工操作。中等樣本比較容易，但仍然不能立即貼上標籤；它們將被留到下一輪來決定是否標注。該演算法具有較高的置信度，對容易辨識的樣本進行標記。因此，只能選擇難度較大的樣本進行手工標注。演算法虛擬程式碼如下，具體來説，分類器可以從模型端繼承。選取器實現了 3 種經典的採樣策略：以設定值為基礎、以邊際為基礎和以熵為基礎。

Algorithm 1　Labeling Framework base on Active Learning

Input：Unlabeled samples（$\hat{X}$，·）

Output：Labeled samples（X，Y）

---

① https://github.com/thuiar/Books。

1：Init labeled samples set X and unlabeled samples set $\hat{X}$.

2：**repeat**

3：Fine-tune classifier model M with X.

4：Input $\hat{X}$ into M and get classifier results.

5：Using selector model to split $\hat{X}$ as hard samples set X_h, middle samples set X_m, and easy samples set X_e.

6：Select X_h for manual labeling.

7：Add labeled X_h into X_e and unlabeled X_h into X_m.

8：Add X_e into X.

9：$\hat{X} = X_m$.

10：**until** end condition

以設定值為基礎的採樣策略是以每個樣本為基礎的最大分類機率的值。所有比率之和為 1.0，設定了兩個設定值 0.8 和 0.6。將最大分類機率大於 0.8 的樣本作為易分類樣本進行篩選。將最大分類機率小於 0.6 的樣本篩選為難樣本。

以邊際為基礎的抽樣策略關注的是那些容易被分為兩類的樣本。該策略選擇最大分類機率與第二大機率差異較小的樣本作為難樣本。

以熵為基礎的抽樣策略利用分類機率的資訊熵來表示每個樣本的資訊量。資訊熵越大的樣本不確定性越大，應作為難樣本進行篩選。將資訊熵較低的樣本作為易樣本進行篩選。資料標注介面如圖 21.3 所示。

圖 21.3　資料標注介面

21.4 模型端

　　本節將首先介紹 M-SENA 平臺的基礎，即 MSA 功能流程。它使得不同資料集的各種模型的整合成為可能。之後，在 21.4.2 節將討論平臺如何幫助研究人員專注於多模態情感分析模型的訓練和最佳化。模型管理介面如圖 21.4 所示。

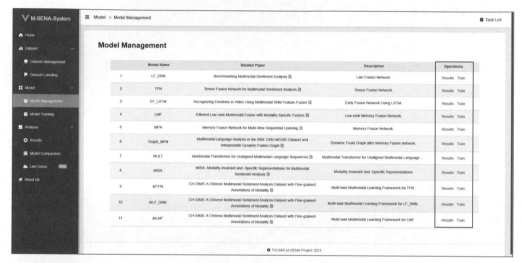

圖 21.4　模型管理介面

21.4.1　多模態情感分析流程

　　多模態情感分析一般包括特徵提取、模態對齊、表示學習、表示融合和情感分類 5 個關鍵步驟，如圖 21.1 的模型端所示。以這些步驟為基礎，該平臺實現了一個高度整合和可擴充的多模態情感分析流程。首先，使用專業工具從原始視訊中提取特徵，包括 vision5 的 MultiComp OpenFace 2.0[136] 工具套件①，音訊的 LibROSA[108] 或 openSMILE[107]，以及文字語言的預訓練模型 BERT[31]。然後，整合了多達 10 個最新的模型到平臺上，表 21.1 列出了平臺中已經包含的模型。

---

① https://github.com/TadasBaltrusaitis/OpenFace。

表 21.1 平臺已包含模型

模　型	模　型	模　型	模　型
LF_DNN [177]	TFN [4]	LMF [8]	MFN [9]
Graph_MFN[10]	MulT[30]	MISA [11]	MLF_DNN[91]
MTFN[91]	MLMF[91]		

21.4.2 模型訓練與微調

在 M-SENA 平臺上訓練一個模型是非常簡單和直接的。使用者可以在一個適當縮排的類似 json 格式的列表中調整參數，而不用糾結於具體的程式實現。在提交時，參數被傳遞到 MSA 管線，在那裡模型將接受訓練。一旦訓練結束，任務狀態將被更新，結果將在分析結束時可用。為了提供更好的使用者體驗，平臺提供了微調模式，使用者只需點擊就可以嘗試不同的參數組合集。使用者可以在分析結束時比較結果，並將最佳參數保存為預設值，當選擇模型時自動填充。目前，該平臺在 3 個資料集上為 10 個模型提供了 30 組最佳參數。

21.5 分析端

在分析端，實現了結果分析模組和模型比較模組。前者偏重於分析單一訓練結果，而後者偏重於比較多個模型。除了這兩個模組外，該平臺還提供了一個點對點的現場演示，該演示使用攝影機錄製的視訊片段來分析模型。分析結果介面如圖 21.5 所示。

圖 21.5 分析結果介面

21.5.1 多維結果分析

　　在結果分析模組中，平臺對模型末端得到的每個結果進行了詳細分析。首先，三個最重要的指標：Acc、F1 值和 Loss，被繪製成與 epoch 數量相對應的圖表。其次，提出了一種方法來視覺化二維和三維的單模態和多模態特徵表示，目的是幫助使用者更好地理解多模態特徵表示及其融合過程。此外，資料集中的所有樣本都列在一個表中，並標記了預測和實際標籤。在內建篩檢程式的幫助下，使用者可以很容易地檢查正確／錯誤標記的樣本視訊，從而更好地了解模型的功能。一個多維結果分析的例子如圖 21.6 所示。

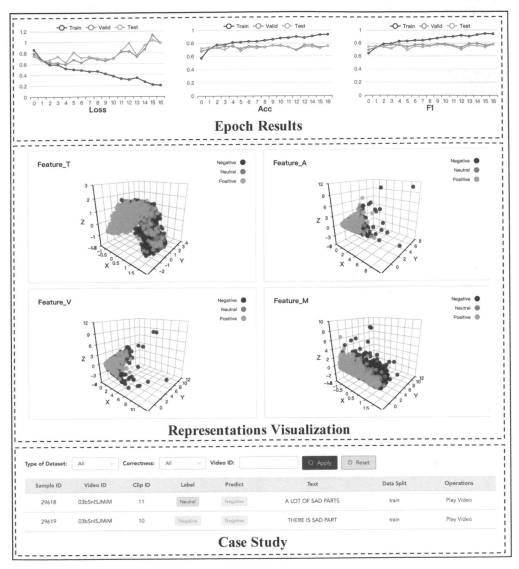

圖 21.6 一個多維結果分析的例子

21.5.2 模型對比

在模型比較模組中,平臺提供了多個訓練模型之間以 epoch 為基礎的比較。分別舉出了 Acc、F1 值和 Loss 的圖表,以及包含數位資訊的表格。透過圖表,

使用者可以清楚地知道哪個模型收斂更快,哪個模型效果更好。模型結果比較介面如圖 21.7 所示。

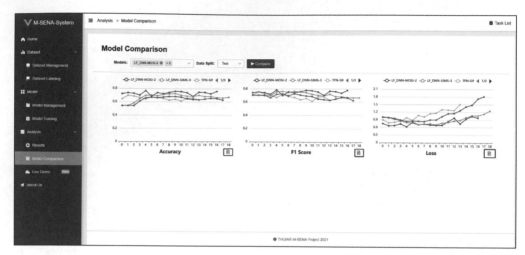

圖 21.7　模型結果比較介面

21.5.3 點對點現場演示

點對點現場演示的目的如下。

(1) 使用統一的第三方樣本訓練的模型在不同資料集上評價。

(2) 透過訂製樣本評價模型能力,使用者可以控制如音量、音色和音調等變數。

(3) 向非研究人員展示一個有趣的演示。要使用這個功能,使用者需要輸入文字,打開攝影機,閱讀輸入的文字,然後點擊 Go 按鈕。錄影片段將由第 21.4 節介紹的管線系統處理,結果將以圖表和表格的形式很快返回。

21.6　實驗評價

本節將對 M-SENA 的 3 個組成部分 (多模態情感分析基準線、透過主動學習的資料標記和點對點現場演示) 進行簡要評價。

21.6.1 評價基準資料集

不同模型在不同的基準線資料集上多模態情感分析結果如表 21.2 所示。所有實驗都以三分類模式進行，包括正向、中性、負向。由於單模態標籤的要求，MLF DNN、MTFN、MLMF 等多工模型僅在 SIMS 上進行測試。為了確保公平，所有結果都是在相同的設定下進行的。首先，在同一個資料集上為每個模型嘗試 50 組參數，使用網格搜索，然後選擇並保存驗證集中性能最好的參數。最後展示了測試集上的 3 類 Acc 和加權 F1_Score。以上操作可以在本實驗平臺上輕鬆完成。

表 21.2 基準資料集的多模態情感分析結果

Model	MOSI		MOSEI		SIMS	
	Acc	F1_Score	Acc	F1_Score	Acc	F1_Score
LF_DNN	74.64	76.28	67.35	70.05	70.20	75.10
TFN	73.44	75.02	66.63	69.34	65.95	69.86
LMF	74.11	75.72	66.59	68.31	66.87	71.29
MFN	74.99	76.76	66.59	68.86	67.57	72.32
Graph_MFN	75.34	76.96	67.63	69.87	68.44	73.46
MulT	74.99	76.91	66.39	68.78	68.27	72.32
MISA	76.30	78.03	67.04	69.08	67.05	73.11
MLF_DNN	—	—	—	—	70.37	74.80
MTFN	—	—	—	—	70.28	74.13
MLMF	—	—	—	—	71.60	72.74

21.6.2 評價標注結果

本節採用 TFN[4] 作為分類器，以設定值為基礎的採樣策略作為選取器。為了進行綜合評價，使用了兩個結構差異較大的多模態資料集 MOSI[64] 和 SIMS[91]。把這個問題作為三分類任務來處理。因此，樣本被標記為負面、中性和正面，結果如表 21.3 所示。

表 21.3 使用以設定值為基礎的採樣策略對 MOSI 和 SIMS 資料集進行自動標注結果

有標籤樣本集	無標籤樣本集	標注準確率	機器標注比例
MOSI (20%)	MOSI (80%)	83.42	80.00
MOSI (80%)	MOSI (20%)	85.72	80.45
SIMS (20%)	SIMS (80%)	73.77	80.00
SIMS (80%)	SIMS (20%)	76.62	80.26

在每個資料集上選擇 20% 或 80% 的樣本作為標記樣本集，其餘的樣本為未標記樣本集。目的是評價標籤在不同資料特徵下的準確性。結果表示，標注樣本集越大，標注準確率越高，而機器標注率的提高並不明顯。這說明少量的被標記樣本也可以達到可比性的標記結果。在實驗中，標注精度最低達到 70% 以上，機器標注精度不低於 80%。這驗證了用主動學習演算法輔助手工資料標記的可行性。相信使用更高級的選取器可以實現更好的性能，以主動學習為基礎的標記演算法是多模態情感分析資料集建構領域的一個非常有前途的研究方向。

21.6.3 評價現場演示

圖 21.8 的左邊部分展示了一筆經過平臺處理後測試資料。使用之前的兩個預訓練模型：MLFDNN 和 MTFN，生成多模態的情緒預測，如圖 21.8 的右側所示。從結果中，研究人員可以分析模型在不同模式下的性能，並更好地理解每個模式如何影響結果。這個模組還有助於評價非既定資料的模型，以及以一種易於理解的方式向非研究人員展示最先進的 MSA 結果。

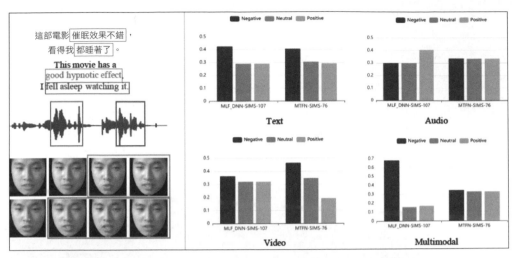

圖 21.8　點對點即時演示的一個多模態情感分析的範例

21.7　本章小結

　　本章介紹了一個全面且可擴充的多模態資訊情感分析平臺，該平臺支援使用者在友善的功能介面中操作多模態情感分析的整個過程，包括資料管理、以主動學習為基礎的資料標注、模型訓練和最佳化、結果分析。希望 M-SENA 可以幫助研究人員開發出更高效率的演算法，並實現不同 MSA 模型之間更公平的對比性研究。

22

擴充應用：以多模態臨床特徵表示與融合為基礎的點對點中醫體質評價系統

22.1 概述

　　當前多模態機器學習方法不僅可應用於針對當前共融機器人自然互動的多模態情感分析任務，實現相關的情感分析工作；同時還可以擴充應用於其他典型的多模態資訊的分析領域。以中醫望 (圖片資訊)、聞 (音訊資訊)、問 (文字資訊)、切 (訊號資訊) 四診化的多模態資料為基礎的挖掘和分析，其實與多模態互動資訊的情感分析類似，也是一類典型的以多模態機器學習為基礎的分類問題。作為本部分內容的延展，本篇將延展性地介紹以中醫四診合參為基礎的臨床辨識資訊實現中醫體質評估的應用平臺案例。

　　中醫體質 (traditional chinese medicine constitution, TCM) 是中醫理論中的一個基本概念。它由多模態的中醫臨床辨識資訊特徵所確定，而多模態的中醫臨床特徵又由影像 (面診、舌診、目診等)、訊號 (脈診、聞診)、文字 (問診) 等中醫臨床資訊組成。中醫體質的自動評價面臨兩大挑戰：①學習辨證的中醫臨床特徵表示； ②利用多模態融合技術聯合處理特徵。為此，本書提出了中醫體質評價系統 (TCM constitution assessment system, TCM-CAS)，並提供了點對

點解決方案和輔助功能。為了提高中醫體質的檢測效果，該系統結合了人臉關鍵點檢測、影像分割、圖神經網路和多模態融合等多種機器學習演算法。在一個四分類形式的多模態中醫體質資料集上進行了大量的實驗，所提出的方法達到了最先進的分類精度。該系統提供包含疾病註釋的資料集，還可以從中醫角度進行疾病輔助診斷。

體質是中醫理論中的一個基本概念。要判斷患者的中醫體質，需要綜合考慮患者的體態、面色、舌色、情緒等多種中醫臨床特徵。這些特徵通常由經驗豐富的中醫醫生收集，使用 4 種中醫診斷方法：檢查、聽、聞、詢問、脈診和觸診 [180]。為了提供點對點的中醫體質評價任務解決方案，需要透過一種多模態的臨床辨識特徵分類演算法從中醫臨床影像、音訊、訊號和文字形態資訊中學習這些特徵。此外，學習到的多模態表示需要使用多模態融合方法進行綜合處理。這是點對點 TCM-CAS 評價中的兩個主要挑戰。

22.2 中醫體質評價系統

TCM-CAS 是一類點對點的多模態資訊分析系統，透過對現場擷取的中醫臨床資訊進行處理，自動評價患者的中醫體質。由於訓練資料的限制，目前該系統只能對 9 種中醫體質類型中的 4 種進行辨識和評價。此外，中醫臨床輸入被簡化為兩種模態，其中需要一個面部影像、一個舌部影像和一個聞診調查問卷，如圖 22.1 所示。給定這些輸入，系統將生成一個報告，其中顯示了 TCM-CAS 的最終預測及一些中間結果，如圖 22.2 所示。有了足夠的資料，該系統可以很容易地擴充到評價所有 9 種中醫體質類型及其他類似的中醫臨床分類任務，如疾病的輔助診斷。該系統還具有中醫資料探勘、中醫臨床特徵分析等協助工具，更好地幫助中醫科學研究人員開展中醫多診資訊的分析工作①。

---

① 系統演示網址：https://youtu.be/n19R D21X2Q 系統原始程式碼下載網址：https://github.com/thuiar/Books。

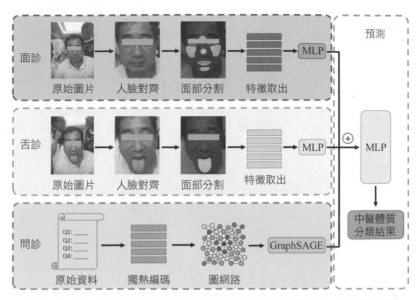

圖 22.1 系統中使用的點對點 TCM 體質評價演算法的整體結構

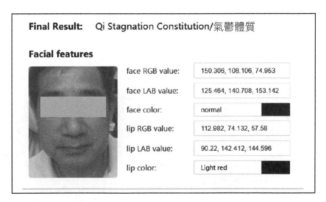

圖 22.2 系統生成的部分 TCM 報告 22.3 方法

　　如圖 22.1 所示，TCM 評價演算法由面診特徵表示、舌診特徵表示、問診資訊特徵表示和體質預測 4 個模組組成。前 3 個模組對輸入的中醫臨床資訊進行處理，完成特徵的學習表示，後一個模組對學習到的多模態特徵進行聯合處理，預測中醫臨床特徵。

22.3.1 面診特徵表示模組

面診特徵表示模組需要一個面診影像作為輸入。對影像中出現的最大人臉進行檢測、對齊和分割。這些步驟是以 Mediapipe 提供為基礎的面部關鍵點檢測演算法完成的 [181]。然後將分割的區域傳遞給多層感知器 (multi-layer perceptron, MLP) 來進行特徵的學習表示。從表徵中提取兩種面部的中醫臨床特徵，即面相色和唇色。這些特性將作為中間結果呈現，以獲得更好的可解釋性。面診特徵表示模組功能介面如圖 22.3 所示。

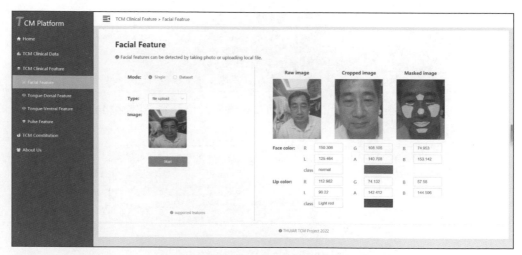

圖 22.3 面診特徵表示模組功能介面

22.3.2 舌診特徵表示模組

包含舌苔 - 舌背特徵分析的舌診特徵表示模組，處理輸入影像的方法與面診特徵表示模組相似，不同的是舌苔的分割是以 MiniSeg 模型 [182] 為基礎。該模組提取的中醫舌部臨床特徵包括舌苔色和舌色。舌診特徵表示模組功能介面如圖 22.4 所示。

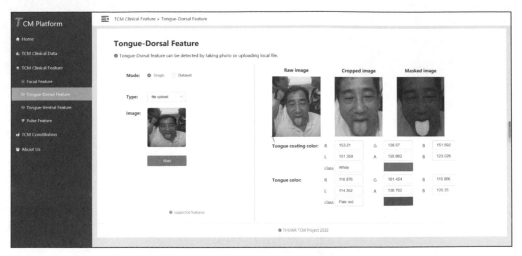

圖 22.4 舌診特徵表示模組功能介面

22.3.3 問診特徵表示模組

　　問診特徵表示模組從問題 - 答案對的輸入資料中學習中醫臨床辨識資訊的特徵表示。15 個單選題或多選題都是由專家精心設計的,如患者是否容易疲勞、患者的睡眠品質等。受文獻 [183] 的啟發,本書建構了一個包含患者和症狀節點的同類別圖。如圖 22.5 所示,患者 - 症狀邊緣的存在表示該患者具有該症狀。症狀 - 症狀邊緣表示這兩個症狀同時出現。從 A 到 B 的症狀 - 症狀邊緣上的權重表示給定症狀 A 的患者出現症狀 B 的機率。該圖使用患者和症狀節點的獨熱 (one-hot) 表示進行初始化。一個 GraphSAGE[184] 模型在 TCM-CAS 標籤的監督下用來學習患者節點的特徵。

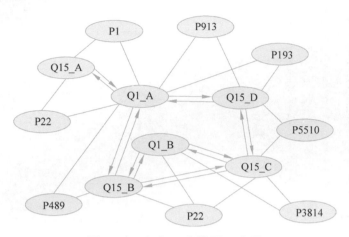

圖 22.5　病人－症狀圖示意圖

以 P 開頭的淋巴結為患者淋巴結，顏色表示患者的 TCMC。以 Q 開頭的節點是症狀節點，每個節點對應一個問題的選擇。粗體的黑色邊緣是雙向的患者 - 症狀邊緣，而細灰色邊緣是症狀 - 症狀邊緣。（本書為單色印刷，粗體或黑體部分可能無法正確顯示）

22.3.4　中醫體質預測

在前面的模組中學習了中醫臨床多診資訊的特徵表示之後，預測模組將學習型的特徵表示透過拼接的方式實現了多模態特徵的融合，並將它們透過 MLP 進行 TCM-CAS 分類。其他類型的多模態融合方法也進行了實驗，如張量融合網路 [4] 和低秩多模態融合 [8]。然而，與簡單的多模態特徵拼接的融合方法相比，其結果並不令人滿意，如圖 22.1 所示。

22.4　實驗

為了獲得更好的性能，在一個包含 5515 個樣本的 4 類 TCM-CAS 資料集上進行了大量的實驗。由於頁面限制，表 22.1 中只列出了部分結果。為了驗證以 GNN 網路模型為基礎的有效性，使用 MLP 和 XGBoost 來替換問題模組中的

GNN。在其他實驗中，面診影像形態特徵提取方法被不同的電腦視覺模型所取代。從結果可以看出，平臺中的方法在這個特定的任務中優於其他模型。

表 22.1 TCM-CAS 資料集上的 5 個種子平均結果

方　法	Acc	F1
MLP-unimodal	86.12	86.01
GraphSAGE-unimodal	86.38	86.16
XGBoost-multimodal	89.60	89.48
MLP-multimodal	90.15	90.02
SE-ResNet-multimodal	90.37	90.21
GraphSAGE-multimodal-TFN	91.56	91.48
GraphSAGE-multimodal-concat	**92.07**	**91.96**

22.5 本章小結

　　本章討論了一種以多模態機器學習策略為基礎的點對點的中醫體質評價系統。它結合多模態機器學習技術，處理多模態臨床辨識資訊的輸入，學習中醫臨床特徵，評價患者中醫體質。系統採用的方法達到中醫多模態體質分類任務的最優性能。該系統可以方便地擴充到未來的中醫疾病診斷系統中。

本篇小結

　　本篇介紹了一個完整且可擴充的多模態情感分析平臺，及一種點對點的中醫體質評價系統。多模態情感分析平臺主要包含了主動學習的資料標注、資料與模型管理、模型訓練和評價等綜合功能。該平臺提供了易用的使用者介面、全面的統計和視覺化功能來進行資料分析和建模。此外，該平臺還整合了一個點對點即時多模態情感分析演示模組，並且包含了 3 個多模態資料集，多個最

新的基準線模型，並且具有高度的可擴充性。本篇提出的點對點的中醫體質評價系統結合了多種機器學習技術：多模態臨床辨識資訊前置處理、中醫臨床辨識特徵學習表示和患者中醫體質預測評價模型等。該系統在資料規模和品質保障的情況下，可以很容易地擴充用於評價所有 9 種中醫體質類型以及其他中醫臨床疾病的輔助診斷任務。此外，該系統還具有中醫臨床資料探勘、中醫臨床特徵分析等協助工具，可以更好地幫助中醫科學研究人員借助現代智慧化的方法與手段實現數位診療。

除了「多模態互動資訊的情感分析」這一人機自然互動領域的關鍵問題，在自然互動領域的其他重要問題也特別值得引起關注和開展深度的研究工作。它們包括：

(1) 以多模態人機互動資訊為基礎的意圖理解方法；

(2) 多角度多模態人機互動語義理解的不確定性評價。

最後再次附錄上本書相關輔助資料的連結下載網址 https://github.com/thuiar/Books。和筆者研究團隊最新研究工作與成果連結 https://github.com/thuiar。

參考文獻

[1]   LIU B. Sentiment analysis and opinion mining[J]. Synthesis lectures on human language technologies，2012，5(1): 1-167.

[2]   YADOLLAHI A，SHAHRAKI A G，ZAIANE O R. Current state of text sentiment analysis from opinion to emotion mining[J]. ACM Computing Surveys (CSUR)，2017，50(2): 1-33.

[3]   LI S，DENG W. Deep facial expression recognition: A survey[J]. IEEE transactions on affective computing，2020,13(3): 1195-1215.

[4]   ZADEH A，CHEN M，PORIA S，et al. Tensor fusion network for multimodal sentiment analysis[J]. Proceedings of the 2017 Conference on Empirical Methods in Natural Language Processing,2017: 1103-1114.

[5]   BALTRU AITIST，AHUJA C，MORENCY L P. Multimodal machine learning: A survey and taxonomy[J]. IEEE transactions on pattern analysis and machine intelligence，2018，41(2): 423-443.

[6]   BENGIO Y，COURVILLE A，VINCENT P. Representation learning: A review and new perspectives[J]. IEEE transactions on pattern analysis and machine intelligence，2013，35(8): 1798-1828.

[7]   WILLIAMS J，COMANESCU R，RADU O，et al. Dnn multimodal fusion techniques for predicting video sentiment[C]. Proceedings of grand challenge and workshop on human multimodal language，2018: 64-72.

[8]   LIU Z，SHEN Y，LAKSHMINARASIMHAN V B，et al. Efficient low-rank multimodal fusion with modality-specific factors[J]. Proceedings of the 56th Annual Meeting of the Association for Computational Linguistics,2018: 2247-2256.

[9]   ZADEH A，LIANG P P，MAZUMDER N，et al. Memory fusion network for multi-view sequential learning[C]. Proceedings of the AAAI Conference on Artificial Intelligence，2018: 5634-5641.

[10]   ZADEH A B，LIANG P P，PORIA S，et al. Multimodal language analysis in the wild: Cmu-mosei dataset and interpretable dynamic fusion graph[C]. Proceedings of the 56th Annual Meeting of the Association for Computational Linguistics，2018,1: 2236-2246.

[11]   HAZARIKA D，ZIMMERMANN R，PORIA S. Misa: Modality-invariant and-specific representat0ions for multimodal sentiment analysis[C]. Proceedings of the 28th ACM International Conference on Multimedia，2020: 1122-1131.

[12]   GUNES H，PICCARDI M. Affect recognition from face and body: early fusion vs. late fusion[C]. 2005 IEEE international conference on systems，man and cybernetics，2005: 3437-3443.

[13]   SNOEK C G M，WORRING M，SMEULDERS A W M. Early versus late fusion in semantic video analysis[C]. Proceedings of the 13th annual ACM international conference on Multimedia，2005: 399-402.

[14]   ATREY P K，HOSSAIN M A，EL SADDIK A，et al. Multimodal fusion for multimedia analysis: a survey[J]. Multimedia systems，2010，16(6): 345-379.

[15]   DIETTERICH T G. Ensemble methods in machine learning[C]. Proceedings of the multiple classifier systems，2000: 1-15.

[16]   WÖ LLMER M，METALLINOU A，EYBEN F，et al. Context-sensitive multimodal emotion recognition from speech and facial expression using bidirectional lstm modeling[C]. Proceedings of the 11th Annual Conference of the International Speech Communication Association，2010: 2362-2365.

[17]   NEVEROVA N，WOLF C，TAYLOR G，et al. Moddrop: adaptive multi-modal gesture recognition[J]. IEEE Transactions on Pattern Analysis and Machine Intelligence，2015，38(8): 1692-1706.

[18] NGIAM J，KHOSLA A，KIM M，et al. Multimodal deep learning[C]. Proceedings of the 28th International Conference on Machine Learning，2011: 689-696.

[19] MESNIL G E，GOIRE，DAUPHIN Y，YAO K，et al. Using recurrent neural networks for slot filling in spoken language understanding[J]. IEEE/ACM Transactions on Audio，Speech，and Language Processing，2015，23(3): 530-539.

[20] SUTSKEVER I，VINYALS O，LE Q V. Sequence to sequence learning with neural networks[C]. Proceedings of the Annual Conference on Neural Information Processing Systems，2014: 3104-3112.

[21] SHUM H-Y，HE X，LI D. From Eliza to XiaoIce: challenges and opportunities with social chatbots[J]. Frontiers Inf. Technd Electron Eng，2018,19(1): 10-26.

[22] KRIZHEVSKY A，SUTSKEVER I，HINTON G E. Imagenet classification with deep convolutional neural networks[J]. Advances in neural information processing systems，2012，25: 1097-1105.

[23] HINTON G，DENG L，YU D，et al. Deep neural networks for acoustic modeling in speech recognition: The shared views of four research groups[J]. IEEE Signal processing magazine，2012，29(6): 82-97.

[24] TRIGEORGIS G，RINGEVAL F，BRUECKNER R，et al. Adieu features? end-to-end speech emotion recognition using a deep convolutional recurrent network[C]. Proceedings of the 2016 IEEE International Conference on Acoustics，Speech and Signal Processing，2016: 5200-5204.

[25] MIKOLOV T，SUTSKEVER I，CHEN K，et al. Distributed representations of words and phrases and their compositionality[C]. Proceedings of the 27th Annual Confernce on Neural Information Processing Systems，2013: 3111-3119.

[26] WANG Y，SHEN Y，LIU Z，et al. Words can shift: Dynamically adjusting word representations using nonverbal behaviors[C]. Proceedings of the AAAI Conference on Artificial Intelligence，2019: 7216-7223.

[27] RAHMAN W，HASAN M K，LEE S，et al. Integrating multimodal information in large pretrained transformers[C]. Proceedings of the conference. Association for Computational Linguistics. Meeting，2020: 2359-2369.

[28] HOCHREITER S，SCHMIDHUBER J U，RGEN. Long short-term memory[J]. Neural computation，1997，9(8): 1735-1780.

[29] VASWANI A，SHAZEER N，PARMAR N，et al. Attention is all you need[C]. Proceedings of the Annual Conference on Neural Information Processing Systems，2017: 5998-6008.

[30] TSAI Y-H H，BAI S，LIANG P P，et al. Multimodal transformer for unaligned multimodal language sequences[C]. Proceedings of the conference. Association for Computational Linguistics. Meeting，2019: 6558-6569.

[31] DEVLIN J，CHANG M-W，LEE K，et al. Bert: Pre-training of deep bidirectional transformers for language understanding[C]. Proceedings of the 2019 Conference of the North American Chapter of the Association for Computational Linguistics: Human Language Technologies,2019,1: 4171-4186.

[32] POTAMIANOS G，NETI C，GRAVIER G，et al. Recent advances in the automatic recognition of audiovisual speech[J]. Proceedings of the Institute of Electrical and Electronics Engineers，2003，91(9): 1306-1326.

[33] SAHAY S，OKUR E，KUMAR S H，et al. Low Rank Fusion based Transformers for Multimodal Sequences[J]. arXiv preprint arXiv:2007.02038，2020.

[34] ZHANG Y，YANG Q. A survey on multi-task learning[J]. arXiv preprint arXiv:1707.08114，2017.

[35] IOFFE S，SZEGEDY C. Batch normalization: Accelerating deep network training by reducing internal covariate shift[C]. Proceedings of the 32nd International Conference on Machine Learning，2015: 448-456.

[36] HE K，ZHANG X，REN S，et al. Deep residual learning for image recognition[C]. Proceedings of the IEEE Conference on Computer Vision and Pattern Recognition，2016: 770-778.

[37] HU J，SHEN L，SUN G. Squeeze-and-excitation networks[C]. Proceedings of the IEEE Conference on Computer Vision and Pattern Recognition，2018: 7132-7141.

[38] LIU S，JOHNS E，DAVISON A J. End-to-end multi-task learning with

attention[C]. Proceedings of the IEEE/CVF Conference on Computer Vision and Pattern Recognition，2019: 1871-1880.

[39] ZHANG Z，LUO P，LOY C C，et al. Facial landmark detection by deep multi-task learning[C]. Proceedings of the 13th European Conference on Computer Vision，2014: 94-108.

[40] DAI J，HE K，SUN J. Instance-aware semantic segmentation via multi-task network cascades[C]. Proceedings of the IEEE Conference on Computer Vision and Pattern Recognition，2016: 3150-3158.

[41] MA J，ZHAO Z，YI X，et al. Modeling task relationships in multi-task learning with multi-gate mixture-of-experts[C]. Proceedings of the 24th ACM SIGKDD International Conference on Knowledge Discovery & Data Mining，2018: 1930-1939.

[42] ZHAO X，LI H，SHEN X，et al. A modulation module for multi-task learning with applications in image retrieval[C]. Proceedings of the European Conference on Computer Vision，2018: 401-416.

[43] MISRA I，SHRIVASTAVA A，GUPTA A，et al. Cross-stitch networks for multi-task learning[C]. Proceedings of the IEEE Conference on Computer Vision and Pattern Recognition，2016: 3994-4003.

[44] RUDER S，BINGEL J，AUGENSTEIN I，et al. Latent multi-task architecture learning[C]. Proceedings of the AAAI Conference on Artificial Intelligence，2019: 4822-4829.

[45] GAO Y，MA J，ZHAO M，et al. Nddr-cnn: Layerwise feature fusing in multi-task cnns by neural discriminative dimensionality reduction[C]. Proceedings of the IEEE/CVF Conference on Computer Vision and Pattern Recognition，2019: 3205-3214.

[46] COLLOBERT R，WESTON J，BOTTOU L E，ON，et al. Natural language processing (almost) from scratch[J]. Journal of Machine Learning Research，2011，12: 2493-2537.

[47] Liu X，Gao J，He X，et al. Representation Learning Using Multi-Task Deep Neural Networks for Semantic Classification and Information Retrieval[C]. Proceedings of the 2015 Conference of the North American Chapter of the

Association for Computational Linguistics: Human Language Technologies,2015: 912-921.

[48] COLLOBERT R，WESTON J. A unified architecture for natural language processing: Deep neural networks with multitask learning[C]. Proceedings of the 25th International Conference on Machine learning，2008: 160-167.

[49] DONG D，WU H，HE W，et al. Multi-task learning for multiple language translation[C]. Proceedings of the 53rd Annual Meeting of the Association for Computational Linguistics and the 7th International Joint Conference on Natural Language Processing，2015: 1723-1732.

[50] LUONG M-T，LE Q V，SUTSKEVER I，et al. Multi-task sequence to sequence learning[C]. Proceedings of the 4th International Conference on Learning Representations,2016.

[51] LIU P，QIU X，HUANG X. Recurrent neural network for text classification with multi-task learning[C]. Proceedings of the 25th International Joint Conference on Artificial Intelligence,2016: 2873-2879.

[52] SØGAARD A，GOLDBERG Y. Deep multi-task learning with low level tasks supervised at lower layers[C]. Proceedings of the 54th Annual Meeting of the Association for Computational Linguistics，2016,2: 231-235.

[53] SANH V，WOLF T，RUDER S. A hierarchical multi-task approach for learning embeddings from semantic tasks[C]. Proceedings of the AAAI Conference on Artificial Intelligence，2019: 6949-6956.

[54] HASHIMOTO K，XIONG C，TSURUOKA Y，et al. A joint many-task model: Growing a neural network for multiple nlp tasks[C]. Proceedings of the 2017 Conference on Empirical Methods in Natural Language Processing,2017: 1923-1933.

[55] LIU X，HE P，CHEN W，et al. Multi-task deep neural networks for natural language understanding[C]. Proceedings of the 57th Conference of the Associaton for Computational Linguistics，2019,1: 4487-4496.

[56] WANG A，SINGH A，MICHAEL J，et al. GLUE: A multi-task benchmark and analysis platform for natural language understanding[C]. Proceedings of the Workshop: Analyzing and Interpreting Neural Networks for MLP,2018: 353-355.

[57] NGUYEN D-K，OKATANI T. Multi-task learning of hierarchical vision-language representation[C]. Proceedings of the IEEE/CVF Conference on Computer Vision and Pattern Recognition，2019: 10492-10501.

[58] NGUYEN D-K，OKATANI T. Improved fusion of visual and language representations by dense symmetric co-attention for visual question answering[C]. Proceedings of the IEEE Conference on Computer Vision and Pattern Recognition，2018: 6087-6096.

[59] AKHTAR M S，CHAUHAN D S，GHOSAL D，et al. Multi-task learning for multi-modal emotion recognition and sentiment analysis[C]. Proceedings of the 2019 Conference of the North American Chapter of the Association for Computational Linguistics: Human Language Technologie,2019,1: 370-379.

[60] PRAMANIK S，AGRAWAL P，HUSSAIN A. Omninet: A unified architecture for multi-modal multi-task learning[J]. arXiv preprint arXiv:1907.07804，2019.

[61] KAISER L，GOMEZ A N，SHAZEER N，et al. One model to learn them all[J]. arXiv preprint arXiv:1706.05137，2017.

[62] LU J，GOSWAMI V，ROHRBACH M，et al. 12-in-1: Multi-task vision and language representation learning[C]. Proceedings of the IEEE/CVF Conference on Computer Vision and Pattern Recognition，2020: 10437-10446.

[63] GOODFELLOW I，BENGIO Y，COURVILLE A. Deep learning[M]. Massachusetts: MIT press，2016.

[64] ZADEH A，ZELLERS R，PINCUS E，et al. Mosi: multimodal corpus of sentiment intensity and subjectivity analysis in online opinion videos[J]. arXiv preprint arXiv:1606.06259，2016.

[65] BUSSO C，BULUT M，LEE C-C，et al. IEMOCAP: Interactive emotional dyadic motion capture database[J]. Language resources and evaluation，2008，42(4): 335-359.

[66] PORIA S，HAZARIKA D，MAJUMDER N，et al. Meld: A multimodal multi-party dataset for emotion recognition in conversations[C]. Proceedings of the 57th Conference of the Association for Computational Linguistics,2019,1: 527-536.

[67] ZADEH A，ZELLERS R，PINCUS E，et al. Multimodal sentiment intensity

analysis in videos: Facial Gestures and Verbal Messages[J]. IEEE Intelligent Systems，2016，31(6): 82-88.

[68] ZHU J，KAPLAN R，JOHNSON J，et al. Hidden: Hiding data with deep networks[C]. Proceedings of the European Conference on Computer Vision，2018: 657-672.

[69] CHONG W，BLEI D，LI F-F. Simultaneous image classification and annotation[C]. Proceedings of the 2009 IEEE Conference on Computer Vision and Pattern Recognition，2009: 1903-1910.

[70] BEARMAN A，RUSSAKOVSKY O，FERRARI V，et al. What's the point: Semantic segmentation with point supervision[C]. Proceedings of the 14th European Conference on Computer Vision，2016: 549-565.

[71] DEBATTISTA J，AUER S O，REN，LANGE C. Luzzu—a methodology and framework for linked data quality assessment[J]. Journal of Data and Information Quality，2016，8(1): 1-32.

[72] PARMAR B R，JARRETT T R，BURGON N S，et al. Comparison of left atrial area marked ablated in electroanatomical maps with scar in MRI[J]. Journal of Cardiovascular Electrophysiology，2014，25(5): 457-463.

[73] ANGLUIN D. Queries and concept learning[J]. Machine Learning，1988，2(4): 319-342.

[74] BRINKER K. Incorporating diversity in active learning with support vector machines[C]. Proceedings of the 20th International Conference on Machine Learning，2003: 59-66.

[75] CHENG J，NIU B，FANG Y，et al. Representative sampling with certainty propagation for image retrieval[C]. Proceedings of the 2011 18th IEEE International Conference on Image Processing，2011: 2493-2496.

[76] DEMIR B U，M，PERSELLO C，BRUZZONE L. Batch-mode active-learning methods for the interactive classification of remote sensing images[J]. IEEE Transactions on Geoscience and Remote Sensing，2010，49(3): 1014-1031.

[77] ABE N. Query learning strategies using boosting and bagging[C]. Proceedings of the 15th International Conference on Machine Learning，1998: 1-9.

[78] MELVILLE P，MOONEY R J. Diverse ensembles for active learning[C]. Proceedings of the Twenty-first International Conference on Machine Learning，2004: 74.

[79] SETTLES B，CRAVEN M. An analysis of active learning strategies for sequence labeling tasks[C]. Proceedings of the 2008 Conference on Empirical Methods in Natural Language Processing，2008: 1070-1079.

[80] DAGAN I，ENGELSON S P: Committee-based sampling for training probabilistic classifiers[C]. Proceedings of the 12th International Conference on Machine Learning Proceedings，1995: 150-157.

[81] MCCALLUMZY A K，NIGAMY K. Employing EM and pool-based active learning for text classification[C]. Proceedings of the 15th International Conference on Machine Learning，1998: 359-367.

[82] SHI L，ZHAO Y，TANG J. Batch mode active learning for networked data[J]. ACM Transactions on Intelligent Systems and Technology，2012，3(2): 1-25.

[83] FU Y，ZHU X，ELMAGARMID A K. Active learning with optimal instance subset selection[J]. IEEE Transactions on Cybernetics，2013，43(2): 464-475.

[84] ZHU J，WANG H，TSOU B K，et al. Active learning with sampling by uncertainty and density for data annotations[J]. IEEE Transactions on Audio，Speech，and Language Processing，2009，18(6): 1323-1331.

[85] LAINE S，AILA T. Temporal ensembling for semi-supervised learning[C]. Proceedings of the 5th International Conference on Learning Representations,2017.

[86] TARVAINEN A，VALPOLA H. Mean teachers are better role models: Weight-averaged consistency targets improve semi-supervised deep learning results[S]. Proceedings of the Annual Conference on Neural Information Processing Systems，2017: 1195-1204.

[87] BERTHELOT D，CARLINI N，GOODFELLOW I，et al. Mixmatch: A holistic approach to semi-supervised learning[C]. Proceedings of the Annual Conference on Neural Information Processing Systems，2019: 5050-5060.

[88] DRUGMAN T，PYLKKONEN J，KNESER R. Active and semi-supervised

learning in asr: Benefits on the acoustic and language models[C]. Proceedings of the 17th Annual Conference of the International Speech Communication Association，2016: 2318-2322.

[89] ZHU X，LAFFERTY J，GHAHRAMANI Z. Combining active learning and semi-supervised learning using gaussian fields and harmonic functions[C]. Proceedings of the 20th International Conference,2003: 912-919.

[90] PENNINGTON J，SOCHER R，MANNING C D. Glove: Global vectors for word representation[C]. Proceedings of the 2014 Conference on Empirical Methods In natural Language Processing，2014: 1532-1543.

[91] YU W，XU H，MENG F，et al. Ch-sims: A chinese multimodal sentiment analysis dataset with fine-grained annotation of modality[C]. Proceedings of the 58th Annual Meeting of the Association for Computational Linguistics，2020: 3718-3727.

[92] YOO D，KWEON I S. Learning loss for active learning[C]. Proceedings of the IEEE/CVF Conference on Computer Vision and Pattern Recognition，2019: 93-102.

[93] CAI Y，YANG K，HUANG D，et al. A hybrid model for opinion mining based on domain sentiment dictionary[J]. International Journal of Machine Learning and Cybernetics，2019，10(8): 2131-2142.

[94] 柳位平，朱豔輝，栗春亮，等. 中文基礎情感詞詞典建構方法研究 [J]. 電腦應用，2009，29(10): 2875-2877.

[95] RAO Y，LEI J，WENYIN L，et al. Building emotional dictionary for sentiment analysis of online news[J]. World Wide Web，2014，17(4): 723-742.

[96] BENGIO Y，DUCHARME R E，JEAN，VINCENT P，et al. A neural probabilistic language model[J]. Journal of Machine Learning Research，2003，3(2): 1137-1155.

[97] SCHMIDHUBER J U，RGEN. Deep learning in neural networks: An overview[J]. Neural Networks，2015，61: 85-117.

[98] TENG F，ZHENG C M，LI W. Multidimensional topic model for oriented sentiment analysis based on long short-term memory[J]. Journal of Computer

Applications，2016，36(8): 2252-2256.

[99] LI Q，JIN Z，WANG C，et al. Mining opinion summarizations using convolutional neural networks in Chinese microblogging systems[J]. Knowledge-Based Systems，2016，107: 289-300.

[100] 羅帆，王厚峰. 結合 RNN 和 CNN 層次化網路的中文文字情感分類 [J]. 北京大學學報 (自然科學版)，2018，54(3): 459-465.

[101] YANG C，ZHANG H，JIANG B，et al. Aspect-based sentiment analysis with alternating coattention networks[J]. Information Processing & Management，2019，56(3): 463-478.

[102] 陳珂，謝博，朱興統. 以情感詞典和 Transformer 模型為基礎的情感分析演算法研究 [J]. 南京郵電大學學報：自然科學版，2020，40(1): 55-62.

[103] PETERS M，NEUMANN M，IYYER M，et al. Deep Contextualized Word Representations[C]. Proceedings of the 2018 Conference of the North American Chapter of the Association for Computational Linguistics: Human Language Technologies，2018,1: 2227-2237.

[104] ARACI D. Finbert: Financial sentiment analysis with pre-trained language models[J]. Proceedings of the 29th International Joint Conference on Artificial Intelligence，2020: 4513-4519.

[105] XU H，LIU B，SHU L，et al. Dombert: Domain-oriented language model for aspect-based sentiment analysis[J]. Findings of the Association for Computational Linguistics EMMP,2020: 1725-1731.

[106] FUNG P，DEY A，SIDDIQUE F B，et al. Zara: a virtual interactive dialogue system incorporating emotion，sentiment and personality recognition[C]. Proceedings of the 26th International Conference on Computational Linguistics: System Demonstrations，2016: 278-281.

[107] EYBEN F，WÖLLMER M，SCHULLER B O，RN. Opensmile: the munich versatile and fast open-source audio feature extractor[C]. Proceedings of the 18th ACM International Conference on Multimedia，2010: 1459-1462.

[108] MCFEE B，RAFFEL C，LIANG D，et al. librosa: Audio and music signal analysis in python[C]. Proceedings of the 14th Python in Science Conference，

2015: 18-25.

[109] DEGOTTEX G，KANE J，DRUGMAN T，et al. COVAREP—A collaborative voice analysis repository for speech technologies[C]. IEEE International Conference on Acoustics，Speech and Signal Processing，2014: 960-964.

[110] HUANG G，LIU Z，VAN DER MAATEN L，et al. Densely connected convolutional networks[C]. Proceedings of the IEEE Conference on Computer Vision and Pattern Recognition，2017: 4700-4708.

[111] PORIA S，CAMBRIA E，HAZARIKA D，et al. Context-dependent sentiment analysis in user-generated videos[C]. Proceedings of the 55th Annual Meeting of the Association for Computational Linguistics (volume 1: Long papers)，2017: 873-883.

[112] GHOSAL D，AKHTAR M S，CHAUHAN D，et al. Contextual inter-modal attention for multi-modal sentiment analysis[C]. Proceedings of the 2018 Conference on Empirical Methods in Natural Language Processing，2018: 3454-3466.

[113] SCHULLER B O，RN，STEIDL S，BATLINER A，et al. The INTERSPEECH 2010 paralinguistic challenge[C]. Proceedings of the 11th Annual Conference of the International Speech Communication Association，2010: 2794-2797.

[114] SCHULLER B O，RN，STEIDL S，BATLINER A，et al. The INTERSPEECH 2013 computational paralinguistics challenge: Social signals，conflict，emotion，autism[C]. Proceedings of the 14th Annual Conference of the International Speech Communication Association，Lyon，France，2013.

[115] PEREZ-ROSAS V，NICA，MIHALCEA R，MORENCY L-P. Utterance-level multimodal sentiment analysis[C]. Proceedings of the 51st Annual Meeting of the Association for Computational Linguistics，2013,1: 973-982.

[116] EKMAN P，FRIESEN W V. Constants across cultures in the face and emotion[J]. Journal of Personality and Social Psychology，1971，17(2): 124.

[117] SHAN C，GONG S，MCOWAN P W. Facial expression recognition based on local binary patterns: A comprehensive study[J]. Image and vision Computing，2009，27(6): 803-816.

[118] DALAL N，TRIGGS B. Histograms of oriented gradients for human detection[C]. Proceedings of the Speech 2005 IEEE Computer Society Conference on Computer Vision and Pattern Recognition，2005: 886-893.

[119] BOSER B E，GUYON I M，VAPNIK V N. A training algorithm for optimal margin classifiers[C]. Proceedings of the fifth annual workshop on Computational learning theory，1992: 144-152.

[120] GOODFELLOW I J，ERHAN D，CARRIER P L，et al. Challenges in representation learning: A report on three machine learning contests[C]. Proceedings of the 20th International Conference on Neural Information Processing，2013: 117-124.

[121] DHALL A，RAMANA MURTHY O V，GOECKE R，et al. Video and image based emotion recognition challenges in the wild: Emotiw 2015[C]. Proceedings of the 2015 ACM on International Conference on Multimodal Interaction，2015: 423-426.

[122] LI S，DENG W，DU J. Reliable crowdsourcing and deep locality-preserving learning for expression recognition in the wild[C]. Proceedings of the IEEE Conference on Computer Vision and Pattern Recognition，2017: 2852-2861.

[123] KIM B-K，LEE H，ROH J，et al. Hierarchical committee of deep cnns with exponentially-weighted decision fusion for static facial expression recognition[C]. Proceedings of the 2015 ACM on International Conference on Multimodal Interaction，2015: 427-434.

[124] KORTLI Y，JRIDI M，AL FALOU A，et al. Face recognition systems: A survey[J]. Sensors，2020，20(2): 342.

[125] DING H，ZHOU S K，CHELLAPPA R. Facenet2expnet: Regularizing a deep face recognition net for expression recognition[C]. Proceedings of the 12th IEEE International Conference on Automatic Face & Gesture Recognition，2017: 118-126.

[126] WEN Y，ZHANG K，LI Z，et al. A discriminative feature learning approach for deep face recognition[C]. Proceedings of the European conference on computer vision，2016: 499-515.

[127] CAI J，MENG Z，KHAN A S，et al. Island loss for learning discriminative

features in facial expression recognition[C]. Proceedings of the 13th IEEE International Conference on Automatic Face & Gesture Recognition，2018: 302-309.

[128] WU Y，JI Q. Facial landmark detection: A literature survey[J]. International Journal of Computer Vision，2019，127(2): 115-142.

[129] ZHANG K，HUANG Y，DU Y，et al. Facial expression recognition based on deep evolutional spatial-temporal networks[J]. IEEE Transactions on Image Processing，2017，26(9): 4193-4203.

[130] JUNG H，LEE S，YIM J，et al. Joint fine-tuning in deep neural networks for facial expression recognition[C]. Proceedings of the IEEE International Conference on Computer Vision，2015: 2983-2991.

[131] WOO S，PARK J，LEE J-Y，et al. Cbam: Convolutional block attention module[C]. Proceedings of the European Conference on Computer Vision (ECCV)，2018: 3-19.

[132] FENG Z-H，KITTLER J，AWAIS M，et al. Wing loss for robust facial landmark localisation with convolutional neural networks[C]. Proceedings of the IEEE Conference on Computer Vision and Pattern Recognition，2018: 2235-2245.

[133] DHALL A，GOECKE R，LUCEY S，et al. Static facial expressions in tough conditions: Data，evaluation protocol and benchmark[C]. Proceedings of the 1st IEEE International Workshop on Benchmarking Facial Image Analysis Technologies BeFIT，2011: 2106-2112.

[134] LUCEY P，COHN J F，KANADE T，et al. The extended cohn-kanade dataset (ck+): A complete dataset for action unit and emotion-specified expression[C]. Proceedings of the IEEE Conference on Computer Vision and Pattern Recognition-workshops，2010: 94-101.

[135] ZHAO G，HUANG X，TAINI M，et al. Facial expression recognition from near-infrared videos[J]. Image and Vision Computing，2011，29(9): 607-619.

[136] BALTRUSAITIS T，ZADEH A，LIM Y C，et al. Openface 2.0: Facial behavior analysis toolkit[C]. Proceedings of the 13th IEEE International Conference on Automatic Face & Gesture Recognition，2018: 59-66.

[137] ZHANG K，ZHANG Z，LI Z，et al. Joint face detection and alignment using multitask cascaded convolutional networks[J]. IEEE Signal Processing Letters，2016，23(10): 1499-1503.

[138] CAO J，LI Y，ZHANG Z. Partially shared multi-task convolutional neural network with local constraint for face attribute learning[C]. Proceedings of the IEEE Conference on Computer Vision and Pattern Recognition，2018: 4290-4299.

[139] VAN DER MAATEN L，HINTON G. Visualizing data using t-SNE[J]. Journal of Machine Learning Research，2008，9(11): 2579-2605.

[140] CHO K，VAN MERRI NBOER B，GULCEHRE C，et al. Learning phrase representations using RNN encoder-decoder for statistical machine translation[C]. Proceedings of the 2014 Conference on Empirical Methods in Natural Language,2014.

[141] ZHANG C，YANG Z，HE X，et al. Multimodal intelligence: Representation learning，information fusion，and applications[J]. IEEE Journal of Selected Topics in Signal Processing，2020，14(3): 478-493.

[142] JIAO W，YANG H，KING I，et al. HiGRU: Hierarchical gated recurrent units for utterance-level emotion recognition[C]. Proceedings of the 2019 Conference of the North American Chapter of the Association for Computational Linguistics: Human Language Technologies，2019: 397-406.

[143] XIA R，DING Z. Emotion-cause pair extraction: A new task to emotion analysis in texts[J]. arXiv Preprint arXiv:1906.01267，2019.

[144] SLIZOVSKAIA O，G MEZ E，HARO G. A Case Study of Deep-Learned Activations via Hand-Crafted Audio Features[J]. The 2018 Joint Workshop on Machine Learning for Music,Joint Workshop Program of ICML,IJCAI/ECAI and AAMAS,2018: 1907.

[145] BADSHAH A M，AHMAD J，RAHIM N，et al. Speech emotion recognition from spectrograms with deep convolutional neural network[C]. Proceedings of the 2017 International Conference on Platform Technology and Service，2017: 1-5.

[146] HAZARIKA D，PORIA S，ZADEH A，et al. Conversational memory network for emotion recognition in dyadic dialogue videos[C]. Proceedings of the

Conference. Association for Computational Linguistics. North American Chapter. Meeting，2018: 2122.

[147] ZHOU S，JIA J，WANG Q，et al. Inferring emotion from conversational voice data: A semi-supervised multi-path generative neural network approach[C]. Proceedings of the 32nd AAAI Conference on Artificial Intelligence，2018: 579-586.

[148] MAI S，HU H，XING S. Divide，conquer and combine: Hierarchical feature fusion network with local and global perspectives for multimodal affective computing[C]. Proceedings of the 57th Annual Meeting of the Association for Computational Linguistics，2019: 481-492.

[149] ZADEH A，LIANG P P，PORIA S，et al. Multi-attention recurrent network for human communication comprehension[C]. Proceedings of the 32nd AAAI Conference on Artificial Intelligence，2018: 5642-5649.

[150] CHOI W Y，SONG K Y，LEE C W. Convolutional attention networks for multimodal emotion recognition from speech and text data[C]. Proceedings of Crand Challenge and Workshop on Human Multimodal Language (Challenge-HML)，2018: 28-34.

[151] BAREZI E J，FUNG P. Modality-based factorization for multimodal fusion[C]. Proceedings of the 4th Workshop on Representation Learning for NLP，2018: 260-269.

[152] GOODFELLOW I，POUGET-ABADIE J，MIRZA M，et al. Generative adversarial nets[J]. Advances in neural information processing systems，2014，2672-2680.

[153] MAJUMDER N，PORIA S，HAZARIKA D，et al. Dialoguernn: An attentive rnn for emotion detection in conversations[C]. Proceedings of the AAAI Conference on Artificial Intelligence，2019: 6818-6825.

[154] GHOSAL D，MAJUMDER N，PORIA S，et al. DialogueGCN: A graph convolutional neural network for emotion recognition in conversation[C]. Proceedings of the 2019 Conference on Empirical Methods Language Processing,2019: 154-164.

[155] DELBROUCK J-B，TITS N E，BROUSMICHE M，et al. A Transformer-based

joint-encoding for Emotion Recognition and Sentiment Analysis[J]. In 2nd Grand-Chanllenge and Workshop on Multimodal Language，2020: 1-7.

[156] PHAM H，LIANG P P，MANZINI T，et al. Found in translation: Learning robust joint representations by cyclic translations between modalities[C]. Proceedings of the AAAI Conference on Artificial Intelligence，2019: 6892-6899.

[157] YUAN J，LIBERMAN M，OTHERS. Speaker identification on the SCOTUS corpus[J]. Journal of the Acoustical Society of America，2008，123(5): 3878-3882.

[158] JIANG Z，YU W，ZHOU D，et al. Convbert: Improving bert with span-based dynamic convolution[C]. Proceedings of the Annual Conference on Neural Information Processing Systems，2020，33: 12837-12848.

[159] QIU X，SUN T，XU Y，et al. Pre-trained models for natural language processing: A survey[J]. Science China Technological Sciences，2020，63(10): 1872-1897.

[160] TRINH T H，LUONG M-T，LE Q V. Selfie: Self-supervised pretraining for image embedding[J]. arXiv Preprint arXiv:1906.02940，2019.

[161] SUN C，MYERS A，VONDRICK C，et al. Videobert: A joint model for video and language representation learning[C]. Proceedings of the IEEE/CVF International Conference on Computer Vision，2019: 7464-7473.

[162] LU J，BATRA D，PARIKH D，et al. Vilbert: Pretraining task-agnostic visiolinguistic representations for vision-and-language tasks[C]. Proceedings of the Annual Conference on Neural Information Processing Systems，2019,2: 13-23.

[163] SU W，ZHU X，CAO Y，et al. Vl-bert: Pre-training of generic visual-linguistic representations[C]. Proceedings of the 8th International Conference on Learning Representations，2020: 591-602

[164] LIANG P P，LIU Z，ZADEH A，et al. Multimodal language analysis with recurrent multistage fusion[C]. Proceedings of the 2018 Conference on Empirical Methods in Natural Language Processing，2018: 150-161.

[165] TSAI Y-H H，LIANG P P，ZADEH A，et al. Learning factorized multimodal

representations[C]. Proceedings of the 7th International Conference on Learning Representations，2019: 132-140.

[166] 高成亮，徐華，高凱. 結合詞性資訊的以注意力機制為基礎的雙向 LSTM 的中文文本分 [J]. Journal of Hebei University of Science & Technology，2018，39(5): 447-454.

[167] LI R，WU Z，JIA J，et al. Inferring user emotive state changes in realistic human-computer conversational dialogs[C]. Proceedings of the 26th ACM International Conference on Multimedia，2018: 136-144.

[168] WILLIAMS J，KLEINEGESSE S，COMANESCU R，et al. Recognizing emotions in video using multimodal dnn feature fusion[C]. Proceedings of Grand Challenge and Workshop on Human Multimodal Language，2018: 11-19.

[169] BENESTY J，CHEN J，HUANG Y，et al. Pearson correlation coefficient[M]. Noise Reduction in Speech Processing: Springer，2009: 1-4.

[170] DE BOER P-T，KROESE D P，MANNOR S，et al. A tutorial on the cross-entropy method[J]. Annals of Operations Research，2005，134(1): 19-67.

[171] LIANG P P，LIU Z，TSAI Y-H H，et al. Learning representations from imperfect time series data via tensor rank regularization[C]. Proceedings of the 57th Annual Meeting of the Association for Computational Linguistics，2019: 1569-1576.

[172] LI B，LI C，DUAN F，et al. Tpfn: Applying outer product along time to multimodal sentiment analysis fusion on incomplete data[C]. Proceedings of the European Conference on Computer Vision，2020,431-447.

[173] HAZAN E，LIVNI R，MANSOUR Y. Classification with low rank and missing data[C]. Proceedings of the International conference on machine learning，2015: 257-266.

[174] CAI L，WANG Z，GAO H，et al. Deep adversarial learning for multi-modality missing data completion[C]. Proceedings of the 24th ACM SIGKDD International Conference on Knowledge Discovery & Data Mining，2018: 1158-1166.

[175] WANG Q，DING Z，TAO Z，et al. Partial multi-view clustering via consistent GAN[C]. Proceedings of the 2018 IEEE International Conference on Data

Mining，2018: 1290-1295.

[176] SHANG C，PALMER A，SUN J，et al. VIGAN: Missing view imputation with generative adversarial networks[C]. Proceedings of the 2017 IEEE International Conference on Big Data，2017: 766-775.

[177] CAMBRIA E，HAZARIKA D，PORIA S，et al. Benchmarking multimodal sentiment analysis[C]. Proceedings of the International Conference on Computational Linguistics and Intelligent Text Processing，2017: 166-179.

[178] SOLEYMANI M，GARCIA D，JOU B，et al. A survey of multimodal sentiment analysis[J]. Image and Vision Computing，2017，65: 3-14.

[179] DUNTEMAN G H. Principal components analysis[M]. London: Sage，1989.

[180] HU J，LIU B. The basic theory，diagnostic，and therapeutic system of traditional Chinese medicine and the challenges they bring to statistics[J]. Statistics in Medicine，2012，31(7): 602-605.

[181] LUGARESI C，TANG J，NASH H，et al. Mediapipe: A framework for building perception pipelines[J]. arXiv Preprint arXiv:1906.08172，2019.

[182] QIU Y，LIU Y，LI S，et al. MiniSeg: An Extremely Minimum Network for Efficient COVID-19 Segmentation[C]. Proceedings of the 35th AAAI Conference on Artificial Intelligence/33rd Conference on Innovative Applications of Artificial Intelligence/11th Symposium on Educational Advances in Artificial Intelligence，2021: 4846-4854.

[183] YAO L，MAO C，LUO Y. Graph convolutional networks for text classification[C]. Proceedings of the AAAI Conference on Artificial Intelligence，2019: 7370-7377.

[184] HAMILTON W，YING Z，LESKOVEC J. Inductive representation learning on large graphs[J]. Advances in neural information processing systems，2017，30: 1025-1035.

附錄 A　中英文縮寫對照表

縮寫	對應中文和英文
AMT	亞馬遜眾包平臺 (Amazon mechanical turk)
ASR	自動語音辨識 (auto speech recognition)
AUCROC	曲線下與坐標軸圍成的面積 (area under curve)
BERT	以轉換器為基礎的雙向編碼表徵 (bidirectional encoder representation from transformers)
Bi-LSTM	雙向長短期記憶神經網路 (bi-directional long short-term memory)
CBOW	連續詞袋模型 (continuous bag-of-words model)
CCAM	通道互注意力模組 (channel co-attention module)
CMCNN	以互注意力為基礎的多工卷積神經網路 (co-attentive multi-task convolutional neural network)
CNN	卷積神經網路 (convolutional neural network)
CNP	卷積神經網路處理器 (convolutional network processor)
Corr	皮爾森相關係數 (Pearson correlation)
CQT	恒定 Q 變換 (constant Q transform)
CRLACRLA	模型使用 LSTM 網路來學習話語間的上下文資訊，並引入 Self-Attention 來捕捉情感顯著資訊並輸入到網路中用於輔助情感表徵的學習 (contextual residual LSTM attention model)
CV	電腦視覺 (computer vision)
DAE	深度自動編碼器 (deep auto-encoder)
DCNN	深層卷積神經網路 (deep convolutional neural network)
DNN	深度神經網路 (deep neural network)
ELMo	語言模型嵌入 (embedding from language models)
EMN	情緒多工框架 (emotional multi-task network)
FER	人臉表情辨識 (facial expression recognition)
FLD	人臉關鍵點檢測 (facial landmark detection)
GAN	對抗生成網路 (generative adversarial nets)
GBDT	梯度提升決策樹 (gradient boosting decision tree)
Glove	全域向量 (global vector)

縮寫	對應中文和英文
GMN	生成式多工網路 (generative multi-task network)
GRU	門控循環單元 (gate recurrent unit)
HGFM	層次化細微性和特徵模型 (hierarchical grained and feature model)
IEMOCAP	互動式情緒二元運動捕捉資料庫 (the interactive emotional dyadic motion capture database)
IPA	智慧語音幫手 (intelligent personal assistant)
LLDs	低級描述符 (low-level descriptors)
LMF	低階張量融合 (low-rank multimodal fusion)
LSTM	長短期記憶網路 (long short-term memory)
MAE	平均絕對誤差 (mean absolute error)
MELD	多模態多方對話英文資料集 (a multimodal multi-party dataset for emotion recognition in conversations)
MFCC	梅爾頻率倒譜系數 (Mel frequency cepstral coefficient)
MFN	記憶融合網路 (memory fusion network)
MIloss	以多工機制為基礎的互斥損失函數 (multitask island loss)
MKCNN	多核卷積神經網路 (multi-kernel convolutional neural network)
MLP	多層感知器 (multi-layer perceptron)
MMSA	以多工學習為基礎的多模態情感分析框架 (multi-task multi-modal sentiment analysis)
MNCs	多工網路串聯 (muti-task network cascades)
MOSI	單標籤多模態情感資料集 (multimodal corpus of sentiment intensity)
MSA	多模態情感分析 (multimodal sentiment analysis)
MSER	模態相似性和情緒辨識多工 (multimodal transformer)
MTL	多工學習 (multi-task learning)
MulT	多模態 transformer(multimodal transformer)
NRMSE	正規化方均根差 (normalized root mean square error)
NLP	自然語言處理 (natural language processing)
PCA	主成分分析 (principal component analysis)
RNN	循環神經網路 (recurrent neural network)

縮寫	對應中文和英文
SCAM	空間互注意力模組 (spatial co-attention module)
SIMS	中文的多模態情感分析資料集 (Chinese single- and multi- modal sentiment analysis dataset)
Skip-gram	跳字模型 (continuous skip-gram model)
SSL	自監督學習 (self-supervised learning)
SVM	支援向量機 (support vector machine)
TCDCN	任務約束深度卷積網路 (tasks-constrained deep convolutional network)
TCM	中醫體質 (traditional Chinese medicine constitution)
TCM-CAS	中醫體質評價系統 (TCM constitution assessment system)
TFN	張量融合網路 (tensor fusion network)
t-SNE	t- 分佈領域嵌入演算法 (t-distributed stochastic neighbor embedding)
UWA	未加權準確率 (unweighted average)
WA	加權準確率 (weighted average)
ZCR	過零率 (zero-crossing rate)

Note

Note